工业和信息化精品系列教材

网络技术

微课版

Network Technique

网络互联技术
项目教程

崔升广 ◉ 主编

单立娟 杨玲 杨宇 周晓姝 ◉ 副主编

人民邮电出版社

北　京

图书在版编目（CIP）数据

网络互联技术项目教程 : 微课版 / 崔升广主编. --
北京 : 人民邮电出版社, 2021.7
工业和信息化精品系列教材. 网络技术
ISBN 978-7-115-56341-5

Ⅰ. ①网… Ⅱ. ①崔… Ⅲ. ①互联网络-教材 Ⅳ.
①TP393.4

中国版本图书馆CIP数据核字(2021)第066781号

内 容 提 要

本书用华为网络设备搭建网络环境，以实际项目为导向，共分为6个项目，包括认识计算机网络及网络设备、构建办公局域网络、局域网冗余技术、网络间路由互联、网络安全配置与管理、广域网接入配置等内容。

本书是将理论与实践结合的入门教材，以实用为主，重在实践操作，以丰富的实例、大量的插图和项目案例进行项目化、图形化界面教学，实用性强、简单易学，使初学者容易上手。本书从实用角度出发展开教学内容，旨在强化读者的实操能力，让读者在训练过程中巩固所学的知识。

本书适合作为高校计算机网络技术专业及其他计算机相关专业的教材，也适合从事网络工程的技术人员参考使用。

- ◆ 主　　编　崔升广
  副 主 编　单立娟　杨　玲　杨　宇　周晓姝
  责任编辑　郭　雯
  责任印制　王　郁　彭志环
- ◆ 人民邮电出版社出版发行　　北京市丰台区成寿寺路 11 号
  邮编　100164　电子邮件　315@ptpress.com.cn
  网址　https://www.ptpress.com.cn
  三河市君旺印务有限公司印刷
- ◆ 开本：787×1092　1/16
  印张：18.75　　　　　　　　2021 年 7 月第 1 版
  字数：540 千字　　　　　　　2024 年 8 月河北第 7 次印刷

定价：59.80 元
读者服务热线：(010)81055256　印装质量热线：(010)81055316
反盗版热线：(010)81055315
广告经营许可证：京东市监广登字 20170147 号

前言 FOREWORD

党的二十大报告提出：教育、科技、人才是全面建设社会主义现代化国家的基础性、战略性支撑。必须坚持科技是第一生产力、人才是第一资源、创新是第一动力，深入实施科教兴国战略、人才强国战略、创新驱动发展战略，开辟发展新领域新赛道，不断塑造发展新动能新优势。在党的领导下，我们实现了第一个百年奋斗目标，全面建成了小康社会，正在向着第二个百年奋斗目标迈进。我国主动顺应信息革命时代浪潮，以信息化培育新动能，用数字新动能推动新发展，数字技术不断创造新的可能。为了适应时代发展步伐，本书在编写过程中融入党的二十大精神，遵循网络工程师职业素养养成和专业技能积累的规律，突出职业能力、职业素养、工匠精神和质量意识培育。

随着计算机网络技术的不断发展，计算机网络已经成为人们生活和工作中的一个重要组成部分，以网络为核心的工作方式，必将成为未来发展的趋势，培养大批熟练掌握网络技术的人才是当前社会发展的迫切需求。在职业教育中，网络互联技术已经成为计算机网络技术专业的一门重要专业基础课程。由于计算机网络技术的普遍应用，人们越来越重视网络互联技术，因此越来越多的人从事与网络相关的领域，各高校计算机相关专业也都开设了"计算机网络构建与维护"等相关课程。网络互联技术是一门实践性很强的课程，需要读者具有一定的理论基础，并进行大量的实践练习，才能真正掌握。作为一本重要的专业基础课程教材，应该与时俱进，涵盖知识面与技术面广。本书可以让读者学到最新、最前沿和最实用的技术，为以后参加工作储备知识。

本书用华为网络设备搭建网络实训环境，在介绍相关理论与技术原理的同时，提供了大量的网络项目配置案例，以达到理论与实践相结合的目的。全书在内容安排上力求做到深浅适度、详略得当，从计算机网络基础知识起步，用大量的案例、插图讲解计算机网络互联技术等相关知识。编者精心选取教材的内容，对教学方法与教学内容进行整体规划与设计，使得本书在叙述上简明扼要、通俗易懂，既方便教师讲授，又方便学生学习、理解与掌握。因此本书在向读者传授计算机网络互联技术的同时，也给读者讲解获取新知识的方法和途径，以便读者通过对应的认证考试。

全书共 6 个项目，具体内容安排如下。

项目 1 认识计算机网络及网络设备。本项目主要讲解计算机网络，常用的网络命令，Visio 软件和 eNSP 软件的使用，交换机与路由器的管理方式，网络设备命令行视图及使用方法，交换机与路由器的登录方式等。

项目 2 构建办公局域网络。本项目主要讲解 VLAN 通信，GVRP 配置，端口聚合配置，端口镜像配置，端口限速配置等。

项目 3　局域网冗余技术。本项目主要讲解 STP 配置，RSTP 配置，MSTP 配置，VRRP 配置等。

项目 4　网络间路由互联。本项目主要讲解配置静态路由及默认路由，配置 RIP 动态路由，配置 OSPF 动态路由等。

项目 5　网络安全配置与管理。本项目主要讲解交换机端口隔离配置，交换机端口接入安全配置，ACL 配置等。

项目 6　广域网接入配置。本项目主要讲解广域网技术，NAT 技术，配置 IPv6，配置 DHCP 服务器，配置无线局域网络，防火墙技术等。

本书由崔升广任主编，单立娟、杨玲、杨宇、周晓姝任副主编。崔升广编写项目 1 至项目 5，单立娟、杨玲、杨宇、周晓姝编写项目 6，崔升广负责统稿并定稿。由于编者水平有限，书中难免存在疏漏和不足之处，恳请广大读者批评指正。

编者

2023 年 5 月

目录 CONTENTS

项目 1

项目 4

网络间路由互联 ·································· 117

项目 5

网络安全配置与管理 ······ 146

项目 6

项目1
认识计算机网络及网络设备

01

教学目标：

了解计算机网络的产生、发展及定义；

了解计算机网络的功能、网络类别、网络拓扑结构及网络传输介质；

掌握常用的网络命令；

学会使用Visio软件和eNSP软件；

掌握网络设备基本配置命令及使用方法；

掌握交换机、路由器的工作原理及设备初始化管理配置方法。

任务 1.1 认识计算机网络

任务陈述

某公司购置的华为交换机和路由器等网络设备已经到货，小李是该公司的网络工程师，他需要对网络设备进行初始化配置，实现网络设备的远程管理与维护，同时还需要对网络的总体规划进行设计与实施，那么小李需要掌握关于计算机网络的哪些基本知识呢？

知识准备

1.1.1 计算机网络概述

1. 计算机网络的产生与发展

计算机网络诞生于 20 世纪 50 年代中期。20 世纪 60 年代，广域网从无到有迅速发展；20 世纪 80 年代，局域网技术得到了广泛的发展与应用，并日趋成熟；20 世纪 90 年代，计算机网络向综合化、高速化发展，局域网技术发展成熟，局域网与广域网的紧密结合使企业迅速发展，同时也为 21 世纪网络信息化的发展奠定了基础。

随着网络技术的发展，网络技术的应用也已经渗透到社会中的各个领域，计算机网络的发展也经历了从简单到复杂的过程，计算机网络的形成与发展可分为以下 4 个阶段。

第一阶段（网络雏形阶段，20 世纪 50 年代中期—60 年代中期）：以单个计算机为中心的远程联机系统，构成面向终端的计算机网络，称为第一代计算机网络。

第二阶段（网络初级阶段，20 世纪 60 年代中期—70 年代中后期）：开始进行主机互联，多个独立的主计算机通过线路互联构成计算机网络，但没有网络操作系统，只形成了通信网；20 世纪 60 年代后期，阿帕网（Advanced Research Projects Agency Network，ARPANet）出现，称为第二代计算机网络。

第三阶段（第三代计算机网络，20 世纪 70 年代后期—80 年代中期）：以太网产生，国际标准化组织（International Organization for Standardization，ISO）制定了网络互联标准，即开放式系统互联（Open System Interconnection，OSI），这是世界统一的网络体系结构，在这一阶段遵循国际标准化协议的计算机网络开始迅速发展。

第四阶段（第四代计算机网络，20 世纪 80 年代后期至今）：计算机网络向综合化、高速化发展，同时出现了多媒体智能化网络，现在已经发展到第四代了，局域网技术发展日益成熟，第四代计算机网络就是以吉比特（Gbit）传输速率为主的多媒体智能化网络。

2. 计算机网络的定义

计算机网络是计算机技术与通信技术相结合的产物，是信息技术进步的标志。近年来 Internet 的迅速发展，证明了信息时代计算机网络的重要性。

那么什么是计算机网络？其结构又是什么样呢？

计算机网络是利用通信线路和设备将分散在不同地点、具有独立功能的多个计算机系统互联，由网络操作系统管理，按网络协议互相通信，是一个能够实现相互通信和资源共享的系统。某公司的计算机网络拓扑结构图如图 1.1 所示。

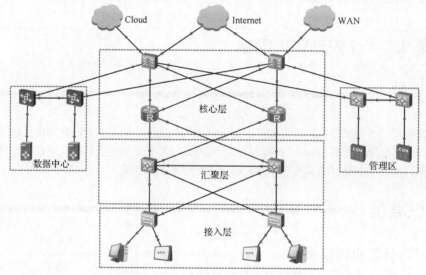

图 1.1　某公司的计算机网络拓扑结构图

该公司将网络在逻辑上分为不同的区域，包括接入层、汇聚层、核心层，数据中心，管理区。将网络分为三层架构有诸多优点：每一层都有各自独立且特定的功能；使用模块化的设计，便于定位错误，简化网络拓展和维护；可以隔离一个区域的拓扑变化，避免影响其他区域。此方案可以满足不同用户对网络可扩展性、可靠性、安全性和可管理性的需求。

3. 计算机网络的功能

计算机网络的主要功能是实现资源共享，它具有以下几方面的功能。

（1）数据通信。

数据通信是计算机网络最基本的功能，计算机网络为分布在各地的用户提供了强有力的通信手段。用户可以通过计算机网络传送电子邮件、发布新闻消息和进行电子商务活动。

（2）资源共享。

资源共享是计算机网络最重要的功能，"资源"是指构成系统的所有要素，包括软、硬件资源和数据资源，如计算处理能力、大容量磁盘、高速打印机、绘图仪、通信线路、数据库、文件和其他计算机上的有关信息。"共享"指的是网络中的用户能够部分或全部使用这些资源。受经济和其他因素的制约，所有用户并不是（也不可能）能独立拥有这些资源，所以网络上的计算机不仅可以使用自身的资源，还可以共享网络上的资源，从而增强网络上计算机的处理能力，提高了计算机软、硬件的利用率。

（3）集中管理。

计算机网络实现了数据通信与资源共享的功能，使得在一台或多台服务器上管理和运行网络中的资源成为可能。计算机网络实现了数据的统一集中管理，这一功能在企业中尤为重要。

（4）分布式处理。

随着网络技术的发展，分布式处理成为可能。分布式处理通过算法将大型的综合性问题交给不同的计算机同时进行处理，用户可以根据需要合理地选择网络资源，以实现快速处理，大大增强整个系统的性能。

4．计算机网络类别

根据需要，可以将计算机网络分成不同类别。如果按照覆盖的地理范围进行分类，可将计算机网络分为广域网、局域网、城域网等。

（1）广域网。

广域网（Wide Area Network，WAN）覆盖的地理范围是半径为几十千米到几千千米的区域，广域网通常覆盖几个城市、几个国家、几个洲，甚至全球，从而形成国际性的远程网络，如图 1.2 所示。广域网将分布在不同地区的计算机系统互联，达到资源共享的目的。

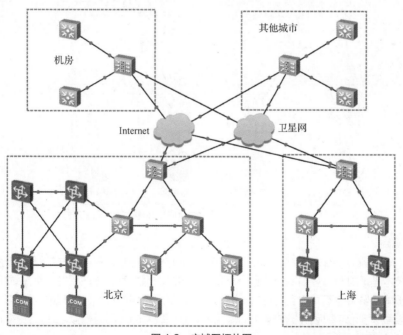

图 1.2　广域网拓扑图

广域网的主要特点如下。

① 传输距离远，传输速度较慢，建设成本高。

② 广域网的通信子网主要使用分组交换技术，可以利用公用分组交换网、卫星通信网和无线分组交换网。

③ 广域网需要适应规范化的网络协议和完善通信服务与网络管理的要求。

（2）局域网。

局域网（Local Area Network，LAN）是一种私有封闭型网络，在一定程度上能够防止信息泄露和防止外部网络病毒的攻击，具有较高的安全性。局域网的特点就是分布范围有限、可大可小，大到一栋建筑楼与相邻建筑之间的连接，小到办公室之间的连接，如图 1.3 所示。局域网将一定区域内的各种计算机、外部设备和数据库连接起来形成计算机通信网；通过专用数据线路与其他地方的局域网或数据库连接，形成更大范围的信息处理系统。局域网通过网络传输介质将网络服务器、网络工作站、打印机等网络互联设备连接起来，实现系统管理文件，共享应用软件、办公设备，发送工作日程安排等通信服务。

局域网的主要特点如下。

① 局域网的组建简单、灵活，使用方便，传输速度快，传输速率可达到 100Mbit/s～1000Mbit/s，甚至可以达到 10Gbit/s。

② 局域网覆盖的地理范围有限，一般适用于一个公司，不超出半径为 1 千米的区域。

③ 决定局域网特性的主要技术要素为网络拓扑和传输介质等。

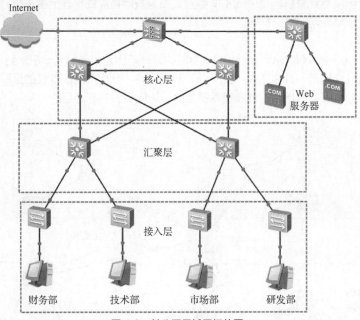

图 1.3　某公司局域网拓扑图

（3）城域网。

城域网（Metropolitan Area Network，MAN）是在一个城市范围内建立的计算机通信网络，使用了广域网技术进行组网，它的地理范围介于局域网与广域网之间。城域网的一个重要用途是用作骨干网，将位于同一城市内不同地点的主机、数据库，以及局域网等互相连接起来，以实现大量用户之间的数据、语音、图形与视频等多种信息的传输，这与广域网的作用有相似之处，如图 1.4 所示。

城域网的主要特点如下。

① 城域网地理范围是半径几十千米到上百千米的区域，可覆盖一个城市或地区，分布在一个城市内，是一种中型网络。

② 城域网是介于局域网与广域网之间的一种高速网络。

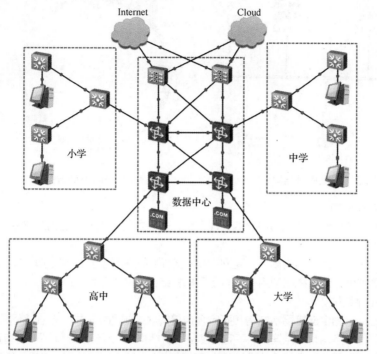

图 1.4　某市教育城域网拓扑图

5. 网络拓扑结构

网络拓扑结构图是指由网络节点设备和通信介质构成的网络结构图。网络拓扑定义了各种计算机、打印机、网络设备和其他设备的连接方式。换句话说，网络拓扑描述了线缆和网络设备的布局和数据传输时采用的路径。网络拓扑会在很大程度上影响网络的工作方式。

网络拓扑包括物理拓扑和逻辑拓扑。物理拓扑是指物理结构上各种设备和传输介质的布局，通常有总线型、星形、环形、网状和树形等几种结构；逻辑拓扑描述的是设备之间是如何通过物理拓扑进行通信的。

（1）总线型拓扑结构。

总线型拓扑结构是被普遍采用的一种结构，它将所有入网的计算机都接入同一条通信线，为防止信号反射，一般在总线两端连有终结器以匹配线路阻抗。

总线型拓扑结构的优点是信道利用率较高，结构简单，价格相对便宜；缺点是同一时刻只能有两个网络节点相互通信，网络延伸距离有限，网络容纳节点数有限。在总线上只要有一个节点出现连接问题，就会影响整个网络的正常运行。目前局域网中多采用此种结构，如图 1.5 所示。

（2）环形拓扑结构。

环形拓扑结构将各台联网的计算机用通信线路连接成一个闭合的环。

环形拓扑结构是一种点到点的环形结构。每台设备都直接连到环上，或通过一个端口设备和分支电缆连到环上。在初始安装时，环形拓扑网络比较简单；但随着网上节点的增加，重新配置的难度也会增加，它对环的最大长度和环上设备总数有限制。此结构可以很容易地找到电缆的故障点，受故障影响的设备范围大，在单环系统上出现的任何错误，都会影响网上的所有设备。环形拓扑结构如图 1.6 所示。

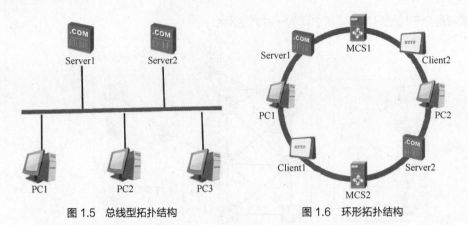

图 1.5　总线型拓扑结构　　　　　　　图 1.6　环形拓扑结构

（3）星形拓扑结构。

星形拓扑结构是以一个节点为中心的处理系统，各种类型的入网设备均与该中心节点以物理链路直接相连。

星形拓扑结构的优点是结构简单，建网容易，控制相对简单。其缺点是属于集中控制，主节点负载过重，可靠性低，通信线路利用率低。星形拓扑结构如图 1.7 所示。

（4）网状拓扑结构。

网状拓扑结构分为全连接网状结构和不完全连接网状结构两种形式。全连接网状结构中，每一个节点和网中其他节点均有链路连接；不完全连接网状结构中，两节点之间不一定有直接链路连接，它们之间的通信依靠其他节点转接。网状拓扑结构的优点是节点间路径多，碰撞和阻塞可大大减少，局部的故障不会影响整个网络的正常工作，可靠性高；网络扩充和主机入网比较灵活、简单，但这种网络结构关系复杂，不易建网，网络控制机制复杂。广域网中一般用不完全连接网状结构。网状拓扑结构如图 1.8 所示。

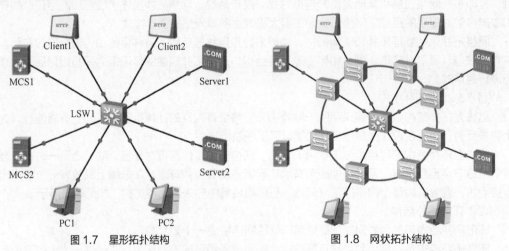

图 1.7　星形拓扑结构　　　　　　　　图 1.8　网状拓扑结构

（5）树形拓扑结构。

树形拓扑结构由总线型拓扑结构演变而来。其形状像一棵倒置的树，顶端是树根，下面是树根分支，每个分支还可再带子分支，树根接收各节点发送的数据，然后广播发送到全网。此结构扩展性好，容易诊断出错误，但对根节点要求较高。树形拓扑结构如图 1.9 所示。

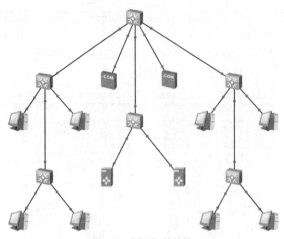

图 1.9 树形拓扑结构

6. 网络传输介质

网络传输介质可分为有线传输介质（如双绞线、同轴电缆、光纤等）和无线传输介质（如无线电波、激光等）两大类。网络传输介质是指在网络中传输信息的载体，不同的传输介质的特性各不相同，其特性对网络中的数据通信速度、通信质量有较大影响。

（1）有线传输介质。

有线传输介质是指在两个通信设备之间实现信号传输的物理连接部分，它能将信号从一方传输到另一方。线传输介质主要有双绞线、同轴电缆和光纤。双绞线和同轴电缆传输电信号，光纤传输光信号。

① 双绞线。

双绞线（Twisted Pair，TP）是计算机网络中最常见的传输介质，由两条互相绝缘的铜线组成，其典型直径为 1mm。将两条铜线拧在一起，就可以减少邻近线对电信号的干扰。双绞线既能用于传输模拟信号，也能用于传输数字信号，其带宽取决于铜线的直径和传输距离。双绞线由于性能较好且价格便宜，得到了广泛应用。双绞线可以分为非屏蔽双绞线(Unshielded Twisted Pair，UTP）和屏蔽双绞线（Shielded Twisted Pair，STP）两种，如图 1.10 和图 1.11 所示，屏蔽双绞线的性能优于非屏蔽双绞线。

图 1.10 非屏蔽双绞线

图 1.11 屏蔽双绞线

EIA/TIA 布线标准中规定了两种双绞线的接线方式为 T568A 与 T568B 标准，如图 1.12 所示。

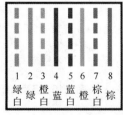

T568A

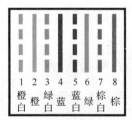

T568B

图 1.12 T568A 与 T568B 线序标准

T568A 标准：绿白-1，绿-2，橙白-3，蓝-4，蓝白-5，橙-6，棕白-7，棕-8。

T568B 标准：橙白-1，橙-2，绿白-3，蓝-4，蓝白-5，绿-6，棕白-7，棕-8。

两端接线方式相同，都为 T568A 或 T568B 的双绞线叫作直接线；两端接线方式不相同，一端为 T568A，另一端为 T568B 的双绞线叫作交叉线，如图 1.13 所示。

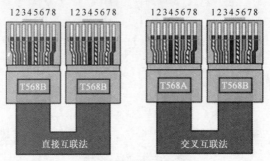

图 1.13　直接线与交叉线

② 同轴电缆。

同轴电缆比双绞线的屏蔽性更好，因此可以将电信号传输得更远。它以硬铜线为芯（导体），外包一层绝缘材料（绝缘层），这层绝缘材料被密织的网状导体环绕构成屏蔽，其外又覆盖一层保护性材料（护套）。同轴电缆的这种结构使它具有更高的带宽和极好的噪声抑制特性。同轴电缆可分为细同轴电缆和粗同轴电缆，常用的有 75Ω 和 50Ω 的同轴电缆，75Ω 的同轴电缆用于有线电视网（Cable Television，CATV），总线型结构的以太网用的是 50Ω 的同轴电缆，如图 1.14 所示。

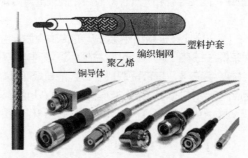

图 1.14　同轴电缆

③ 光纤。

光纤广泛应用于计算机网络的主干网中，通常分为单模光纤和多模光纤，如图 1.15 和图 1.16 所示。单模光纤具有更大的通信容量和更远的传输距离。常用的多模光纤是 62.5μm 芯/125μm 外壳和 50μm 芯/125μm 外壳，它是由纯石英玻璃制成的，纤芯外面包裹着一层折射率比纤芯低的包层，包层外是一层塑料护套。光纤通常被扎成束，外面有外壳保护，光纤的传输速率可达 100Gbit/s。

图 1.15　单模光纤　　　　　　图 1.16　多模光纤

（2）无线传输介质。

利用无线电波在自由空间的传播可以实现多种无线通信，无线传输突破了有线网的限制，能够穿透墙体，布局机动性强，适合不宜布线的环境（如酒店、宾馆等），为网络用户提供移动通信。

无线传输的介质有无线电波、红外线、微波、卫星和激光。在局域网中，通常只使用无线电波和红外线作为传输介质。无线传输介质通常用于广域互联网的广域链路的连接。无线传输的优点在于安装、移动和变更都比较容易，不会受到环境的限制；但信号在传输过程中容易受到干扰且易被窃取，并且初期的安装费用比较高。

1.1.2 常用的网络命令

在网络设备调试的过程中，经常会使用网络命令对网络进行测试，以查看网络的运行情况。下面介绍一下网络中常用的网络命令的用法。

1. ping 命令

ping 命令是用来探测本机与网络中另一主机或节点之间是否可达的命令，如果两台主机或节点之间 ping 不通，则表明这两台主机或两个节点间不能建立起连接。ping 命令是测试网络是否联通的一个重要命令，如图 1.17 所示。

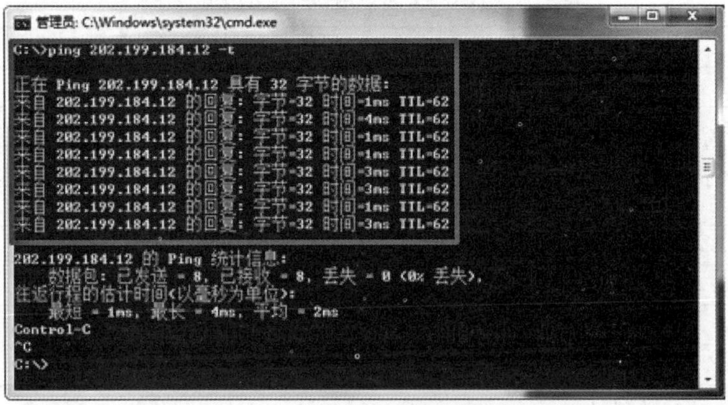

图 1.17　ping 命令测试网络联通性

用法：　ping [-t] [-n count] [-l size] [-4] [-6] target_name

ping 命令各参数选项功能描述，如表 1.1 所示。

表 1.1　ping 命令各参数选项功能描述

选项	功能描述
-t	ping 指定的主机，直到停止。若要查看统计信息并继续操作 – 请键入 Control-Break；若要停止 – 请键入 Control-C 组合键
-n count	要发送的回显请求数
-l size	发送缓冲区大小
-4	强制使用 IPv4
-6	强制使用 IPv6

2. tracert 命令

tracert（跟踪路由）命令是路由跟踪实用程序，用于确定 IP 数据包访问目标时采取的路径。tracert 命令使用 IP 生存时间（Time To Live，TTL）字段和 ICMP（Internet Control Message Protocol）错误消息来确定从一个主机到网络上其他主机的路由，如图 1.18 所示。

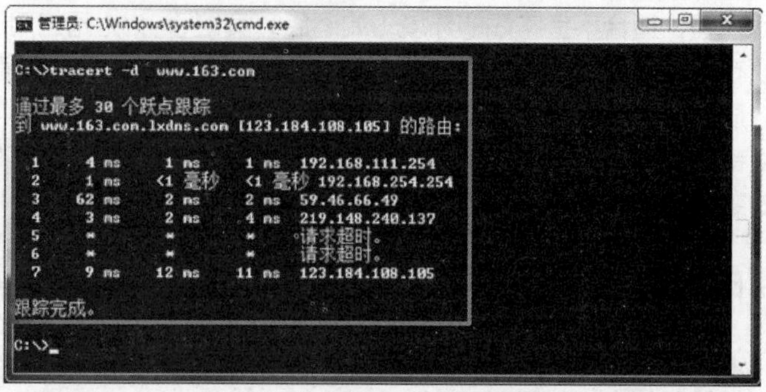

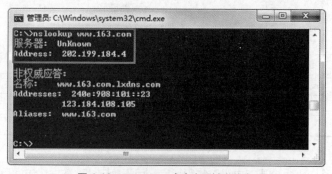

图 1.18　tracert 命令路由跟踪测试

用法：tracert [-d] [-h maximum_hops] [-j host-list] [-w timeout]
　　　　[-R] [-S srcaddr] [-4] [-6] target_name

tracert 命令各参数选项功能描述，如表 1.2 所示。

表 1.2　tracert 命令各参数选项功能描述

选项	功能描述
-d	不将地址解析成主机名
-h maximum_hops	搜索目标的最大跃点数
-j host-list	与主机列表一起的松散源路由（仅适用于 IPv4）
-w timeout	等待每个回复的超时时间（以毫秒为单位）
-R	跟踪往返行程路径（仅适用于 IPv6）
-S srcaddr	要使用的源地址（仅适用于 IPv6）
-4	强制使用 IPv4
-6	强制使用 IPv6

3. nslookup 命令

nslookup（域名查询）命令用于指定查询的类型，可以查到 DNS 记录的生存时间，还可以指定使用哪个 DNS 服务器进行解释。在已安装 TCP/IP 的计算机上面均可以使用这个命令，它主要用来诊断域名系统（Domain Name System，DNS）基础结构的信息。nslookup（Name Server Lookup）命令是一个用于查询 Internet 域名信息或诊断 DNS 服务器问题的工具，如图 1.19 所示。

图 1.19　nslookup 命令查看域名信息

用法：nslookup [-opt ...] # 使用默认服务器的交互模式

nslookup 命令各参数选项功能描述，如表 1.3 所示。

表 1.3　nslookup 命令各参数选项功能描述

选项	功能描述
nslookup [–opt ...] – server	使用"server"的交互模式
nslookup [–opt ...] host	仅查找使用默认服务器的"host"
nslookup [–opt ...] host server	仅查找使用"server"的"host"

4. netstat 命令

netstat 命令用于显示协议统计和当前 TCP/IP 网络连接、路由表、端口状态（Interface Statistics）、masquerade 连接、多播成员（Multicast Memberships）等，如图 1.20 所示。

图 1.20　netstat 命令显示协议统计和当前 TCP/IP 网络连接

用法：netstat [–a] [–e] [–f] [–n] [–o] [–p proto] [–r] [–s] [–t] [interval]

netstat 命令各参数选项功能描述，如表 1.4 所示。

表 1.4　netstat 命令各参数选项功能描述

选项	功能描述
–a	显示所有连接和侦听端口
–e	显示以太网统计。此选项可以与–s 选项结合使用
–f	显示外部地址的完全限定域名（FQDN）
–n	以数字形式显示地址和端口号
–o	显示拥有的与每个连接关联的进程 ID
–p proto	显示 proto 指定的协议的连接，proto 可以是 TCP、UDP、TCPv6 或 UDPv6。如果用它与–s 选项一起来显示每个协议的统计，则 proto 可以是 IP、IPv6、ICMP、ICMPv6、TCP、TCPv6、UDP 或 UDPv6

续表

选项	功能描述
-r	显示路由表
-s	显示每个协议的统计。默认情况下，显示 IP、IPv6、ICMP、ICMPv6、TCP、 TCPv6、UDP 和 UDPv6 的统计
-t	显示当前连接的卸载状态
interval	重新显示选定的统计，各个显示间暂停的间隔秒数。按 Ctrl+C 快捷键，可以停止重新显示统计。如果省略，则 netstat 将输出当前的配置信息

5. ipconfig 命令

（1）ipconfig。当使用 ipconfig 命令不带任何参数选项时，它将显示每个已经配置了的端口的 IP 地址、子网掩码和默认网关值，如图 1.21 所示。

图 1.21　ipconfig/all 命令获取本地网卡的所有配置信息

（2）ipconfig/all。当使用 all 选项时，ipconfig 命令能为 DNS 和 WINS 服务器显示它已配置且要使用的附加信息（如 IP 地址等），并且能显示内置于本地网卡中的物理地址（Media Access Control，MAC）。如果 IP 地址是从 DHCP 服务器租用的，那么 ipconfig 命令将显示 DHCP 服务器的 IP 地址和租用地址预计失效的日期（DHCP 服务器的相关内容详见其他有关 NT 服务器的书籍）。

（3）ipconfig /release 和 ipconfig /renew。这两个是附加选项，只能在向 DHCP 服务器租用其 IP 地址的计算机上起作用。如果用户输入"ipconfig/release"，那么所有端口的租用 IP 地址便会重新交付给 DHCP 服务器（归还 IP 地址）。如果用户输入"ipconfig/renew"，那么本地计算机便会设法与 DHCP 服务器取得联系，并租用一个 IP 地址。请注意，大多数情况下网卡将被重新赋予和以前相同的 IP 地址。

```
用法:
ipconfig [/allcompartments] [/? | /all |
                                /renew [adapter] | /release [adapter] |
                                /renew6 [adapter] | /release6 [adapter] |
                                /flushdns | /displaydns | /registerdns |
                                /showclassid adapter |
                                /setclassid adapter [classid] |
                                /showclassid6 adapter |
                                /setclassid6 adapter [classid] ]
其中 adapter 连接名称（允许使用通配符 * 和 ?，参见示例）
```

ipconfig 命令各参数选项功能描述，如表 1.5 所示。

表 1.5　ipconfig 命令各参数选项功能描述

选项	功能描述
/?	显示此帮助消息
/all	显示完整配置信息
/release	释放指定适配器的 IPv4 地址
/release6	释放指定适配器的 IPv6 地址
/renew	更新指定适配器的 IPv4 地址
/renew6	更新指定适配器的 IPv6 地址
/flushdns	清除 DNS 解析程序的缓存
/registerdns	刷新所有 DHCP 租约并重新注册 DNS 名称
/displaydns	显示 DNS 解析程序缓存的内容
/showclassid	显示适配器允许的所有 DHCP 类 ID
/setclassid	修改 DHCP 类 ID
/showclassid6	显示适配器允许的所有 IPv6 DHCP 类 ID
/setclassid6	修改 IPv6 DHCP 类 ID

默认情况下，仅显示绑定到 TCP/IP 的适配器的 IP 地址、子网掩码和默认网关。

对于 release 和 renew，如果未指定适配器名称，则会释放或更新所有绑定到 TCP/IP 的适配器的 IP 地址租约。对于 setclassid 和 setclassid6，如果未指定 classid，则会删除 classid。

6. arp 命令

arp 命令用于显示和修改地址解析协议（Address Resolution Protocol，ARP）缓存中的项目。ARP 缓存中包含一个或多个表，它们用于存储 IP 地址及其经过解析后的以太网或令牌环网络物理地址。计算机上安装的每一个以太网或令牌环网络适配器都有自己单独的表。如果在没有参数的情况下执行该命令，则 arp 命令将显示帮助信息，如图 1.22 所示。

图 1.22　显示 ARP 地址表

用法：显示和修改 ARP 使用的“IP 到物理”地址转换表。
arp -s inet_addr eth_addr [if_addr]
arp -d inet_addr [if_addr]
arp -a [inet_addr] [-N if_addr] [-v]

arp 命令各参数选项功能描述，如表 1.6 所示。

表 1.6　arp 命令各参数选项功能描述

选项	功能描述
-a	通过询问当前协议数据，显示当前 ARP 项。如果指定 inet_addr，则只显示指定计算机的 IP 地址和物理地址。如果不止一个网络端口使用 ARP，则显示每个 ARP 表的项
-g	与-a 选项相同
-v	在详细模式下显示当前 ARP 项。所有无效项和环回端口上的项都将显示
inet_addr	指定 Internet 地址
-N if_addr	显示 if_addr 指定的网络端口的 ARP 项
-d	删除 inet_addr 指定的主机。inet_addr 可以是通配符*，表示删除所有主机
-s	添加主机并且将 Internet 地址 inet_addr 与物理地址 eth_addr 相关联。物理地址是用连字符分隔的 6 个十六进制字节。该项是永久的
eth_addr	指定物理地址
if_addr	如果存在，则此项用于指定地址转换表中应修改的端口的 Internet 地址。如果不存在，则使用第一个适用的端口

任务实施

1.1.3　Visio 软件的使用

V1-1　Visio 软件
的使用

在网络工程配置方案中，经常需要描述计算机网络的拓扑结构，准确、熟练地绘制计算机网络拓扑结构图是每个工程技术人员必备的基本技能之一。目前常用微软公司的 Visio 软件绘制计算机网络拓扑结构图。下面就简单介绍一下 Visio 的使用方法。

（1）选择【开始】→【程序】→【Visio 软件】，打开 Visio 软件，进入 Visio 软件主界面，如图 1.23 所示。

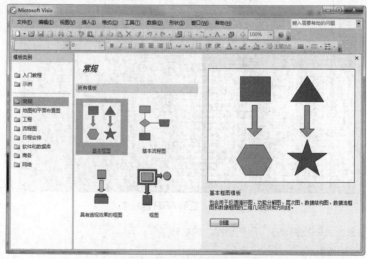

图 1.23　Visio 主界面

（2）选择【网络】目录，双击【基本网络图】，如图 1.24 所示。进入绘图面板，如图 1.25 所示。

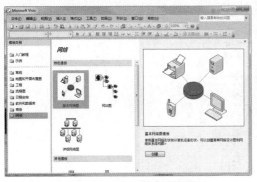

图 1.24　Visio 基本网络图

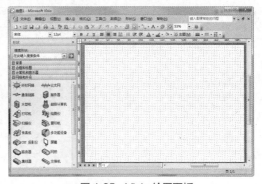

图 1.25　Visio 绘图面板

（3）用户可根据需要选择相应图标，将其拖入绘图面板中，并利用绘图工具选择合适线型与颜色，然后绘制连线；完成绘图后，选中绘制的全部图形，选择相应的图标，单击鼠标右键，选择【形状】选项，可以进行相应的设置；选择【组合】选项，将绘制的图形组合成一个整体。也可以选择绘制好的图形，将其复制到剪贴板中，再粘贴到 Word 文档中使用，如图 1.26 所示。

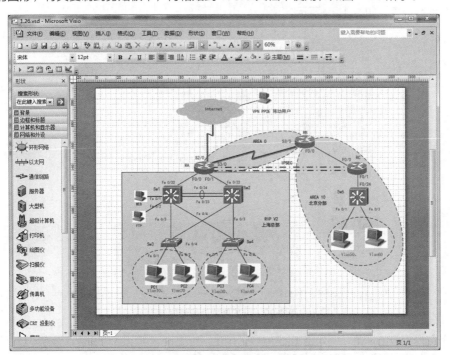

图 1.26　Visio 绘制网络拓扑结构图

1.1.4　eNSP 软件的使用

随着华为网络设备越来越多地被使用，学习华为网络路由知识的人也越来越多。eNSP 软件能很好地模拟路由交换的各种实验，从而得到了广泛应用，下面就简单介绍一下 eNSP 的使用方法。

（1）打开 eNSP 软件，如图 1.27 所示。单击【新建拓扑】，进入 eNSP 软件绘图配置界面，如图 1.28 所示。

V1-2　eNSP 软件
的使用

图 1.27　eNSP 软件主界面

图 1.28　eNSP 软件绘图配置界面

（2）进入 eNSP 软件主界面后可以选择【路由器】、【交换机】、【无线局域网】、【防火墙】、【终端】、【其他设备】、【设备连线】等选项，每个选项下面对应不同的设备型号，可以进行相应的选择操作。将不同的设备拖放到 eNSP 软件绘制面板里进行操作，可以为每个设备添加标签，标示设备地址、名称等信息，如图 1.29 所示。

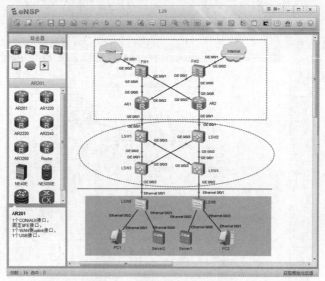

图 1.29　eNSP 软件配置与使用

（3）选择相应的设备，例如路由器 AR1，单击鼠标右键，可以启动设备，选择【CLI】选项，可以进入配置管理界面进行相应的配置，如图 1.30 所示。

图 1.30　CLI 配置管理界面

任务 1.2 认识交换机

任务陈述

某公司购置的华为交换机已经到货，小李是公司的网络工程师，他需要对网络设备交换机进行加电测试，查看交换机软、硬件信息，同时熟悉交换机的基本命令行操作，并进行初始化配置，这样就可以实现远程管理与维护交换机设备。

知识准备

1.2.1 交换机外形结构

不同厂商、不同型号的交换机设备的外形结构不同，但它们的功能、端口类型几乎都相同，具体可参考相应厂商的产品说明书。常用的交换机有两种类型：二层交换机及三层交换机。这里主要介绍华为 S5700 系列交换机产品。

（1）S5700 系列交换机前面板如图 1.31 所示。

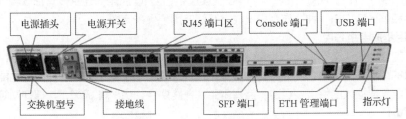

图 1.31　S5700 系列交换机前面板

（2）对应端口。

① RJ45 端口：24 个 10/100Base-TX，5 类 UTP 或 STP。

② SFP 端口：4 个 1000Base-X SFP。

SFP 端口的主要作用是信号转换和数据传输，其端口符合 IEEE 802.3ab 标准（如 1000Base-T），最大传输速度可达 1000Mbit/s（交换机的 SFP 端口支持 100/1000Mbit/s）。

SFP 端口对应的模块是 SFP 光模块，一种将电信号转换为光信号的端口器件，可插在交换机、路由器、媒体转换器等网络设备的 SFP 端口上，用来连接光或铜网络线缆进行数据传输，通常用在以太网交换机、路由器、防火墙和网络端口卡中。

吉比特交换机的 SFP 端口可以连接各种不同类型的光纤（如单模光纤和多模光纤）跳线和网络跳线（如 cat5e 和 cat6）来扩展整个网络的交换功能，不过吉比特交换机的 SFP 端口在使用前必须先插入 SFP 光模块，再使用光纤跳线和网络跳线进行数据传输。

现如今市面上大多数交换机都至少具备两个 SFP 端口，可通过光纤跳线和网络跳线等线缆的连接构建不同建筑物、楼层或区域之间的环形或星形网络拓扑结构。

③ Console 端口：用于配置、管理交换机，反转线连接。

④ ETH 端口：用于配置、管理交换机，以及升级交换机操作系统。

⑤ USB 端口：1 个 USB2.0 端口，用于 Min-USB 控制台端口或串行辅助端口。

（3）计算机与交换机接线，如图 1.32 所示。

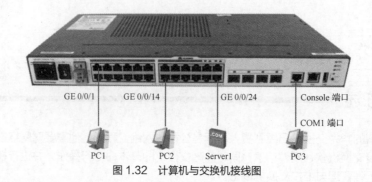

GE 0/0/1   GE 0/0/14   GE 0/0/24   Console 端口

COM1 端口

PC1   PC2   Server1   PC3

图 1.32   计算机与交换机接线图

1.2.2   认识交换机组件

以太网交换机和计算机一样，由硬件和软件系统组成，虽然不同厂商的交换机产品由不同硬件构成，但组成交换机的基本硬件一般都包括处理器（Central Processing Unit，CPU）、随机存储器（Random-Access Memory，RAM）、只读存储器（Read-Only Memory，ROM）、可读写存储器（Flash）、端口（Interface）等组件。

1. CPU 芯片

交换机的 CPU 主要控制和管理所有网络通信的运行，理论上可以执行任何网络操作，如执行VLAN 协议、路由协议、ARP 解析等。但在交换机中，CPU 应用得通常没有那么频繁，因为大部分帧的交换和解封装均由一种叫作专用集成电路的专用硬件来完成。

2. 专用集成电路芯片

交换机的专用集成电路（Application Specific Integrated Circuit，ASIC）芯片是连接 CPU和前端端口的硬件集成电路，能并行转发数据，提供高性能的、基于硬件的帧交换功能，主要提供对端口上接收到数据帧的解析、缓冲、拥塞避免、链路聚合、VLAN 标记、广播抑制等功能。

3. RAM

和计算机一样，交换机的 RAM 在交换机启动时按需要随意存取，在断电时将丢失存储内容。RAM 主要用于存储交换机正在运行的程序。

4. Flash

Flash 是可读写的存储器，在系统重新启动或关机之后仍能保存数据，一般用来保存交换机的操作系统文件和配置文件。

5. 交换机模块

交换机模块是在原有的板卡上预留出槽位，为方便用户未来进行设备业务扩展预备的端口。常见的物理模块有：光模块（GBIC 模块）、电口模块、光转电模块、电转光模块等，如图 1.33 所示。

光模块（SFP 模块）为 GBIC 模块的升级版本，SFP 模块的体积比 GBIC 模块小一半，在相同面板上可以多出一倍以上的端口数量，SFP 模块的功能与 GBIC 模块相同，有些交换机厂商称SFP 模块为小型 GBIC 模块，如图 1.34 所示。

图 1.33   电口模块

图 1.34   光口模块

1.2.3　三层交换技术

1. 传统二层交换技术

传统二层交换技术是在 OSI 网络标准模型第二层——数据链路层进行操作的，二层交换机属于数据链路层设备。二层交换技术发展得比较成熟，可以识别数据包中的 MAC 地址信息，再根据 MAC 地址进行转发，并将这些 MAC 地址与对应的端口记录在自己内部的一个地址表中，具体的工作流程如下。

（1）当交换机从某个端口收到一个数据包时，它先读取包头中的源 MAC 地址，这样它就知道源 MAC 地址的机器是连在哪个端口上的。

（2）读取包头中的目的 MAC 地址，并在地址表中查找相应的端口。

（3）如果表中有与目的 MAC 地址对应的端口，则把数据包直接复制到这个端口上。

（4）如果表中找不到相应的端口，则把数据包广播到所有端口上，当目的机器对源机器回应时，交换机记录目的 MAC 地址与哪个端口回应，在下次传送数据时就不再需要对所有端口进行广播了。不断地循环这个过程，交换机可以记录下全网的 MAC 地址信息，二层交换机就是这样建立和维护它自己的地址表的，如图 1.35 所示。

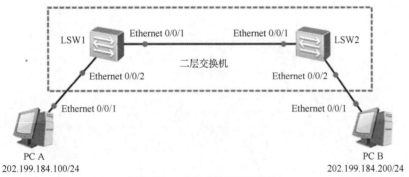

图 1.35　二层交换网络拓扑结构

二层交换技术从网桥发展到虚拟局域网（Virtual Local Area Network，VLAN），在局域网建设和改造中得到了广泛的应用。它按照接收到数据包的目的 MAC 地址来进行转发，对于网络层或者高层协议来说是透明的。它不处理网络层的 IP 地址，不处理高层协议的诸如 TCP、UDP 的端口地址，它只需要处理数据包的 MAC 地址，数据交换是靠硬件来实现的，其速度相当快，这是二层交换技术的一个显著优点。但是，它不能处理不同 IP 子网之间的数据交换。传统的路由器可以处理大量的跨越 IP 子网的数据包，但是它的转发效率比二层交换技术低，因此要想利用二层交换技术转发效率高这一优点，又要处理三层 IP 数据包，就要使用三层交换技术。

2. 三层交换技术

三层交换技术也称多层交换技术或 IP 交换技术，它是相对于传统交换概念而提出的。三层交换技术是在网络标准模型中的第三层实现了数据包的高速转发，既可实现网络路由功能，又可根据不同网络状况实现最优网络性能。简单地说，三层交换技术就是二层交换技术+三层转发技术。

一台三层交换设备就是一台带有第三层路由功能的交换机，为了实现三层交换技术，交换机通过维护一张"MAC 地址表"、一张"IP 路由表"和一张包括"目的 IP 地址，下一跳 MAC 地址"在内的硬件转发表，实现三层交换技术。

三层交换技术的出现，解决了局域网中网段划分之后，网段中子网必须依赖路由器进行管理的问题，以及传统路由器低速和复杂造成的网络瓶颈问题。

三层交换技术的原理是假设两个使用 IP 的站点 A、B 通过第三层交换机进行通信，如图 1.36 所示。发送站点 A 在开始发送时，把自己的 IP 地址与 B 站点的 IP 地址比较，判断 B 站点是否与自己在同一子网内。若目的站点 B 与发送站点 A 在同一子网内，则进行二层的转发。若两个站点不在同一子网内，发送站点 A 要与目的站点 B 通信，则发送站点 A 要向"默认网关"发出 ARP 封包，而"默认网关"的 IP 地址其实是三层交换机的三层交换模块。当发送站点 A 对"默认网关"的 IP 地址广播出一个 ARP 请求时，如果三层交换模块在以前的通信过程中已经知道 B 站点的 MAC 地址，则向发送站点 A 回复 B 的 MAC 地址。否则三层交换模块根据路由信息向 B 站点广播一个 ARP 请求，B 站点得到此 ARP 请求后向三层交换模块回复其 MAC 地址，三层交换模块保存此地址并回复给发送站点 A，同时将 B 站点的 MAC 地址发送到二层交换引擎的 MAC 地址表中。从这以后，A 向 B 发送的数据包便全部交给二层交换机处理，信息得以高速交换。由于仅在路由过程中才需要三层交换机处理，绝大部分数据都通过二层交换机转发，因此三层交换机的速度很快，接近二层交换机的速度，同时比相同路由器的价格低很多。

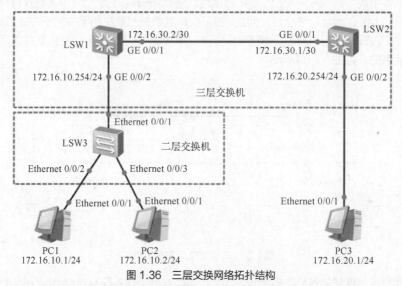

图 1.36　三层交换网络拓扑结构

> **注意**　当站点 A、B 在同一子网内时，主机 PC1 为站点 A，主机 PC2 为站点 B；当站点 A、
> B 不在同一子网内时，主机 PC1 为站点 A，主机 PC3 为站点 B。

3. 认识三层交换机

三层交换技术主要是通过智能化三层交换设备实现的。三层交换机也是工作在网络层的设备，和路由器一样可实现不同子网之间的通信。但它和路由器的区别是三层交换机在工作中，使用硬件 ASIC 芯片解析传输信号，通过使用先进的 ASIC 芯片，三层交换机可提供远优于路由器的网络传输性能，三层交换机每秒可传输 4000 万个数据包，而路由器则慢很多，每秒只能传输 30 万个数据包，如图 1.37 所示。

图 1.37　三层交换机设备

（1）三层交换机和路由器的区别。

在三层交换技术出现之前，几乎没有必要将路由功能器件和路由器区别开来，它们完全是相同的，提供路由功能正是路由器的工作。然而，现在三层交换机完全能够执行传统路由器的大多数功能。作为网络互联的设备，三层交换机具有以下特征。

① 转发基于第三层地址的业务流。

② 具有完全交换功能。

③ 可以完成特殊服务，如报文过滤或认证。

④ 执行或不执行路由处理。

（2）三层交换机与传统路由器相比，它具有以下优点。

① 子网间的传输带宽可任意分配。传统路由器每个端口连接一个子网，子网通过路由器进行传输的速率被端口的带宽所限制。而三层交换机则不同，它可以把多个端口定义成一个虚拟网，把多个端口组成的虚拟网作为虚拟网端口，该虚拟网内的信息可通过组成虚拟网的端口传递给三层交换机，由于端口数可任意指定，因此子网间的传输带宽没有限制。

② 合理配置信息资源。由于访问子网内资源的速率和访问全局网中资源的速率没有区别，因此为子网设置单独服务器的意义不大，在全局网中设置服务器群不仅可以节省费用，还可以合理配置信息资源。

③ 降低成本。通常的网络设计用交换机构成子网，用路由器进行子网间的互联。目前采用三层交换机进行网络设计，既可以进行任意虚拟子网划分，又可以通过三层交换机的路由功能完成子网间的通信，因此不用购买价格昂贵的路由器，降低了成本。

④ 交换机之间的连接灵活。交换机之间不允许存在回路，而路由器可有多条通路来提高可靠性、平衡负载。三层交换机用生成树算法阻塞会造成回路的端口，但在进行路由选择时，被阻塞掉的通路将作为可选路径参与路由选择。

交换机和路由器的性能和功能相互矛盾。交换机交换速度快，但控制性能弱；路由器控制性能强，但报文转发速度慢。解决这个问题的最新技术就是三层交换技术，它既有交换机线速转发报文的能力，又有路由器良好的控制功能。

1.2.4 交换机性能参数

1. 背板带宽

交换机的背板带宽决定了交换机端口处理器或端口卡和数据总线间能吞吐的最大数据量。背板带宽也叫交换带宽，标志了交换机总的数据交换能力，单位为 Gbit/s，一般交换机的背板带宽从几 Gbit/s 到上百 Gbit/s 不等。交换机的背板带宽越大，其处理数据的能力就越强，但同时设计成本也会越高。

2. 包转发率

交换机的包转发率标志着交换机转发数据包能力的大小，其单位一般为 packet/s（包每秒），一般交换机的包转发率在几十 Kpacket/s 到几百 Mpacket/s 不等。包转发速率是指交换机每秒可以转发多少百万个数据包（Mpacket/s），即交换机能同时转发的数据包的数量。包转发率以数据包为单位，体现了交换机的交换能力。

其实决定包转发率的一个重要指标就是交换机的背板带宽。交换机的背板带宽越大，其处理数据的能力就越强，包转发率也就越高。

3. 线速交换

线速交换是指能够按照网络通信线上的数据传输速度实现无瓶颈的数据交换。其实现是通过专用集成电路芯片硬件来完成协议解析和数据包的转发，而不是通过软件方式依靠交换机的 CPU 来完成的。线速交换的实现还借助于分布式处理技术。交换机多个端口的数据流能够同时进行处理，因此可以将局域网交换机看作 CPU、RISC 和 ASIC 并用的并行处理设备，对网络设备而言，线速转发意味着能无延迟地处理线速收到的帧，即无阻塞交换。

4. 支持 VLAN 数量

VLAN 是一种将局域网设备从逻辑上划分（注意，不是从物理上划分）成一个个网段（或者更小的局域网），从而实现虚拟工作组的数据交换技术。VLAN 这一新兴技术主要应用于交换机和路由器中，但目前主要还是应用在交换机中，一台交换机上支持的 VLAN 个数越多，其所消耗的资源就越多，性能也越好。

5. MAC 地址表

MAC 地址表数量是指交换机的 MAC 地址表中可以存储 MAC 地址的最大数量，存储的 MAC 地址越多，数据转发的速度就越快、效率就越高，其性能也就越好。

除此之外，交换机每个端口也需要足够的缓存来记忆 MAC 地址，所以缓存容量的大小决定了交换机记忆 MAC 地址数量的多少，越高档的交换机能记住的 MAC 地址的数量也就越多。同时，交换机是否支持堆叠、路由表的容量、背板支持模块的个数、插槽数量等，都决定了交换机的性能和价格。

1.2.5 交换机工作原理

交换机工作在数据链路层，拥有一条高带宽的背板总线和一个内部交换矩阵，交换机的端口都直接连接在这条背板总线上。前端 ASIC 芯片控制电路收到数据帧以后，会查找内存中的 MAC 地址表，确定目的 MAC 地址连接在哪个端口上，通过内部交换矩阵，迅速将数据帧传送到目的端口；若目的 MAC 地址不存在，则将数据帧广播到其他所有的端口。

一般来说，交换机的每个端口都用来连接一个独立的网段，相应的网段上发生的冲突不会影响其他网络。通过增加网段数量，减少每个网段上的用户数量，可以减少网络内部冲突，从而优化网络的传输环境。二层交换机通过源 MAC 地址表来获悉与特定端口相连的设备的地址，并根据目的 MAC 地址来决定如何处理收到的数据帧，但是有时为了提供更快的接入速度，可以把一些重要的网络计算机直接连接到交换机的端口上。这样，网络的关键服务器和重要用户就能拥有更快的接入速度，以及更大的信息流量。

1. 网络连接

像集线器一样，交换机提供了大量可供线缆连接的端口，可以采用星形拓扑结构进行连接，交换机在转发数据帧时，可能会重新产生一个不失真的方形电信号。由于交换机每个端口上都使用相同的转发或过滤逻辑，可以将局域网分为多个冲突域，每个冲突域都有独立的宽带，因此大大提高了局域网的带宽。除了具有网桥、集线器和中继器的功能以外，交换机还具有更先进的功能，如 VLAN 和更佳的性能。

2. 地址自主学习

交换机通过查看接收到的每个帧的源 MAC 地址，来学习每个端口连接设备的 MAC 地址，再建立地址表到端口的映射关系，并将地址同相应的端口映射起来存放在交换机缓存中的 MAC 地址表中，从而学习到整个网络地址的情况。

3. 转发过滤

当一个数据帧的目的地址在 MAC 地址表中有映射时，它将被转发到连接目的节点的端口，而不是所有端口（如果该数据帧为广播帧或组播帧，则转发至所有端口）。

4. 消除回路

当交换机包括一个冗余回路时，以太网交换机通过生成树协议避免回路的产生，同时允许存在后备路径。

　　交换机除了能够连接同种类型的网络之外，还可以在不同类型的网络（如以太网和快速以太网）之间起到互联作用，如今许多交换机都能够提供支持快速以太网或光纤分布式数据端口（Fiber Distributed Data Interface，FDDI）等的高速连接端口，用于连接网络中的其他交换机，或者为带宽占用量大的关键服务器提供附加带宽。

5. 交换机地址学习和转发过滤

（1）地址学习。

　　由于交换机的 MAC 地址表存放在 RAM 中，在交换机刚通电（冷启动）启动时，MAC 地址表为空，如图 1.38 所示。初始化之前，交换机不知道主机连接的是哪个端口，交换机收到数据帧后，将数据帧广播到除了发送端口之外的所有端口，此过程称为泛洪。

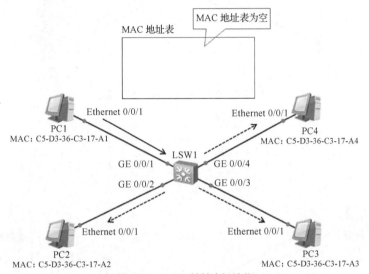

图 1.38　MAC 地址表初始化

　　当交换机从某端口收到一个数据帧后，首先取出该数据帧中的源 MAC 地址，然后查看交换机 MAC 地址表，确定 MAC 地址表中是否存在该 MAC 地址。如果 MAC 地址表中不存在该数据帧中的源 MAC 地址，就将该 MAC 地址及连接交换机的端口号写入 MAC 地址表中，即交换机学习到一条 MAC 地址记录。通常将这一过程称为交换机的地址学习过程。

　　若主机 PC1 要给主机 PC3 发送数据帧，且数据帧的源地址是主机 PC1 的 MAC 地址（C5-D3-36-C3-17-A1），目的地址是主机 PC3 的 MAC 地址（C5-D3-36-C3-17-A3），由于初始化 MAC 地址表为空，所以交换机把收到的该帧通过广播方式泛洪到所有端口上；同时交换机通过解析帧获得这个帧的源地址，将该 MAC 地址和发送端口建立起映射关系，记录在 MAC 地址表中，至此交换机就学习到主机 PC1 位于 GE 0/0/1 端口上，如图 1.39 所示。

　　网络中的其他主机通过广播也收到这个帧，但会丢弃该帧，只有目的主机 PC3 才会响应这个帧，并按要求返回响应帧，该帧的目的 MAC 地址为主机 PC1 的 MAC 地址。返回的响应帧到达交换机后，由于这个目的 MAC 地址已经记录在 MAC 地址表中，交换机就按照表中记录，将其由对应的 GE 0/0/1 端口转发出去；同时交换机通过解析响应帧，学习到帧的源 MAC 地址（主机 PC3 的 MAC 地址），把其和 GE 0/0/1 端口建立起关系，记录在交换机 MAC 地址表中。

　　随着网络中的主机不断发送帧，这个学习过程将不断进行下去，最终交换机会得到一张整个网络的 MAC 地址表，如图 1.40 所示。

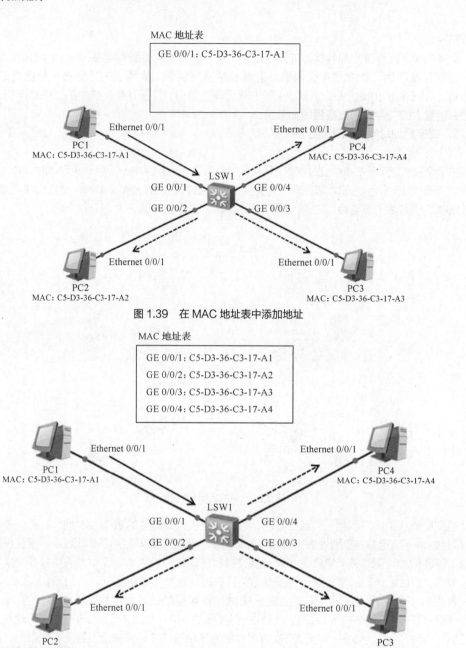

图 1.39　在 MAC 地址表中添加地址

图 1.40　完整的 MAC 地址表

　　需要注意的是，交换机通过 MAC 地址表决定如何处理数据帧，由于 MAC 地址表中的条目有生命周期，如果交换机长时间没有从该端口收到具有相同源地址的帧，交换机就会刷新 MAC 地址表，交换机会认为该主机已与这个端口断开连接，于是这个条目将从 MAC 地址表中删除。默认情况下，交换机的默认老化时间为 300 秒，超过这个时间交换机就会刷新 MAC 地址表。如果该端口收到的帧的源地址发生改变，交换机会用新的源地址改写 MAC 地址表中该端口对应的 MAC 地址。交换机中的 MAC 地址表将一直保持最新的记录，以提供更准确的转发策略。

　　（2）转发过滤。

　　交换机收到目标 MAC 地址后，将按照记录在 MAC 地址表中的映射关系，把接收到的帧从相应端口转发出去。当主机 PC1 再次将帧发送给主机 PC3 时，主机的网卡首先封装数据帧（帧头 +MAC-PC3+MAC-PC1+Data+校验位）。当该帧传输到交换机上时，交换机的 ASIC 芯片会解析帧，由于目标 MAC 地址（主机 PC3 的 MAC 地址为 C5-D3-36-C3-17-A3）记录在交换机的 MAC 地址表中，因此交换机将按照查找到的 MAC 地址直接将帧从相应的端口转发出去，如图 1.41 所示。

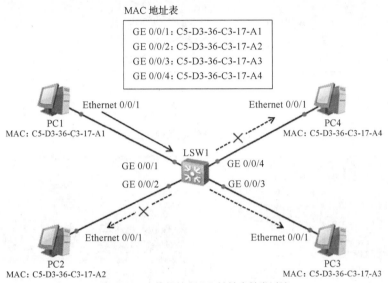

MAC 地址表

GE 0/0/1: C5-D3-36-C3-17-A1
GE 0/0/2: C5-D3-36-C3-17-A2
GE 0/0/3: C5-D3-36-C3-17-A3
GE 0/0/4: C5-D3-36-C3-17-A4

图 1.41　交换机按 MAC 地址表转发过滤

主机 PC1 向主机 PC3 发送帧的过程如下。

① 交换机将帧的目的 MAC 地址和 MAC 地址表中的条目比较。

② 发现帧可以通过 GE 0/0/3 端口到达目的主机，便将帧从该端口转发出去。

③ 通过交换机 MAC 地址表的过滤，交换机不会再将该帧广播到交换机的 GE 0/0/2 和 GE 0/0/4 端口中去，这样就减少了网络中的传输流量，优化了带宽，这种操作被称为帧过滤。

1.2.6　交换机管理方式

通常情况下，交换机可以不经过任何配置，在加电后直接在局域网内使用，不过这种方式浪费了可管理型交换机提供的智能网络管理功能，其局域网内传输效率的优化，安全性、网络稳定性与可靠性等也都不能实现。因此，需要对交换机进行一定的配置和管理。

交换机常用两种方式进行管理：一种是超级终端带外管理方式；另一种是 Telnet 远程或 SSH2 远程带内管理方式。

由于交换机刚出厂时没有配置任何 IP 地址，所以第一次配置交换机时，只能使用 Console 端口来配置交换机，这种配置方式使用专用的配置线缆连接交换机的 Console 端口，不占用网络带宽，因此被称为带外管理方式。其他方式会将网线与交换机端口相连，通过 IP 地址实现，因此被称为带内管理方式，如图 1.42 所示。

1. 用带外方式管理交换机

带外方式是通过将计算机串口 COM 端口与交换机 Console 端口相连来管理交换机的，如图 1.43 和图 1.44 所示。不同类型的交换机的 Console 端口所处的位置不同，但交换机面板上的 Console 端口都有 "CONSOLE" 字样标识。利用交换机的 Console 线缆（如图 1.45 所示）即可将交换机的 Console 端口与计算机串口 COM 端口相连，以便进行管理。现在很多笔记本电脑已

经没有串口 COM 端口，有时为方便配置与管理，可以利用 USB 端口转 RS-232 端口线缆连接
Console 线缆进行配置和管理，如图 1.46 所示。

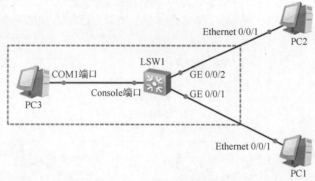

图 1.42　交换机管理方式

图 1.43　计算机串口 COM 端口

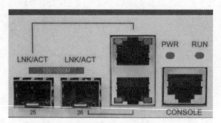

图 1.44　交换机 Console 端口

图 1.45　交换机的 Console 线缆

图 1.46　USB 端口转 RS-232 端口线缆

（1）进入超级终端程序。选择【开始】→【所有程序】→【附件】→【超级终端】，根据提示进
行相关配置，设置 COM 属性，如图 1.47 所示。正确设置之后进入交换机用户模式，如图 1.48 所示。

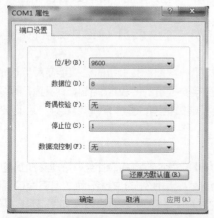

图 1.47　超级终端的 COM 属性设置

图 1.48　超级终端进入交换机用户模式

（2）进入 SecureCRT 终端仿真程序。SecureCRT 是一款支持 SSH（SSH1 和 SSH2）的终端仿真程序，打开 SecureCRT 终端仿真程序，如图 1.49 所示。单击【连接】按钮，打开【连接】对话框，如图 1.50 所示。单击【属性】按钮，进行【会话】选项的设置。

图 1.49　SecureCRT 主界面

图 1.50　【连接】对话框

可以在【协议】选项中选择相应协议进行连接，如 Serial、Telnet、SSH2 等。选择串口 Serial 协议，在【会话选项】对话框中选择【串行】，进行相应设置，如图 1.51 所示。正确设置后便可以进入交换机用户模式，如图 1.52 所示。

图 1.51　设置【串行】选项

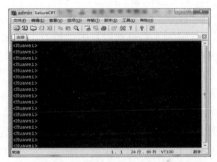

图 1.52　SecureCRT 进入交换机用户模式

2. 用带内方式管理交换机

带内方式通过网线远程连接交换机，再通过 Telnet、SSH 等远程方式管理交换机。在通过 Console 端口对交换机进行初始化配置，如配置交换机管理 IP 地址、用户、密码等，开启 Telnet 服务后，就可以通过网络以 Telnet 远程方式登录。

Telnet 协议是一种远程访问协议，Windows 7 操作系统自带 Telnet 连接功能，需要用户自行开启：打开计算机控制面板，选择【程序】，选择【打开或关闭 Windows 功能】选项，勾选【Telnet 客户端】复选框，如图 1.53 所示。按【Win+R】快捷键，打开【运行】对话框，输入"cmd"命令，如图 1.54 所示，转到 DOS 命令行窗口。

图 1.53　Telnet 客户端

图 1.54　【运行】对话框

输入"telnet +IP"命令，如图 1.55 所示。在系统确认用户、密码和登录权限后，就可以利用 DOS 命令行窗口配置、管理交换机，如图 1.56 所示。

图 1.55　Telnet 远程方式登录

图 1.56　Telnet 登录交换机用户模式

任务实施

1.2.7　网络设备命令行视图及使用方法

1. 命令行视图

随着越来越多的终端设备接入网络中，网络设备的负担也越来越重。华为公司为提高网络的运行效率，开发了基于通用路由平台（Versatile Routing Platform，VRP）的数据通信产品——通用操作系统平台。它以 IP 业务为核心，采用组件化的体系结构，在实现丰富功能特性的同时，还提供了基于应用的可裁剪和可扩展的功能，使得交换机和路由器的运行效率大大提高。熟练掌握 VRP 进行配置和操作是网络工程师的一项必备技能。

交换机的配置管理界面分成若干种模式，根据不同配置管理功能，VRP 分层的命令结构定义了很多种命令行视图。每条命令只能在特定视图下执行，每条命令都注册在一个或多个命令行视图下，用户只有先进入这个命令所在的视图，才能执行相应的命令。进入 VRP 系统的配置界面后，VRP 上最先出现的视图是用户视图，相关实例代码如下。

```
<Huawei>system-view        //用户视图
Enter system view, return user view with Ctrl+Z.
[Huawei]                   //系统视图
```

在该视图下，用户可以查看设备的运行状态和统计信息。若要修改系统参数，用户必须进入系统视图。用户还可以通过系统视图进入其他的功能配置视图，如端口视图和协议视图，如图 1.57 所示。通过提示符可以判断当前所处的视图，例如"<>"表示用户视图，"[ ]"表示除用户视图以外的其他视图。

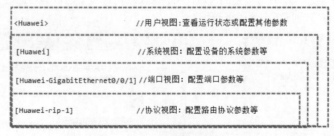

图 1.57　命令行视图

2. 命令行功能

为了简化操作，系统提供了快捷键，使用户能够快速执行操作，例如，按 Ctrl+Z 快捷键可以返回到用户视图界面，相关实例代码如下。

```
<Huawei>system-view
Enter system view, return user view with Ctrl+Z.
[Huawei]interface GigabitEthernet 0/0/6
[Huawei-GigabitEthernet0/0/6]^ z      //按 Ctrl+Z 快捷键返回用户视图
<Huawei>
```

其他的快捷键及对应功能如表 1.7 所示。

表 1.7　快捷键及对应功能

快捷键	功能
Ctrl+A	把光标移动到当前命令行的最前端
Ctrl+B	将光标向左移动一个字符
Ctrl+C	停止当前命令的执行
Ctrl+D	删除当前光标所在位置右侧的一个字符
Ctrl+E	将光标移动到当前行的末尾
Ctrl+F	将光标向右移动一个字符
Ctrl+H	删除光标左侧的一个字符
Ctrl+N	显示历史命令缓冲区中的后一条命令
Ctrl+P	显示历史命令缓冲区中的前一条命令
Ctrl+W	删除光标左侧的一个字符串
Ctrl+X	删除光标左侧的所有字符
Ctrl+Y	删除光标所在位置及其右侧的所有字符
Esc+B	将光标向左移动一个字符串
Esc+D	删除光标右侧的一个字符串
Esc+F	将光标向右移动一个字符串
Backspace	删除光标左侧的一个字符
Tab	输入一个不完整的命令并按 Tab 键，就可以补全该命令

还有一些其他快捷键也可以用来执行类似的操作，例如，与 Ctrl+H 快捷键的功能一样，按退格键（Backspace）也可以删除光标左侧的一个字符。向左的方向键（←）与向右的方向键（→）可以分别用来执行与 Ctrl+B 和 Ctrl+F 快捷键相同的功能；向下的方向键（↓）可以用来执行与 Ctrl+N 快捷键相同的功能，向上的方向键（↑）可以用来执行与 Ctrl+P 快捷键相同的功能。

此外，若命令的前几个字母是独一无二的，系统可以在输完该命令的前几个字母后自动将该命令补充完整。例如，用户只需输入"int"并按 Tab 键，系统自动将命令补充为 interface，相关实例代码如下。

```
<Huawei>sys
Enter system view, return user view with Ctrl+Z.
[Huawei]int       //按 Tab 键补全命令
[Huawei]interface
```

若命令并非独一无二的，输入命令的前几个字母并按 Tab 键后将显示所有可能的命令。例如，在系统视图下输入"cl"并按 Tab 键，系统会按顺序显示以下命令：cluster，clear。

3. 命令行在线帮助

VRP 提供两种在线帮助功能，分别是部分帮助和完全帮助。

部分帮助指的是当用户输入命令时，如果只记得此命令的开头一个或几个字符，可以使用命令行的部分帮助功能获取以该字符或字符串开头的所有关键字的提示，例如，在用户视图下输入"c?"，相关实例代码如下。

```
<Huawei>c?
    cd                              check
    clear                           clock
    cluster                         cluster-ftp
    compare                          configuration
    copy
<Huawei>c
```

完全帮助指的是在任一命令视图下，用户可以输入"?"来获取该命令视图下所有的命令及其简单描述。输入一条命令的部分关键字，后接以空格分隔的"?"，如果该位置为关键字，则列出全部关键字及其描述，例如，在用户视图下输入"copy ?"，相关实例代码如下。

```
<Huawei>copy ?
    STRING<1-64>   [drive][path][file name]
    flash:          Device name
<Huawei>copy
```

1.2.8 网络设备基本配置命令

1. 配置设备名称

因为网络环境中设备众多，所以为了方便管理员管理，需要对这些设备进行统一配置。可以使用 sysname 命令修改设备名称，设备名称一旦设置，就会立刻生效，相关实例代码如下。

```
<Huawei>system-view
Enter system view, return user view with Ctrl+Z.
[Huawei]sysnameSWA      //修改交换机的名称为：SWA
[SWA]
```

交换机名称长度不能超过 255 个字符，在系统视图下使用 undo 命令可将交换机名称恢复为默认值，相关实例代码如下。

```
[SW1]undo sysname      //恢复交换机默认名称
[Huawei]               //交换机默认名称为：Huawei
```

2. 配置返回命令行

使用 quit 命令或 return 命令，可以返回到上一级视图中，quit 命令是返回到上一级，而 return 命令是返回到用户视图下，相关实例代码如下。

```
<Huawei>system-view
Enter system view, return user view with Ctrl+Z.
[Huawei]interface GigabitEthernet 0/0/10
[Huawei-GigabitEthernet0/0/10]quit          //返回到上一级视图
[Huawei]
[Huawei]interface GigabitEthernet 0/0/10
[Huawei-GigabitEthernet0/0/10]return         //返回到用户视图
<Huawei>
```

3. 配置系统时钟

系统时钟是设备上的系统时间戳，由于地域不同，用户可以根据当地规定设置系统时钟，用户必须正确设置系统时钟以确保其与其他设备保持同步。

协调世界时（Coordinated Universal Time，UTC）又称世界统一时间、世界标准时间、国际协调时间，由于系统默认采用 UTC，而中国北京在东八区，所以我国时间与 UTC 的时差均为 8 小时，也就是 UTC+8。在对系统时间和日期进行配置前要先设置时区，相关实例代码如下。

```
<Huawei>clock timezone CHINA-BJ add 08:00:00
<Huawei>clock datetime 9:00:00 2021-04-10
<Huawei>display clock
2021-04-10 09:00:15+08:00
Saturday
Time Zone(CHINA-BJ) : UTC+08:00
<Huawei>
```

通常情况下，系统时钟一旦设定，即使设备断电，设备时钟仍继续运行，除非需要修正设备时间，原则上不再修改。

4．配置用户登录权限及用户级别

为了增强设备的安全性，系统将命令进行分级管理，不同的用户拥有不同的权限，仅可使用对应级别的命令行。默认情况下命令级别分为 0～3 级，用户级别分为 0～15 级。用户 0 级为访问级别，对应网络诊断工具命令（如 ping、tracert）、从本设备出发访问外部设备的命令（Telnet 客户端）、部分 display 命令等。用户 1 级为监控级别，对应命令 0 级和 1 级，包括用于系统维护的命令及 display 命令等。用户 2 级是配置级别，包括向用户提供直接网络服务、路由、各个网络层次的命令。用户 3～15 级是管理级别，对应命令 3 级，该级别主要管理用于系统运行的命令，对业务提供支撑，包括文件系统、FTP 和 TFTP 下载、文件交换配置、电源供应控制、备份板控制、用户管理、命令级别设置、系统内部参数设置命令，以及用于业务故障诊断的 debugging 命令。

虚拟类型终端（Virtual Type Terminal，VTY）是一种虚拟线路端口，用户通过终端与设备建立 Telnet 或 SSH 连接后，也就建立了一条 VTY，即用户可以通过 VTY 方式登录设备。不同类型设备支持同时登录的用户数量不同，大多数最多为 15 个。通过 VTY 方式访问设备后，执行 user-interface maximum-vty number 命令可以配置同时登录到设备的 VTY 类型用户界面的最多个数，相关实例代码如下。

```
<Huawei>system-view
Enter system view, return user view with Ctrl+Z.
[Huawei]user-interface vty 04
[Huawei-ui-vty0-4]quit
[Huawei]
[Huawei]user-interface maximum-vty ?
   INTEGER<0-15>   The maximum number of VTY users, the default value is 5
[Huawei]user-interface maximum-vty2  //配置同时在线人数最多为两人，默认值为 5 人
```

如果将最大登录用户数设为 0，则任何用户都不能通过 Telnet 或者 SSH 登录到路由器，可以用 display user-interface 命令来查看用户界面信息。

从设备安全的角度考虑，限制用户的访问和操作权限是很有必要的。规定用户权限和进行用户认证是提升终端安全的两种方式。用户权限要求规定用户的级别，只有特定级别的用户才能执行特定级别的命令。配置用户界面的用户认证方式后，用户登录设备时，需要输入密码进行认证，这样就限制了用户访问设备的权限。在通过 VTY 进行 Telnet 连接时，所有接入设备的用户都必须经过认证，相关实例代码如下。

```
<Huawei>system-view
Enter system view, return user view with Ctrl+Z.
[Huawei]user-interface vty 0 4
[Huawei-ui-vty0-4]user privilege level ?
   INTEGER<0-15>   Set a priority                    //本地用户级别为 0～15
```

```
[Huawei-ui-vty0-4]user privilege level 3                //配置本地用户级别
[Huawei-ui-vty0-4]set authentication password ?         //配置本地认证密码
  cipher   Set the password with cipher text            //密文密码
  simple   Set the password in plain text               //明文密码
[Huawei-ui-vty0-4]set authentication password cipher ?
  STRING<1-16>/<24>   Plain text/cipher text password
[Huawei-ui-vty0-4]set authentication password cipher lncc123 //配置密文密码：lncc123
[Huawei-ui-vty0-4]quit
[Huawei]
```

　　设备提供 3 种认证方式：AAA 认证方式、密码认证方式和不认证方式。AAA 认证方式具有很高的安全性，因为用户登录时必须输入用户名和密码。密码认证方式只需要输入登录密码，所以所有用户使用的都是同一个密码。不认证方式就是不需要对用户进行认证，用户可直接登录到设备。需要注意的是，Console 界面默认使用不认证方式。对于 Telnet 登录用户，授权是非常有必要的，最好设置用户名、密码和与指定账号相关联的权限。

　　用户可以设置 Console 界面和 VTY 界面的属性，以提高系统的安全性。如果一个连接上设备的用户一直处于空闲状态而不断开，可能会给系统带来很大风险，所以在等待一个超时时间后，系统会自动中断与其的连接。这个闲置切断时间又称超时时间，默认为 10 分钟，相关实例代码如下。

```
<Huawei>system-view
Enter system view, return user view with Ctrl+Z.
[Huawei]user-interface vty 0 4
[Huawei-ui-vty0-4]idle-timeout ?
  INTEGER<0-35791>   Set the number of minutes before a terminal user times
                     out(default: 10minutes)          //空闲时间范围为 0～35791 分钟
[Huawei-ui-vty0-4]idle-timeout 3 ?
  INTEGER<0-59>   Set the number of seconds before a terminal user times
                  out(default: 0s)                    //空闲时间范围为 0～59 秒
<cr>
[Huawei-ui-vty0-4]idle-timeout 3 30                   //在 3 分 30 秒中断连接，默认为 10 分钟
[Huawei-ui-vty0-4]screen-length 20                    //一页输出 20 行
[Huawei-ui-vty0-4]history-command max-size 20         //历史命令缓存了 20 条记录
```

　　当 display 命令输出的信息超过一页时，系统会对输出内容进行分页，按空格键可切换下一页。如果一页输出的信息过少或过多，用户可以执行 screen-length 命令修改信息输出时一页的行数；默认行数为 24，最多支持 512 行。不建议将行数设置为 0，因为那样将不会显示任何输出内容。每条命令执行过后，执行的记录都保存在历史命令缓存区中。用户可以利用↑、↓、Ctrl+P、Ctrl+N 等快捷键调用这些命令。历史命令缓存区中默认能存储 10 条命令，可以执行 history-command max-size 命令改变可存储的命令数，最多可存储 256 条命令。

5. 配置标题信息

　　用户在登录网络设备时，可以设置终端上显示的标题信息，header 命令用来设置用户登录设备时终端上显示的标题信息。

　　login 参数指定在用户登录设备认证过程中，激活终端连接时显示的标题信息。

　　shell 参数指定当用户成功登录到设备后，已经建立了会话时显示的标题信息。

　　header 的内容可以是字符串或文件名。当 header 的内容为字符串时，标题信息以第一个英文字符作为起始符，以最后一个相同的英文字符作为结束符。通常情况下，建议使用英文特殊符号，并确保信息正文中没有此符号，相关实例代码如下。

```
<Huawei>
```

```
<Huawei>system-view
Enter system view, return user view with Ctrl+Z.
[Huawei]header login information "You have logged in "
[Huawei]header shell information "Please configure the device correctly!"
[Huawei]
```

1.2.9 文件系统管理

1. 基本查询命令

（1）dir 命令用来显示当前目录下的文件信息，相关实例代码如下。

```
<Huawei>dir
Directory of flash:/
  Idx  Attr    Size(Byte)  Date        Time       FileName
   0   drw-         -       Aug 06 2015 21:26:42  src
   1   drw-         -       Apr 17 2020 19:30:41  compatible
   2   -rw-        516      Apr 10 2021 09:42:27  vrpcfg.zip
32,004 KB total (31,968 KB free)
<Huawei>
```

（2）pwd 命令用来查看当前目录，相关实例代码如下。

```
<Huawei>pwd
flash:

<Huawei>
```

（3）more 命令用来查看文本文件的内容。

2. 目录操作命令

（1）cd 命令用来修改用户当前界面的工作目录。

（2）mkdir 命令用来创建新的目录。

（3）rmdir 命令用来删除目录。

相关实例代码如下。

```
<Huawei>mkdir abc        //创建文件目录
Info: Create directory flash:/abc......Done.
<Huawei>dir              //查看当前目录
Directory of flash:/
  Idx  Attr    Size(Byte)  Date        Time       FileName
   0   drw-         -       Aug 06 2015 21:26:42  src
   1   drw-         -       Apr 17 2020 19:30:41  compatible
   2   drw-         -       Apr 10 2021 09:54:44  abc
   3   -rw-        516      Apr 10 2021 09:42:27  vrpcfg.zip
32,004 KB total (31,964 KB free)

<Huawei>cd abc        //进入当前目录
<Huawei>dir
Info: File can't be found in the directory.
32,004 KB total (31,964 KB free)
<Huawei>pwd           //查看当前目录路径
flash:/abc
<Huawei>cd ...           //返回上一级目录
```

```
<Huawei>dir
Directory of flash:/
  Idx  Attr   Size(Byte)     Date        Time         FileName
   0   drw-         -      Aug 06 2015 21:26:42      src
   1   drw-         -      Apr 17 2020 19:30:41      compatible
   2   drw-         -      Apr 10 2021 09:54:44      abc
   3   -rw-       516      Apr 10 2021 09:42:27      vrpcfg.zip
32,004 KB total (31,964 KB free)
<Huawei>rmdir abc     //删除当前目录
Remove directory flash:/abc?[Y/N]:y
%Removing directory flash:/abc...Done!
<Huawei>dir
Directory of flash:/
  Idx  Attr   Size(Byte)     Date        Time         FileName
   0   drw-         -      Aug 06 2015 21:26:42      src
   1   drw-         -      Apr 17 2020 19:30:41      compatible
   2   -rw-       516      Apr 10 2021 09:42:27      vrpcfg.zip
32,004 KB total (31,968 KB free)
<Huawei>
```

3. 文件操作命令

（1）copy 命令用来复制文件。

（2）move 命令用来移动文件。

（3）rename 命令用来重命名文件。

（4）delete 命令用来删除文件。

（5）unreserved 命令用来永久删除文件。

（6）undelete 命令用来恢复删除的文件。

（7）reset recycle-bin 命令用来彻底删除回收站中的文件。

4. 配置文件查询命令

（1）display current-configuration 命令用来显示当前配置文件。

display current-configuration 命令可以用来查看设备当前生效的配置文件。

display current-configuration | begin {regular-expression} 命令可以用来显示以不同参数或表达式开头的配置文件。

display current-configuration | include {regular-expression}命令可以用来显示包含了指定关键字或表达式的配置文件。

（2）display save-configuration 命令用来显示保存的配置文件。

display saved-configuration [last|time]命令用来查看设备下次启动时加载的配置文件。使用 last 参数可以显示本次启动时使用的配置文件内容，使用 time 参数可以显示系统启动后最近一次手动或者系统自动保存配置的时间。

（3）display startup 命令用来显示系统启动配置参数。

display startup 命令用来查看设备本次及下次启动时相关的系统软件、备份系统软件、配置文件、License 文件、补丁文件及语音文件。

5. 配置文件保存命令

save 命令用来保存当前配置信息。

save [configuration-file]命令可以用来将当前配置信息保存到系统默认的存储路径中。configuration-file 为配置文件的文件名，此参数可选。执行 save 命令后，当前配置信息被保存到了设备的默认存储路径中，默认文件名为 vrpcfg.zip。

6. 配置文件初始化命令

reset saved-configuration 命令用来清除下次启动时加载的配置文件。

reset saved-configuration 命令用来清除存储在设备中的启动配置文件的内容。执行该命令后，如果不使用 startup saved-configuration 命令重新指定设备下次启动时使用的配置文件，也不使用 save 命令保存配置文件，则设备下次启动时会采用默认的配置参数进行初始化。

7. 更新配置重启设备命令

reboot 命令用来重启动设备。执行此命令后，系统会提示用户是否保存配置文件，应根据实际需要选择保存或不保存配置文件。

1.2.10　配置交换机登录方式

1. AAA 认证方式

（1）配置交换机以 AAA 认证方式登录，如图 1.58 所示，进行网络拓扑连接。

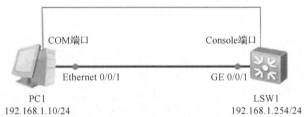

V1-3　配置交换机
登录方式-AAA
认证方式

图 1.58　配置交换机登录方式

（2）配置交换机 LSW1，相关实例代码如下。

```
<Huawei>system-view                               //进入系统视图
Enter system view, return user view with Ctrl+Z.
[Huawei]sysname LSW1                               //更改交换机名称
[LSW1]telnet server enable                         //开启 Telnet 服务
[LSW1]user-interface vty 0 4                       //允许同时在线管理人员为 5 人
[LSW1-ui-vty0-4]authentication-mode ?              //配置认证方式
aaa          AAA authentication                    //AAA 认证方式
  none       Login without checking                //无认证方式
  password   Authentication through the password of a user terminal interface //密码认证方式
[LSW1-ui-vty0-4]authentication-mode aaa            //配置为 AAA 认证方式
[LSW1-ui-vty0-4]quit                               //返回上一级视图
[LSW1]aaa                                          //开启 AAA 认证方式
[LSW1-aaa]local-user user01 password cipher lncc123   //用户名为 user01，密文密码为 lncc123
[LSW1-aaa]local-user user01 service-type ?         //配置服务类型
  8021x        802.1x user
  bind         Bind authentication user
  ftp          FTP user
  http         Http user
  ppp          PPP user
  ssh          SSH user
  telnet       Telnet   user
  terminal     Terminal user
  web          Web authentication user
```

```
    x25-pad    X25-pad user
[LSW1-aaa]local-user user01 service-type telnet ssh web    //开启服务类型：telnet ssh web
[LSW1-aaa]local-user user01 privilege level 3              //配置用户管理等级为 3 级
[LSW1-aaa]quit                                             //返回上一级视图
[LSW1]interface Vlanif 1                                   //配置 VLANIF1 虚拟端口
[LSW1-Vlanif1]ip address 192.168.1.254 24                 //配置 VLANIF1 虚拟端口的 IP 地址
[LSW1-Vlanif1]quit                                         //返回上一级视图
[LSW1]
```

（3）显示交换机 LSW1 的配置信息，相关实例代码如下。

```
<LSW1>display current-configuration
#
sysname LSW1
#
aaa
  authentication-scheme default
  authorization-scheme default
  accounting-scheme default
  domain default
  domain default_admin
  local-user admin password simple admin
  local-user admin service-type http
  local-user user01 password cipher X)-@C4Ca/.)NZPO3JBXBHA!!   //为密文密码
  local-user user01 privilege level 3
  local-user user01 service-type telnet ssh web
#
interface Vlanif1
  ip address 192.168.1.254 255.255.255.0
#
user-interface con 0
user-interface vty 0 4
  authentication-mode aaa
#
return
<LSW1>
```

（4）配置主机 PC1 的 IP 地址，如图 1.59 所示。

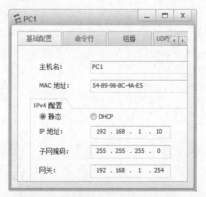

图 1.59　配置主机 PC1 的 IP 地址

（5）在 AAA 认证方式下，测试 Telnet 连接交换机 LSW1 结果，用户名为 user01，密码为 lncc123，交换机 VLANIF 1 虚拟端口的 IP 地址为 192.168.1.254，如图 1.60 所示。

（6）主机 PC1 访问交换机 LSW1，使用 ping 命令进行结果测试，如图 1.61 所示。

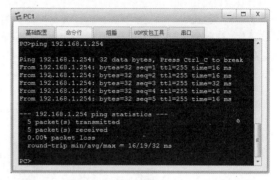

图 1.60　AAA 认证方式下，测试 Telnet 连接　　　图 1.61　主机 PC1 访问交换机 LSW1，进行结果测试
　　　　　交换机 LSW1 结果

2. 密码认证方式

（1）配置交换机以密码认证方式登录，如图 1.58 所示，以便进行网络拓扑连接。

（2）配置交换机 LSW1，相关实例代码如下。

```
<Huawei>system-view                              //进入系统视图
Enter system view, return user view with Ctrl+Z.
[Huawei]sysname LSW1                              //更改交换机名称
[LSW1]telnet server enable                        //开启 Telnet 服务
[LSW1]user-interface vty 0 4                       //允许同时在线管理人员为 5 人
[LSW1-ui-vty0-4]set authentication password ?      //配置密码认证方式
  cipher   Set the password with cipher text        //密文方式，加密
  simple   Set the password in plain text           //明文方式，不加密
[LSW1-ui-vty0-4]set authentication password cipher lncc123   //配置密文密码为 lncc123
[LSW1-ui-vty0-4]user privilege level 3             //配置用户管理等级为 3 级
[LSW1-ui-vty0-4]quit                              //返回上一级视图
[LSW1]interface Vlanif 1                           //配置 VLANIF1 虚拟端口
[LSW1-Vlanif1]ip address 192.168.1.254 24          //配置 VLANIF1 虚拟端口的 IP 地址
[LSW1-Vlanif1]quit                               //返回上一级视图
[LSW1]
```

（3）显示交换机 LSW1 的配置信息，相关实例代码如下。

```
<LSW1>display current-configuration
#
sysname LSW1
#
interface Vlanif1
 ip address 192.168.1.254 255.255.255.0
#
user-interface con 0
user-interface vty 0 4
 user privilege level 3
```

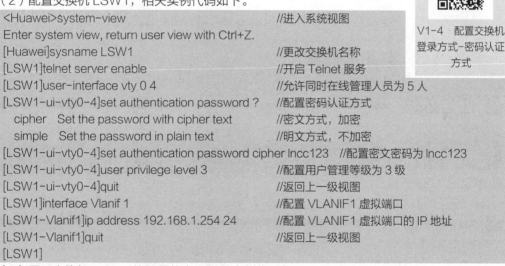

V1-4　配置交换机
登录方式–密码认证
方式

```
  set authentication password cipher -oH4A}bg:5sPddVIN=17-fZ#   //为密文密码
#
return
<LSW1>
```

（4）配置主机 PC1 的 IP 地址，如图 1.59 所示。

（5）在密码认证方式下，测试 Telnet 连接交换机 LSW1 结果，密码为 lncc123，交换机 VLANIF 1 虚拟端口的 IP 地址为 192.168.1.254，如图 1.62 所示。

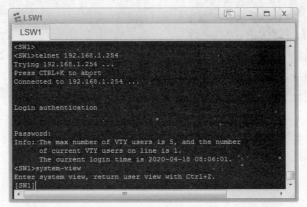

图 1.62　在密码认证方式下，测试 Telnet 连接交换机 LSW1 结果

（6）主机 PC1 访问交换机 LSW1，使用 ping 命令进行结果测试，如图 1.61 所示。

任务 1.3　认识路由器

任务陈述

某公司购置的华为路由器已经到货，小李是公司的网络工程师，他需要对网络设备路由器进行加电测试，查看路由器软硬件信息，同时熟悉路由器的基本命令行操作，并进行初始化配置，以实现远程管理与维护路由器设备。

知识准备

1.3.1　路由器外形结构

路由器（Router）是连接两个或多个网络的硬件设备，在网络间起网关的作用，它是互联网的主要结点设备。路由器通过路由决定数据的转发，其最主要的功能可以理解为实现信息的转送。因此，我们把这个过程称为寻址过程，虽然路由器处在不同网络之间，但并不一定是信息的最终接收地址，所以在路由器中通常存在着一张路由表，根据传送网络中传送信息的最终地址，寻找下一转发地址应该是哪个网络；将最终地址在路由表中进行匹配，通过算法确定下一转发地址，这个地址可能是中间地址，也可能是最终的目标地址。

不同厂商、不同型号的路由器设备的外形结构有所不同，但它们的功能、端口类型几乎都差不多，具体可参考相应厂商的产品说明书。这里主要介绍华为 AR2240 系列路由器产品。

（1）AR2240 系列路由器的前面板与后面板外形结构如图 1.63 所示。

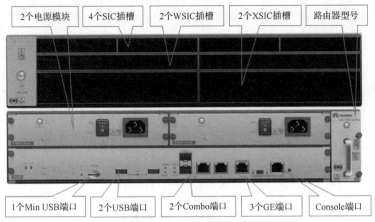

图 1.63　AR2240 系列路由器前面板与后面板外形结构

（2）对应端口。

① GE 端口：2 个 GE 端口，吉比特 RJ45 电口，用于连接以太网。

② Combo 端口：光电复用，2 个吉比特 Combo 端口（10/100/1000Base-T 或 100/1000Base-X）。

③ Console 端口：用于配置、管理交换机，反转线连接。

④ USB 端口：2 个 USB2.0 端口，一个用于 Min-USB 控制台端口，一个用于串行辅助/控制台端口。

⑤ Min USB 端口：1 个 Mini-USB 控制台端口，用于控制台 USB 端口。

1.3.2　认识路由器组件

路由器和计算机一样，由硬件和软件系统组成，虽然不同厂商的路由器产品由不同硬件构成，但组成路由器的基本硬件一般都包括 CPU、RAM、ROM、Flash、Interface、电源模块和端口模块等组件。

1. CPU 芯片

路由器的 CPU 主要控制和管理所有网络通信的运行，理论上可以执行任何网络操作，如路由协议等。

2. RAM

和计算机一样，路由器的 RAM 主要用于存储路由器正在运行的程序，在路由器启动时按需要随意存取，在断电时将丢失存储内容。

3. Flash

路由器的 Flash 是可读写的存储器，在系统重新启动或关机之后仍能保存数据，一般用来保存路由器的操作系统文件和配置文件。

4. 路由器板卡模块

路由器的三层转发主要依靠 CPU 进行，都集成在路由器的主控板上。主控板是系统控制和管理核心，提供整个系统的控制平面、管理平面和业务交换平面。对于主控板，业界内很多厂商制造的高端路由器都提供多种主控板以便选择。

主控板最关注的是包转发性能和固有的 WAN 口。转发性能是整个设备数据报文内外转发能力的体现，主控性能越好，设备越能适应未来的大带宽发展。另外对于 WAN 口，一方面决定了出口的带宽，主控板自身固定的 WAN 口越多，连接的广域网络也越多。另一方面后续也可以减少对

WAN 单板的投资。目前华为 ARG3 路由器主控板可支持 2Mbit/s～40Mbit/s，具有多种转发性能，具备很高的性价比。

目前市面上的接入路由器的板卡在插槽之间很难做到通用（如两个小的槽位可以合并为一个大槽位，用于插一个大卡），而且很多路由器的部分插槽还是专卡专用，目前市面上完全实现槽位能够合并、板卡通用的路由器只有华为的 ARG3 系列。

接入路由器不仅支持传统的 E1、SA 等广域网板卡，并且随着设备集成度的提高和ALL-in-One 理念的产生，二层交换板卡、语音板卡、电源模块板卡、数据加密板卡等陆续出现，如图 1.64～图 1.66 所示。即使是同一类型的板卡，厂商也会定制多种不同的接入密度，不同接入密度的板卡的价格不同，购买者可以根据自己的需要和资金情况进行选择。为了实现 E1 功能，华为 ARG3 提供了 1、2、4、8 端口的 E1 板卡，如图 1.67 所示。

图 1.64　24 个吉比特以太网交换端口的交换板卡

图 1.65　电源模块板卡　　　　　　　　图 1.66　数据加密板卡

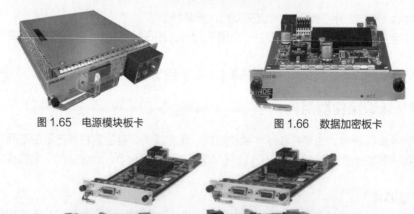

图 1.67　不同端口的 E1 板卡

1.3.3　路由器性能参数

1. CPU 主频

CPU 是路由器最核心的组成部分。不同系列、不同型号的路由器的 CPU 主频也不尽相同，CPU 将直接影响路由器的吞吐量（路由表查找时间）和路由计算能力（网络路由收敛时间）。

2. 吞吐量

吞吐量是路由器最关键的技术参数之一，网络中的数据是由一个个数据包组成的，每个数据包的处理都要耗费资源。吞吐量是指在不丢包的情况下，单位时间内通过的数据包数量，也就是指设备转发数据包的能力，是衡量设备性能的重要指标。路由器吞吐量表示的是路由器每秒能处理的数据量，是路由器性能的一个直观反映。

路由器的主要功能是做 IP 报文转发，由于中低端路由器多采用在 CPU 上运行的软件来实现该功能，因此多数中低端路由器不具备线速转发能力。

3. 线速转发能力

线速转发能力是指在达到端口最大速率的时候，路由器传输数据时不丢包的能力。路由器最基本且最重要的功能就是转发数据包，在同样端口速率下转发小包是对路由器包转发能力的最大考验。全双工线速转发是指以最小包长和最小包间隔在路由器端口上双向同时传输，而不会出现数据丢包。

线速转发能力是衡量路由器性能的一个重要指标。简单地说，就是进来多大的流量，就出去多大的流量，不会因为设备处理能力的问题而造成吞吐量下降。

4. 支持网络协议

网络上的各计算机之间要想进行通信，就要使用网络协议，即不同的计算机之间必须共同遵守一个相同的网络协议才能进行通信。常见的协议有：TCP/IP、IPX/SPX 协议、NetBEUI 协议等。用户如果想要访问 Internet，就必须在网络协议中添加 TCP/IP。一般情况下，一台路由器支持的网络类型越多，其可用性、可扩展性就越强。

1.3.4　路由器工作原理

路由器是连接 Internet 中各局域网、广域网的设备，它会根据信道的情况自动选择和设定路由，在最佳路径上按前后顺序发送信号。路由器是互联网络中的枢纽，目前路由器已经广泛应用于各行各业，各种不同档次的路由器已成为实现各种骨干网内部连接、骨干网间互联和骨干网与互联网互联、互通的主力军。

路由器和交换机之间的主要区别就是交换机作用在 OSI 标准模型的第二层（数据链路层），而路由器作用在第三层，即网络层。这一区别决定了路由器和交换机在移动信息的过程中需使用不同的控制信息，所以说两者实现各自功能的方式是不同的。

路由器是用于网络互联的计算机设备，路由器的核心作用是实现网络互联和数据转发。路由器是一种三层设备，使用 IP 地址寻址，实现从源 IP 地址到达目标 IP 地址的端到端服务，其工作原理如图 1.68 所示。

路由器接收到数据包，提取目标 IP 地址及子网掩码来计算目标网络地址；根据目标网络地址查找路由表，如果找到目标网络地址，就按照相应的出口将数据包发送到下一个路由器；如果没有找到，就看一下有没有默认路由，如果有就按照默认路由的出口将数据包发送给下一个路由器；如果没有找到，就给源 IP 地址发送一个出错 ICMP 数据包以表明无法传递该数据包；如果是直连路由就按照第二层 MAC 地址将其发送给目标站点。

在网络通信中，路由是一个网络层的术语，它是指从某一网络设备出发去往某个目的地的路径。路由表则是若干条路由信息的集合。在路由表中，一条路由信息也被称为一个路由表项或一个路由条目。路由表只存在于终端计算机和路由器（和三层交换机）中，二层交换机中是不存在路由表的。

路由器为执行数据转发路径选择所需要的

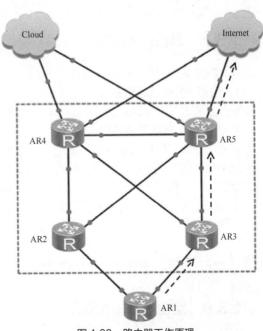

图 1.68　路由器工作原理

信息被包含在路由器的一个表中，此表称为路由表；当路由器检查到包的目的 IP 地址时，它就可以根据路由表中的内容决定将该包转发到哪个下一跳地址，路由表被存放在路由器的 RAM 中。

在路由表中，每一行就是一条路由信息（或一个路由表项、一个路由条目）。通常情况下，一条路由信息由 3 个要素组成：目的地/掩码（Destination/Mask）、出端口、下一跳 IP 地址（NextHop），如图 1.69 所示。

图 1.69　路由信息

（1）目的地/掩码。如果目的地/掩码中的掩码长度为 32，则目的地将是一个主机端口地址，否则目的地将是一个网络地址。通常情况下，一个路由表项的目的地是一个网络地址（即目的网络地址），可把主机端口地址看成目的地的一种特殊情况。

（2）出端口。指该路由表项中所包含的数据内容应该从哪个端口发送出去。

（3）下一跳 IP 地址。如果一个路由表项的下一跳 IP 地址与出端口的 IP 地址相同，则表示出端口已经直连到了该路由表项所指的目的网络。

> **注意** 下一跳 IP 地址所对应的那个主机端口与出端口一定位于同一个二层网络（二层广播域）中。

1.3.5　路由器管理方式

和管理交换机设备一样，管理路由器有以下两种方式。

1. 用带外方式管理路由器

带外方式通过将计算机串口 COM 端口与路由器 Console 端口相连来管理路由器。

2. 用带内方式管理路由器

带内方式通过网线远程连接路由器，再通过 Telnet、SSH 等远程方式管理路由器。在通过 Console 端口对路由器进行初始化配置，如配置路由器管理 IP 地址、用户、密码等，开启 Telnet 服务后，就可以通过网络以 Telnet 远程方式登录。

由于管理方式与交换机一样，因此路由器管理方式可以参考【1.2.6 交换机管理方式】小节中的交换机管理方式，这里不再赘述。

 任务实施

1.3.6　路由器基本配置

（1）配置路由器的 IP 地址，如图 1.70 所示，进行网络拓扑连接。

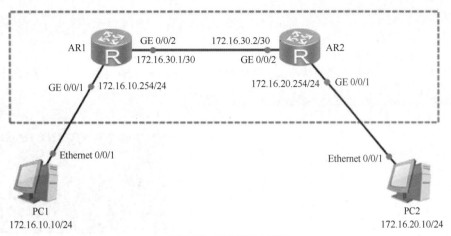

图 1.70　路由器基本配置

（2）配置路由器 AR1 的 IP 地址，相关实例代码如下。

V1-5　路由器
基本配置

```
<Huawei>system-view
Enter system view, return user view with Ctrl+Z.
[Huawei]sysname AR1                    //更改路由器名称
[AR1]interface GigabitEthernet 0/0/1
[AR1-GigabitEthernet0/0/1]ip address 172.16.10.254 24     //配置端口 IP 地址
[AR1-GigabitEthernet0/0/1]quit
[AR1]interface GigabitEthernet 0/0/2
[AR1-GigabitEthernet0/0/2]ip address 172.16.30.1 30       //配置端口 IP 地址
[AR1-GigabitEthernet0/0/2]quit
[AR1]
```

（3）配置路由器 AR2 的 IP 地址，相关实例代码如下。

```
<Huawei>system-view
Enter system view, return user view with Ctrl+Z.
[Huawei]sysname AR2                    //更改路由器名称
[AR2]interface GigabitEthernet 0/0/1
[AR2-GigabitEthernet0/0/1]ip address 172.16.20.254 24     //配置端口 IP 地址
[AR2-GigabitEthernet0/0/1]quit
[AR2]interface GigabitEthernet 0/0/2
[AR2-GigabitEthernet0/0/2]ip address 172.16.30.2 30       //配置端口 IP 地址
[AR2-GigabitEthernet0/0/2]quit
[AR2]
```

（4）显示路由器 AR1、AR2 的配置信息，以 AR1 为例，相关实例代码如下。

```
[AR1]display current-configuration
#
sysname AR1
#
interface GigabitEthernet0/0/1
 ip address 172.16.10.254 255.255.255.0
#
interface GigabitEthernet0/0/2
 ip address 172.16.30.1 255.255.255.252
#
```

```
return
[AR1]
```

（5）配置主机 PC1 和主机 PC2 的 IP 地址，如图 1.71 所示。

（6）对主机 PC1 进行相关结果测试，使用 ping 命令访问路由器 AR1，如图 1.72 所示。

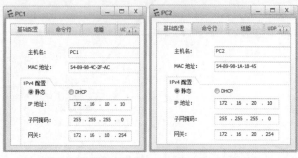

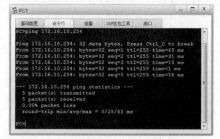

图 1.71 配置主机 PC1 和主机 PC2 的 IP 地址　　　图 1.72 对主机 PC1 进行相关结果测试

1.3.7 配置路由器登录方式

1. AAA 认证方式

（1）配置路由器以 AAA 认证方式登录，如图 1.73 所示，进行网络拓扑连接。

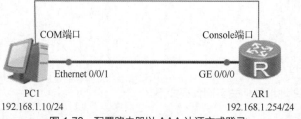

V1-6 配置路由器
以 AAA 认证方式
登录

图 1.73 配置路由器以 AAA 认证方式登录

（2）配置路由器 AR1，相关实例代码如下。

```
<Huawei>system-view
[Huawei]sysname AR1
[AR1]telnet server enable                               //开启 Telnet 服务
[AR1]user-interface vty 0 4                             //允许同时在线管理人员为 5 人
[AR1-ui-vty0-4]authentication-mode   aaa               //配置为 AAA 认证方式
[AR1-ui-vty0-4]quit
[AR1]aaa
[AR1-aaa]local-user user01 password cipher lncc123
//设置 AAA 认证，用户名为 user01，密码为 lncc123，加密方式为密文
//如果加密方式为明文则设置为 simple
[AR1-aaa]local-user user01 service-type telnet ssh web    //设置用户服务类型
[AR1-aaa]local-user user01 privilege level 3              //设置用户管理等级为 3 级
[AR1-aaa]quit
[AR1]interface GigabitEthernet 0/0/0
[AR1-GigabitEthernet0/0/0]ip address 192.168.1.254 24
[AR1-GigabitEthernet0/0/0]quit
[AR1]
```

（3）显示路由器 AR1 的配置信息，相关实例代码如下。

```
<AR1>display current-configuration
#
sysname AR1
#
 aaa
 authentication-scheme default
 authorization-scheme default
 domain default_admin
 local-user admin password cipher %$%$K8m.Nt84DZ}e#<0`8bmE3Uw}%$%$
 local-user admin service-type http
 local-user user01 password cipher %$%$qVXD(>&NF6^34$79m:x)QH,4%$%$
 local-user user01 privilege level 3
 local-user user01 service-type telnet ssh web     //开启服务类型
#
interface GigabitEthernet0/0/0
 ip address 192.168.1.254 255.255.255.0
#
user-interface con 0
 authentication-mode password
user-interface vty 0 4
 authentication-mode aaa
#
return
<AR1>
```

（4）查看路由器 AR1 的配置信息结果，使用"telnet 192.168.1.254"远程登录路由器，输入用户名和密码，可以访问并管理路由器 AR1，如图 1.74 所示。

图 1.74　在 AAA 认证方式下，测试 Telnet 连接路由器 AR1 结果

2. 密码认证方式

由于路由器密码认证方式与交换机密码认证一样，请参考【1.2.10 配置交换机登录方式】小节中的交换机密码认证方式，这里不再赘述。

项目练习题

1. 选择题

（1）学校办公室网络类型是（　　　）。

    A. 局域网　　　　　　B. 城域网　　　　　　C. 广域网　　　　　　D. 互联网

（2）以下（　　　）结构提供了最高的可靠性保证。

  A. 总线型拓扑   B. 星形拓扑   C. 网状拓扑   D. 环形拓扑

（3）tracert 诊断工具记录下每一个 ICMP TTL 超时消息的（　　　），从而可以向用户提供报文到达目的地所经过的 IP 地址。

  A. 源端口   B. 目的端口   C. 目的 IP 地址   D. 源 IP 地址

（4）在 IP 地址方案中，202.199.100.1 是一个（　　　）。

  A. A 类地址   B. B 类地址   C. C 类地址   D. D 类地址

（5）跟踪网络路由路径使用的网络命令是（　　　）。

  A. ipconfig/all   B. tracert   C. ping   D. netstat

（6）下列传输介质中，（　　　）传输速度最快。

  A. 光纤   B. 双绞线   C. 同轴电缆   D. 无线介质

（7）下列（　　　）方式属于带外方式管理交换机。

  A. Telnet   B. SSH   C. Web   D. Console

（8）（　　　）快捷键的功能是显示历史命令缓冲区中的前一条命令。

  A. Ctrl+N   B. Ctrl+P   C. Ctrl+W   D. Ctrl+X

（9）VRP 结构定义了很多命令行视图，"<>"代表（　　　）。

  A. 用户视图   B. 系统视图   C. 端口视图   D. 协议视图

（10）对设备进行文件管理时，使用（　　　）命令可以删除文件夹目录。

  A. mkdir   B. move   C. rmdir   D. rename

（11）对设备进行文件配置管理时，使用（　　　）命令可以让设备下次启动时采用默认的配置参数进行初始化。

  A. save   B. reset saved-configuration

  C. reboot   D. reset

2. 简答题

（1）什么是计算机网络？常用的网络拓扑结构分为几类？

（2）常用的网络命令有哪些？

（3）什么是三层交换技术？三层交换机与传统路由器相比有哪些优点？

（4）简述交换机的基本功能。

（5）简述路由器的基本功能。

（6）交换机、路由器管理方式有几种？它们各自有哪些优缺点？

项目2
构建办公局域网络

02

教学目标：

了解VLAN技术、VLAN的优点、VLAN帧格式及端口类型；
掌握VLAN内通信、VLAN间通信的配置方法；
理解GVRP工作原理及配置方法；
掌握端口聚合、端口镜像、端口限速的配置方法。

任务 2.1 VLAN 通信

任务陈述

小李是公司的网络工程师。他现需要对公司的办公网络进行组网，将几个不同部门的计算机连接起来，构成一个小型的办公局域网络；并且要求同一部门的网络在同一个区域内，不同的部门之间不能相互访问；同时要求公司所有部门的员工都可以访问公司的 Web 服务器，查看公司的相关信息。对网络进行适当的配置，可以控制广播域的范围，减少不必要的访问流量，提高设备的利用率及增强网络的安全性，小李该如何配置公司的网络设备呢？

知识准备

2.1.1 VLAN 技术概述

传统的共享介质的以太网和交换式的以太网中，所有的用户都在同一个广播域中，这严重制约了网络技术的发展。随着网络的发展，越来越多的用户需要接入网络，交换机提供的大量接入端口已经不能很好地满足这种需求。网络技术的发展不仅面临冲突域和广播域太大两大难题，而且无法保障传输信息的安全，会造成网络性能下降，浪费带宽，同时对广播风暴的控制和网络安全只能在第三层的路由器上实现。因此，人们设想在物理局域网上构建多个逻辑局域网。

虚拟局域网（Virtual Local Area Network，VLAN）是指在一个物理网络上划分的逻辑网络。运用在逻辑上将一个广播域划分成多个广播域的技术，可按照功能、部门及应用等因素划分逻辑工作组，形成不同的虚拟网络，如图 2.1 所示。

使用 VLAN 技术的目的是将一个广播域网络划分成几个逻辑广播域网络，每个逻辑网络内的用户形成一个组，组内的成员间可以通信，组间的成员不允许通信。一个 VLAN 是一个广播域，二层的单播、广播和多播帧在同一 VLAN 内转发、扩散，而不会直接进入其他 VLAN 中，广播报文就被限制在各个相应的 VLAN 内，这提高了网络安全性和交换机运行效率。VLAN 划分方式有很多，如基于端口、基于 MAC 地址、基于协议、基于 IP 子网、基于策略等，目前应用得最多的是基于端口划分，因为基于端口划分方式简单实用。

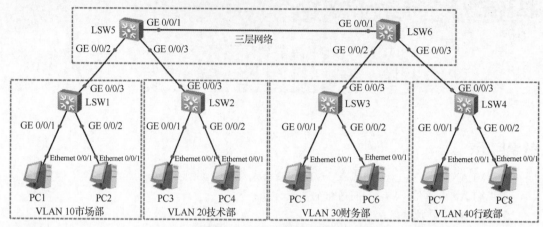

图 2.1　VLAN 逻辑工作组划分

VLAN 建立在局域网交换机的基础上，既保持了局域网的低延迟、高吞吐量特点，又解决了单个广播域内广播包过多，使网络性能降低的问题。VLAN 技术是局域网组网时经常使用的主要技术之一。

1. VLAN 的优点

（1）限制广播域。一个交换机组成的网络在默认状态下，所有交换机端口都在一个广播域内。而采用 VLAN 技术可以限制广播，减少干扰，将数据帧限制在同一个 VLAN 内，不会影响其他 VLAN，这在一定程度上节省了带宽，每个 VLAN 都是一个独立的广播域。

（2）网络管理简单，可以灵活划分虚拟工作组。从逻辑上将交换机划分为若干个 VLAN，可以动态组建网络环境，用户无论在哪儿都可以不做任何修改就接入网络。依据不同的 VLAN 划分方式，可以在一台交换机上提供多种网络应用服务，这提高了设备的利用率。

（3）提高网络安全性。不同 VLAN 的用户在未经许可的情况下是不能相互访问的，一个 VLAN 内的广播帧不会发送到另一个 VLAN 中，这样可以保护用户不被其他用户窃听，从而保证了网络的安全。

2. VLAN 的划分方式

（1）基于端口划分。根据交换机的端口编号来划分 VLAN，通过为交换机的每个端口配置不同的 PVID 来将不同端口划分到 VLAN 中。初始情况下，X7 系列交换机的端口处于 VLAN1 中。此方式配置简单，但是当主机移动位置时，需要重新配置 VLAN。

（2）基于 MAC 地址划分。根据主机网卡的 MAC 地址划分 VLAN。此划分方式需要网络管理员提前配置好网络中的主机 MAC 地址和 VLAN ID 之间的映射关系。如果交换机收到不带标签的数据帧，则会查找之前配置的 MAC 地址和 VLAN 映射表，再根据数据帧中携带的 MAC 地址来添加相应的 VLAN 标签。在使用此方式划分 VLAN 时，即使主机移动位置，也不需要重新配置 VLAN。

（3）基于 IP 子网划分。交换机在收到不带标签的数据帧时，会根据报文携带的 IP 地址给数据帧添加 VLAN 标签。

（4）基于协议划分。根据数据帧的协议类型（或协议族类型）、封装格式来分配 VLAN ID。网络管理员需要先配置好协议类型和 VLAN ID 之间的映射关系。

（5）基于策略划分。使用几个组合的条件来分配 VLAN 标签。这些条件包括 IP 子网、端口和 IP 地址等。只有当所有条件都匹配时，交换机才为数据帧添加 VLAN 标签。另外，每一条策略都是需要手动配置的。

3. VLAN 数据帧格式

要使交换机能够分辨不同 VLAN 的报文，需要在报文中添加标识 VLAN 信息的字段。IEEE 802.1Q 协议规定，在以太网数据帧的目的 MAC 地址和源 MAC 地址字段之后，协议类型字段之前加入 4 个字节的 VLAN 标签（VLAN Tag，简称 Tag），用于标识数据帧所属的 VLAN，传统的以太网数据帧与 VLAN 数据帧格式如图 2.2 所示。

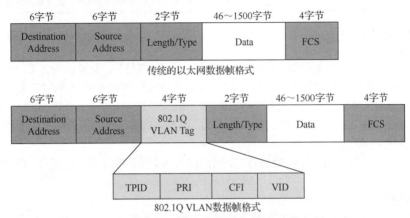

图 2.2 传统的以太网数据帧与 VLAN 数据帧格式

在一个 VLAN 交换网络中，以太网帧主要有以下两种形式。

（1）有标记（Tagged）帧：加入了 4 字节 VLAN 标签的帧。

（2）无标记（Untagged）帧：原始的、未加入 4 字节 VLAN 标签的帧。

以太网链路包括接入链路（Access Link）和干道链路（Trunk Link）。接入链路用于连接交换机和用户终端（如用户主机、服务器、交换机等），只可以承载 1 个 VLAN 的数据帧。干道链路用于交换机间的互联，或用于连接交换机与路由器，可以承载多个不同 VLAN 的数据帧。在接入链路上传输的数据帧都是 Untagged 帧，在干道链路上传输的数据帧都是 Tagged 帧。

交换机内部处理的数据帧一律都是 Tagged 帧。从用户终端接收无标记帧后，交换机会为无标记帧添加 VLAN 标签，重新计算帧校验序列（Frame Check Sequence，FCS），然后通过干道链路发送帧；向用户终端发送帧前，交换机会去除 VLAN 标签，并通过接入链路向终端发送无标记帧。

VLAN 标签包含 4 个字段，各字段的含义如表 2.1 所示。

表 2.1 VLAN 标签各字段的含义

字段	长度	含义	取值
TPID	2 字节	Tag Protocol Identifier（标签协议标识符），表示数据帧类型	取值为 0x8100 时，表示 IEEE 802.1Q 的 VLAN 数据帧。如果不支持 802.1Q 的设备收到这样的帧，会将其丢弃。 各设备厂商可以自定义该字段的值。当邻居设备将 TPID 值配置为非 0x8100 时，为了能够识别这样的报文，实现互通，必须在本设备上修改 TPID 值，确保和邻居设备的 TPID 值一致
PRI	3 位	Priority，表示数据帧的 802.1p 优先级	取值范围为 0～7，值越大优先级越高。当网络阻塞时，交换机优先发送优先级高的数据帧

续表

字段	长度	含义	取值
CFI	1 位	Canonical Format Indicator（标准格式指示位），表示 MAC 地址在不同的传输介质中是否以标准格式进行封装，用于兼容以太网和令牌环网	CFI 取值为 0 时，表示 MAC 地址以标准格式进行封装；为 1 时，表示以非标准格式封装。在以太网中，CFI 的值为 0
VID	12 位	表示该数据帧所属 VLAN 的 ID	VLAN ID 取值范围是 0~4095。由于 0 和 4095 为协议保留取值，所以 VLAN ID 的有效取值范围是 1~4094

2.1.2 端口类型

PVID（Port VLAN ID）代表端口的默认 VLAN。默认情况下，交换机每个端口的 PVID 都是 1。交换机从对端设备收到的帧有可能是 Untagged 数据帧，但所有以太网帧在交换机中都是以 Tagged 的形式被处理和转发的，因此交换机必须给端口收到的 Untagged 数据帧添加标签。为了实现此目的，必须为交换机配置端口的默认 VLAN。当该端口收到 Untagged 数据帧时，交换机将给它加上该默认 VLAN 的标签。

基于链路对 VLAN 标签的不同处理方式，可对以太网交换机的端口进行区分，将端口类型大致分为以下 3 类。

1. 接入端口

接入端口（Access Port）是交换机上用来连接用户主机的端口，它只能连接接入链路，并且只允许唯一的 VLAN ID 通过本端口，如图 2.3 所示。

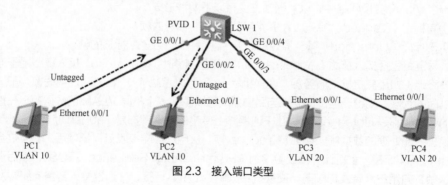

图 2.3　接入端口类型

接入端口收发数据帧的规则如下。

（1）如果该端口收到对端设备发送的帧是 Untagged 数据帧，交换机将为其强制加上该端口的 PVID。如果该端口收到对端设备发送的帧是 Tagged 数据帧，交换机会检查该标签内的 VLAN ID。当 VLAN ID 与端口的 PVID 相同时，接收该报文；当 VLAN ID 与该端口的 PVID 不同时，丢弃该报文。

（2）接入端口发送数据帧时，总是先剥离帧的标签，然后发送。接入端口发往对端设备的以太网帧永远是不带标签的帧。

交换机 LSW1 的 GE 0/0/1、GE 0/0/2、GE 0/0/3 和 GE 0/0/4 端口分别连接 4 台主机 PC1、PC2、PC3 和 PC4，端口类型均为接入端口。主机 PC1 把数据帧（未加标签）发送到交换机 LSW1 的 GE 0/0/1 端口，再由交换机发往其他目的地。收到数据帧之后，交换机 LSW1 根据端口的 PVID 给数据帧添加 VLAN 标签 10，然后决定从 GE 0/0/2 端口转发数据帧。GE 0/0/2 端口的 PVID 也是 10，与 VLAN 标签中的 VLAN ID 相同，所以交换机移除该标签，把数据帧发送到主机 PC2。连接主机 PC3 和主机 PC4 的端口的 PVID 是 20，与 VLAN 10 不属于同一个 VLAN，因此，此端口不会接收到 VLAN 10 的数据帧。

2. 干道端口

干道端口（Trunk Port）是交换机上用来和其他交换机连接的端口，它只能连接干道链路。干道端口允许多个 VLAN 的帧（带标签）通过，如图 2.4 所示。

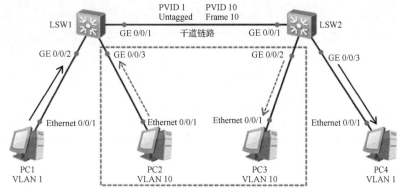

图 2.4 干道端口类型

干道端口收发数据帧的规则如下。

（1）当接收到对端设备发送的不带标签的数据帧时，会添加该端口的 PVID，如果 PVID 在端口允许通过的 VLAN ID 列表中，则接收该报文，否则丢弃该报文。当接收到对端设备发送的带标签的数据帧时，检查 VLAN ID 是否在允许通过的 VLAN ID 列表中。如果在，则接收该报文，否则丢弃该报文。

（2）端口发送数据帧时，当 VLAN ID 与端口的 PVID 相同，且是该端口允许通过的 VLAN ID 时，去掉标签，发送该报文。当 VLAN ID 与端口的 PVID 不同，且是该端口允许通过的 VLAN ID 时，保留原有标签，发送该报文。

交换机 LSW1 和交换机 LSW2 连接主机的端口均为接入端口，交换机 LSW1 端口 GE 0/0/1 和交换机 LSW2 端口 GE 0/0/1 互联的端口均为干道端口，本地 PVID 均为 1，此干道链路允许所有 VLAN 的流量通过。当交换机 LSW1 转发 VLAN 1 的数据帧时会去除 VLAN 标签，然后发送到干道链路上。而在转发 VLAN 10 的数据帧时，不去除 VLAN 标签，直接转发到干道链路上。

3. 混合端口

接入端口发往其他设备的报文都是 Untagged 数据帧，而干道端口仅在一种特定情况下才能发出 Untagged 数据帧，其他情况下发出的都是 Tagged 数据帧。

混合端口（Hybrid Port）是交换机上既可以连接用户主机，又可以连接其他交换机的端口。它既可以连接接入链路，又可以连接干道链路。混合端口允许多个 VLAN 的帧通过，并可以在出端口方向将某些 VLAN 帧的标签去掉，华为设备默认的端口是混合端口，如图 2.5 所示。

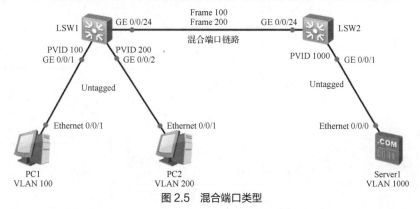

图 2.5 混合端口类型

要求主机 PC1 和主机 PC2 都能访问服务器，但是它们之间不能互相访问。此时交换机连接主机和服务器的端口，以及交换机互联的端口都为混合类型。交换机连接主机 PC1 的端口的 PVID 是 100，连接主机 PC2 的端口的 PVID 是 200，连接服务器的端口的 PVID 是 1000。

（1）不同类型端口接收报文时的处理方式如表 2.2 所示。

表 2.2　端口接收报文

端口	携带 VLAN 标签	不携带 VLAN 标签
接入端口	丢弃该报文	为该报文添加 VLAN 标签（为本端口的 PVID）
干道端口	判断本端口是否允许携带该 VLAN 标签的报文通过。如果允许则报文携带原有 VLAN 标签进行转发，否则丢弃该报文	同上
混合端口	同上	同上

（2）不同类型端口发送报文时的处理方式如表 2.3 所示。

表 2.3　端口发送报文

端口	端口发送报文时的报文类型
接入端口	去掉报文携带的 VLAN 标签，然后转发
干道端口	首先判断是否在允许列表中，其次判断报文携带的 VLAN 标签是否和端口的 PVID 相等。如果相等，则去掉报文携带的 VLAN 标签，然后转发；否则报文将携带原有的 VLAN 标签进行转发
混合端口	首先判断是否在允许列表中，其次判断报文携带的 VLAN 标签在本端口需要做怎样的处理。如果是以 Untagged 方式转发的，则处理方式同接入端口；如果是以 Tagged 方式转发的，则处理方式同干道端口

任务实施

2.1.3　VLAN 内通信

1. VLAN 基本配置

交换机设备在支持多种 VLAN 划分方式时，一般情况下，将会按照基于策略、MAC 地址、IP 子网、协议、端口方式的优先级顺序选择给数据添加 VLAN 的方式。基于端口划分 VLAN 的优先级最低，但也是目前定义 VLAN 时使用得最广泛的方法。这种方法只要将端口定义一次就可以；缺点是某个 VLAN 中的用户离开原来的端口，移到一个新的端口时必须重新定义端口所在的 VLAN 区域，如图 2.6 所示。

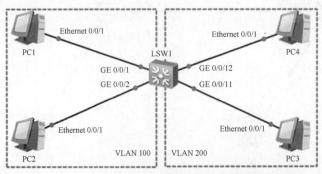

图 2.6　VLAN 基本配置

2. 创建 VLAN

用户首次登录到用户视图（<Huawei>）后，输入："system-view"命令并按回车键，进入系统视图（[Huawei]），在系统视图下执行 vlan 命令进入 VLAN 配置模式，创建或者修改一个 VLAN，相关实例代码如下。

V2-1　VLAN
基本配置

```
<Huawei>                                        //用户视图
<Huawei>system-view                             //进入系统视图
[Huawei]                                         //系统视图
[Huawei]sysname LSW1                             //修改交换机的名称
[ LSW1]vlan batch 100 200                        //创建 VLAN 100、VLAN 200
[ LSW1]vlan 100                                  //配置 VLAN 100
[ LSW1-vlan100]description user-group-100        //修改 VLAN 100 组的描述
[LSW1-vlan100]quit
[LSW1]vlan 200                                   //配置 VLAN 200
[ LSW1-vlan200]description user-group-200        //修改 VLAN 200 组的描述
[ LSW1-vlan200]quit                              //返回到上一级视图
[ LSW1-vlan200]return                            //返回到用户视图
< LSW1>
```

3. 划分端口给相应的 VLAN

将端口划分给相应的 VLAN 有两种方式。因为华为设备默认的端口类型是混合端口，所以要将端口划分给相应 VLAN，首先要设置端口类型。

方式 1：在端口模式下设置端口类型，将端口划分给相应 VLAN，例如，将单独端口 GigabitEthernet 0/0/1、GigabitEthernet 0/0/2 划分给 VLAN 100，同时也可以将连续端口统一配置（如 GigabitEthernet 0/0/11、GigabitEthernet 0/0/12），并将它们划分给 VLAN 200，相关实例代码如下。

```
[LSW1]interface GigabitEthernet 0/0/1           //配置 GigabitEthernet 0/0/1 端口
[LSW1-GigabitEthernet0/0/1]port link-type access //设置端口类型为接入端口
[LSW1-GigabitEthernet0/0/1]port default vlan 100 //将端口划分给 VLAN 100
[LSW1-GigabitEthernet0/0/1]quit                  //返回上一级视图
[LSW1]interface GigabitEthernet 0/0/2
[LSW1-GigabitEthernet0/0/2]port link-type access
[LSW1-GigabitEthernet0/0/2]port default vlan 100
[LSW1-GigabitEthernet0/0/2]quit
[LSW1]port-group group-member   GigabitEthernet 0/0/11 to GigabitEthernet 0/0/12
                //统一配置 GigabitEthernet 0/0/11 与 GigabitEthernet 0/0/12 端口
[LSW1-port-group]port link-type access
[LSW1-port-group]port default vlan 200
[LSW1-port-group]quit
[LSW1]
```

方式 2：在 VLAN 模式下设置端口类型，将端口划分给相应 VLAN，例如，将单独端口 GigabitEthernet 0/0/1、GigabitEthernet 0/0/2 划分给 VLAN 100，同时也可以将连续端口统一配置（GigabitEthernet 0/0/11，GigabitEthernet 0/0/12），并将它们划分给 VLAN 200，相关实例代码如下。

```
[LSW1]interface GigabitEthernet 0/0/1           //配置 GigabitEthernet 0/0/1 端口
[LSW1-GigabitEthernet0/0/1]port link-type access //设置端口类型为接入端口
[LSW1-GigabitEthernet0/0/1]quit                  //返回上一级视图
[LSW1]interface GigabitEthernet 0/0/2
```

```
[LSW1-GigabitEthernet0/0/2]port link-type access
[LSW1-GigabitEthernet0/0/2]quit
[LSW1]vlan 100                                                    //配置 VLAN 100
[LSW1-vlan100]port   GigabitEthernet 0/0/1                        //将端口划分给 VLAN 100
[LSW1-vlan100]port   GigabitEthernet 0/0/2                        //将端口划分给 VLAN 100
[LSW1]port-group group-member   GigabitEthernet 0/0/11 to GigabitEthernet 0/0/12
                            //统一配置 GigabitEthernet 0/0/11 与 GigabitEthernet 0/0/12 端口
[LSW1-port-group]port link-type access
[LSW1]vlan 200                                                    //配置 VLAN 200
[LSW1-vlan200]port GigabitEthernet 0/0/11 to 0/0/12       //将端口划分给 VLAN 200
[LSW1-vlan200]quit
[LSW1]
```

4. 查看并保存配置文件

（1）查看当前配置信息，主要相关实例代码如下。

```
<LSW1>display current-configuration
#
sysname LSW1
#
vlan batch 100 200
#
vlan 100
 description user-group-100
vlan 200
 description user-group-200
#
interface GigabitEthernet0/0/1
 port link-type access
 port default vlan 100
#
interface GigabitEthernet0/0/2
 port link-type access
 port default vlan 100
#
interface GigabitEthernet0/0/11
 port link-type access
 port default vlan 200
#
interface GigabitEthernet0/0/12
 port link-type access
 port default vlan 200
#
user-interface con 0
user-interface vty 0 4
#
return
<LSW1>
```

（2）查看端口配置信息，主要相关实例代码如下。

```
<LSW1>display current-configuration | begin interface
interface Vlanif1                    // 查看显示结果，"|"表示从 Interface 开始显示
#
interface MEth0/0/1
#
interface GigabitEthernet0/0/1
 port link-type access
 port default vlan 100
#
interface GigabitEthernet0/0/2
 port link-type access
 port default vlan 100
#
interface GigabitEthernet0/0/11
 port link-type access
 port default vlan 200
#
interface GigabitEthernet0/0/12
 port link-type access
 port default vlan 200
#
return
<LSW1>
```

（3）查看 VLAN 配置信息，执行 display vlan 命令显示结果，如图 2.7 所示。

图 2.7 查看 VLAN 配置信息

（4）保存当前配置信息，相关实例代码如下。

```
<LSW1>save                             //保存当前配置结果
The current configuration will be written to the device.
Are you sure to continue?[Y/N]y               //提示是否继续保存，输入"y"表示保存
Now saving the current configuration to the slot 0.
Apr 21 2022 12:18:12-08:00 LSW1 %%01CFM/4/SAVE(l)[1]:The user chose Y when decid
ing whether to save the configuration to the device.
```

```
Save the configuration successfully.              //提示保存成功
<LSW1>
```

（5）查看版本信息，相关实例代码如下。

```
<LSW1>display version
Huawei Versatile Routing Platform Software
VRP (R) software, Version 5.110 (S5700 V200R001C00)
Copyright (c) 2000-2011 HUAWEI TECH CO., LTD
Quidway S5700-28C-HI Routing Switch uptime is 0 week, 0 day, 0 hour, 16 minutes
<LSW1>
```

5. 配置交换机干道端口实现 VLAN 内通信

（1）相同 VLAN 内可以相互访问，不同 VLAN 间不能相互访问。

交换机 LSW1 与交换机 LSW2 使用干道端口互联，相同 VLAN 的主机之间可以相互访问，不同 VLAN 的主机之间不能相互访问，如图 2.8 所示。

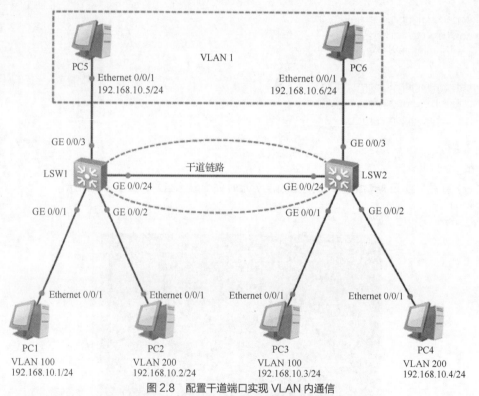

图 2.8　配置干道端口实现 VLAN 内通信

（2）配置交换机 LSW1、LSW2，以交换机 LSW1 为例，设置 Gigabit Ethernet 0/0/1、GigabitEthernet 0/0/2、GigabitEthernet 0/0/3 的端口类型为接入端口，GigabitEthernet 0/0/24 端口类型为干道端口，相关实例代码如下。

V2-2　配置干道端口实现 VLAN 内通信

```
<Huawei>system-view
Enter system view, return user view with Ctrl+Z.
[Huawei]sysname LSW1
[LSW1] vlan batch 100 200
[LSW1]int g 0/0/24                              //简写 GigabitEthernet 0/0/24 端口
[LSW1-GigabitEthernet0/0/24]port link-type trunk          //设置端口类型为干道端口
[LSW1-GigabitEthernet0/0/24]port trunk allow-pass vlan all   //允许所有 VLAN 数据通过
```

```
[LSW1-GigabitEthernet0/0/24]quit
[LSW1]port-group group-member GigabitEthernet 0/0/1 to GigabitEthernet 0/0/3
                    //统一设置 GigabitEthernet 0/0/1 到 GigabitEthernet 0/0/3 端口
[LSW1-port-group] port link-type access
[LSW1-port-group]quit
[LSW1]int g 0/0/1
[LSW1-GigabitEthernet0/0/1]port default vlan 100
[LSW1-GigabitEthernet0/0/1]int g 0/0/2
[LSW1-GigabitEthernet0/0/2]port default vlan 200
[LSW1-GigabitEthernet0/0/2]quit
[LSW1]
```

（3）配置相关主机的 IP 地址、VLAN 信息，如图 2.8 所示。主机 PC1 与主机 PC3 属于 VLAN 100，主机 PC2 与主机 PC4 属于 VLAN 200，主机 PC5 与主机 PC6 属于默认 VLAN 1，所有设备配置信息均在华为 eNSP 软件下进行模拟测试，例如，主机 PC1 与主机 PC2 的 IP 地址如图 2.9 所示。

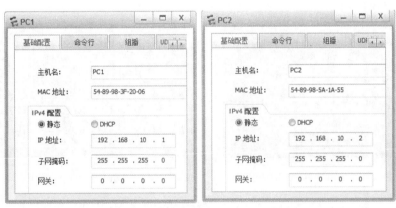

图 2.9　设置主机 PC1 和主机 PC2 的 IP 地址

（4）显示交换机 LSW1、LSW2 的配置信息，以交换机 LSW1 为例，主要相关实例代码如下。

```
[LSW1]display current-configuration
#
sysname LSW1
#
vlan batch 100 200
#
interface GigabitEthernet0/0/1
 port link-type access
 port default vlan 100
#
interface GigabitEthernet0/0/2
 port link-type access
 port default vlan 200
#

interface GigabitEthernet0/0/24
 port link-type trunk
```

```
    port trunk allow-pass vlan 2 to 4094
    #
    interface NULL0
    #
    user-interface con 0
    user-interface vty 0 4
    #
    return
    [LSW1]
```

（5）让主机间相互访问，测试相关结果。

主机 PC1 与主机 PC2 分别属于 VLAN 100 与 VLAN 200，虽然在同一台交换机 LSW1 上，但仍然无法相互访问，如图 2.10 所示。

主机 PC1 与主机 PC3 属于同一个 VLAN 100，虽然分别在交换机 LSW1 与交换机 LSW2 上，主干链路为干道链路，但仍然可以相互访问，如图 2.11 所示。

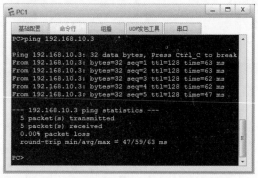

图 2.10　主机 PC1 ping 主机 PC2，无法访问　　　　图 2.11　主机 PC1 ping 主机 PC3，可以访问

主机 PC1 与主机 PC4 分别属于 VLAN 100 与 VLAN 200，分别在交换机 LSW1 与交换机 LSW2 上，所以无法相互访问，如图 2.12 所示。

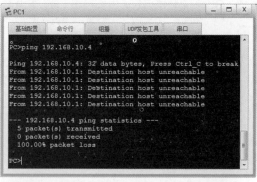

图 2.12　主机 PC1 ping 主机 PC4，无法访问

主机 PC5 与主机 PC6 同属于 VLAN 1，虽然交换机 LSW2 只允许 VLAN 100、VLAN 200 数据通过，但默认 VLAN 1 的数据仍然可以通过，如图 2.13 所示。

```
[LSW2]int g 0/0/24                                      //简写 GigabitEthernet 0/0/24 端口
[LSW2-GigabitEthernet0/0/24]port link-type trunk        //设置端口类型为干道端口
[LSW2-GigabitEthernet0/0/24]port trunk allow-pass vlan 100 200
                                                        //只允许 VLAN 100、VLAN 200 数据通过
```

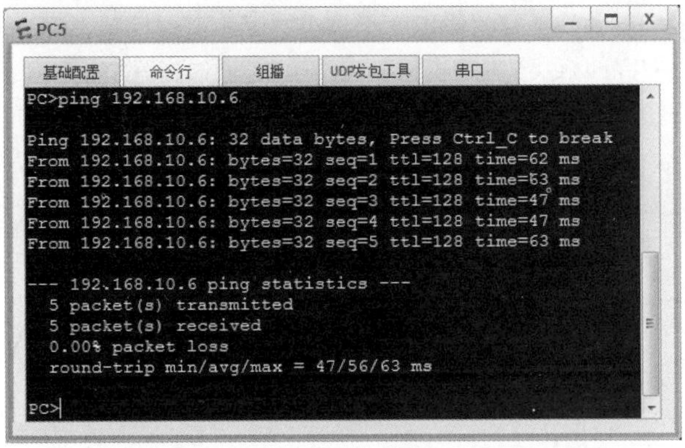

图 2.13 主机 PC5 ping 主机 PC6，可以访问

（6）如何配置才能使默认 VLAN 1 的数据不在干道链路上进行转发呢？也就是说虽然主机 PC5 与主机 PC6 都在默认 VLAN 1 中，但要使它们之间不可以相互访问。

有两种方式可以实现这种效果，一种方式是在干道链路上改变本地默认 PVID 号，使用其他的 PVID 号，相关实例代码如下。

```
[LSW1]int g 0/0/24
[LSW1-GigabitEthernet0/0/24]port trunk pvid vlan 100
[LSW1-GigabitEthernet0/0/24]quit
[LSW1]
```

设置交换机 LSW1 的 GigabitEthernet 0/0/24 端口干道链路的 PVID 为 100 后，主机 PC5 无法访问主机 PC6，如图 2.14 所示。

图 2.14 主机 PC5 ping 主机 PC6，无法访问

另一种方式是在干道链路上不转发默认 VLAN 1 的数据，相关实例代码如下。

```
[LSW1]int g 0/0/24
[LSW1-GigabitEthernet0/0/24]undo port trunk pvid vlan        //恢复默认 VLAN 1 的 PVID
[LSW1-GigabitEthernet0/0/24]undo port trunk allow-pass vlan 1 //拒绝 VLAN 1 数据通过
[LSW1-GigabitEthernet0/0/24]quit
[LSW1]
```

设置交换机 LSW1 的 GigabitEthernet 0/0/24 端口干道链路不转发默认 VLAN 1 的数据，也可以使主机 PC5 无法访问主机 PC6，如图 2.14 所示。

6. 配置混合端口实现 VLAN 内通信

华为交换机默认的端口类型为混合端口，这在现实中有很大意义，一般用户都希望组内可以相

互访问，而组间不可以相互访问；有时候需要组与组之间不可以相互访问，但都可以访问同一台服务器，二层交换机可以很好地解决这样的问题，而不需要通过三层交换机来实现。

服务器 Server1 属于 VLAN 100，连接在交换机 LSW1 上；主机 PC1、主机 PC2 分别属于 VLAN 10、VLAN 20，连接在交换机 LSW2 上，主机的 IP 地址、端口信息如图 2.15 所示。

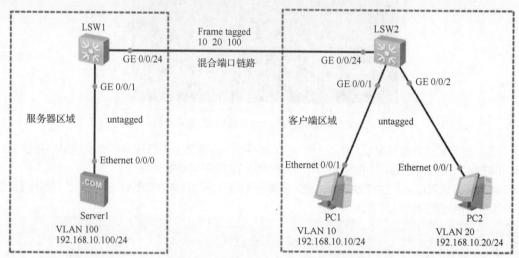

图 2.15　配置混合端口实现 VLAN 通信

（1）配置交换机 LSW1，相关实例代码如下。

V2-3　配置混合端口实现 VLAN 通信

```
[Huawei]sysname LSW1
[LSW1]vlan batch 10 20 100
[LSW1]interface GigabitEthernet 0/0/1
[LSW1-GigabitEthernet0/0/1]port link-type hybrid
[LSW1-GigabitEthernet0/0/1]port hybrid pvid vlan 100
                //配置本地 VLAN 为 VLAN 100
[LSW1-GigabitEthernet0/0/1]port hybrid untagged vlan 10 20 100
                //在 GigabitEthernet 0/0/1 端口允许 untagged vlan 10 20 100 数据通过
[LSW1-GigabitEthernet0/0/1]quit
[LSW1]interface GigabitEthernet 0/0/24
[LSW1-GigabitEthernet0/0/24]port hybrid tagged vlan 10 20 100
                //在 GigabitEthernet 0/0/24 端口允许 tagged vlan 10 20 100 数据通过
[LSW1-GigabitEthernet0/0/24]quit
[LSW1]
```

（2）配置交换机 LSW2，相关实例代码如下。

```
[Huawei]sysname LSW2
[LSW2]vlan batch 10 20 100
[LSW2]interface GigabitEthernet 0/0/1
[LSW2-GigabitEthernet0/0/1]port hybrid pvid vlan 10
[LSW2-GigabitEthernet0/0/1]port hybrid untagged vlan 10 100
[LSW2-GigabitEthernet0/0/1]quit
[LSW2]interface GigabitEthernet 0/0/2
[LSW2-GigabitEthernet0/0/2]port hybrid pvid vlan 20
[LSW2-GigabitEthernet0/0/2]port hybrid untagged vlan 20 100
[LSW2-GigabitEthernet0/0/2]quit
```

```
[LSW2]interface GigabitEthernet 0/0/24
[LSW2-GigabitEthernet0/0/24]port hybrid tagged vlan 10 20 100
[LSW2-GigabitEthernet0/0/24]quit
[LSW2]
```

（3）显示交换机 LSW1 的配置信息，主要相关实例代码如下。

```
[LSW1]display current-configuration
#
sysname LSW1
#
vlan batch 10 20 100
#
interface GigabitEthernet0/0/1
 port hybrid pvid vlan 100
 port hybrid untagged vlan 10 20 100
#
interface GigabitEthernet0/0/24
 port hybrid tagged vlan 10 20 100
#
user-interface con 0
user-interface vty 0 4
#
return
[LSW1]
```

（4）显示交换机 LSW2 配置信息，主要相关实例代码如下。

```
[LSW2]display current-configuration
#
sysname LSW2
#
vlan batch 10 20 100
#
interface GigabitEthernet0/0/1
 port hybrid pvid vlan 10
 port hybrid untagged vlan 10 100
#
interface GigabitEthernet0/0/2
 port hybrid pvid vlan 20
 port hybrid untagged vlan 20 100
#
interface GigabitEthernet0/0/24
 port hybrid tagged vlan 10 20 100
#
user-interface con 0
user-interface vty 0 4
#
return
[LSW2]
```

（5）测试相关结果。VLAN 10 中的主机 PC1 访问 VLAN 100 中的服务器 Server1 时，可以相互访问，访问 VLAN 20 中的主机 PC2 时，无法访问，如图 2.16 所示。

VLAN 20 中的主机 PC2 访问 VLAN 100 中的服务器 Server1 时，可以相互访问，访问 VLAN 10 中的主机 PC1 时，无法访问，如图 2.17 所示。

图 2.16 VLAN 10 中的主机 PC1 访问测试结果　　　　图 2.17 VLAN 20 中的主机 PC2 访问测试结果

2.1.4 VLAN 间通信

VLAN 隔离了二层广播域，也严格地隔离了各个 VLAN 之间的任何二层流量，属于不同 VLAN 的用户之间不能进行二层通信。因为不同 VLAN 之间的主机无法实现二层通信所以只有通过三层路由才能将报文从一个 VLAN 转发到另外一个 VLAN。

解决 VLAN 间通信问题的第一种方法是在路由器上为每个 VLAN 分配一个单独的端口，并使用一条物理链路连接到二层交换机上。当 VLAN 间的主机需要通信时，数据会经由路由器进行三层路由，并被转发到目的 VLAN 内的主机上，这样就可以实现 VLAN 之间的相互通信。然而，随着每个交换机上 VLAN 数量的增加，必然需要大量的路由器端口，而路由器的端口数量是极其有限的；并且，某些 VLAN 之间的主机可能不需要频繁地进行通信，如果这样配置的话，会导致路由器的端口利用率很低。因此，实际应用中一般不会采用这种方案来解决 VLAN 间的通信问题。

解决 VLAN 间通信问题的第二种方法是在三层交换机上配置 VLANIF 端口来实现 VLAN 间路由。如果网络上有多个 VLAN，则需要给每个 VLAN 配置一个 VLANIF 端口，并给每个 VLANIF 端口配置一个 IP 地址。用户设置的默认网关就是三层交换机中 VLANIF 端口的 IP 地址。

1. 用三层交换机实现 VLAN 间通信

（1）三层交换机逻辑端口 Interface VLAN 简称 VLANIF，通常将这个端口地址作为 VLAN 用户的网关，利用逻辑端口 VLANIF 可以实现 VLAN 之间的通信。为了实现 VLAN 之间的通信，需要为三层交换机的 VLAN 创建逻辑端口 VLANIF，配置逻辑端口 VLANIF 的 IP 地址，将 VLAN 中主机的网关 IP 地址设置为逻辑端口 VLANIF 的 IP 地址，如图 2.18 所示。

V2-4　用三层交换机实现 VLAN 间相互访问

主机 PC1 向主机 PC2 发送一个数据包，由于主机 PC1 和主机 PC2 不在同一网段中，故主机 PC1 要先将数据包发送至网关地址 192.168.100.254；三层交换机 LSW2 接收到这个数据包以后，取出目标 IP 地址，确定要去往的目标网络地址为 192.168.200.0 网段，查询三层交换机 LSW2 路由表，得知去往目标网络需要从 192.168.200.254 端口发送数据包；逻辑端口 VLANIF（192.168.100.254）和逻辑端口 VLANIF（192.168.200.254）分别是 VLAN 100 和 VLAN 200 的路由端口，即 VLAN 100 和 VLAN 200 网段中主机的网关地址。

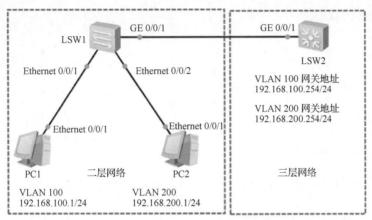

图 2.18　用三层交换机实现 VLAN 间通信

（2）配置交换机 LSW1，相关实例代码如下。

```
<Huawei>system-view
[Huawei]sysname LSW1
[LSW1]vlan batch 100 200
[LSW1]interface Ethernet 0/0/1
[LSW1-Ethernet0/0/1]port link-type access
[LSW1-Ethernet0/0/1]port default vlan 100
[LSW1-Ethernet0/0/1]int e 0/0/2
[LSW1-Ethernet0/0/2]port link-type access
[LSW1-Ethernet0/0/2]port default vlan 200
[LSW1-Ethernet0/0/2]int g 0/0/1
[LSW1-GigabitEthernet0/0/1]port link-type trunk
[LSW1-GigabitEthernet0/0/1]port trunk allow-pass vlan 100 200
[LSW1-GigabitEthernet0/0/1]quit
[LSW1]
```

（3）配置交换机 LSW2，相关实例代码如下。

```
<Huawei>system-view
[Huawei]sysname LSW2
[LSW2]vlan batch 100 200
[LSW2]interface GigabitEthernet 0/0/1
[LSW2-GigabitEthernet0/0/1]port link-type trunk
[LSW2-GigabitEthernet0/0/1]port trunk allow-pass vlan 100 200
[LSW2]interface Vlanif 100
[LSW2-Vlanif100]ip address 192.168.100.254 24
[LSW2-Vlanif100]int vlan 200
[LSW2-Vlanif200]ip address 192.168.200.254 24
[LSW2-Vlanif200]quit
[LSW2]
```

（4）显示交换机 LSW1 的配置信息，主要相关实例代码如下。

```
<LSW1>display current-configuration
#
sysname LSW1
#
vlan batch 100 200
#
interface Ethernet0/0/1
 port link-type access
 port default vlan 100
#
interface Ethernet0/0/2
 port link-type access
 port default vlan 200
#
interface GigabitEthernet0/0/1
 port link-type trunk
 port trunk allow-pass vlan 100 200
#
user-interface con 0
user-interface vty 0 4
#
return
<LSW1>
```

（5）显示交换机 LSW2 的配置信息，主要相关实例代码如下。

```
<LSW2>display current-configuration
#
sysname LSW2
#
vlan batch 100 200
#
interface Vlanif100
 ip address 192.168.100.254 255.255.255.0
#
interface Vlanif200
 ip address 192.168.200.254 255.255.255.0
#
interface MEth0/0/1
#
interface GigabitEthernet0/0/1
 port link-type trunk
 port trunk allow-pass vlan 100 200
#
user-interface con 0
user-interface vty 0 4
#
return
<LSW2>
```

（6）测试相关结果。VLAN 100 中的主机 PC1 访问 VLAN 200 中的主机 PC2 时，可以相互访问，如图 2.19 所示。

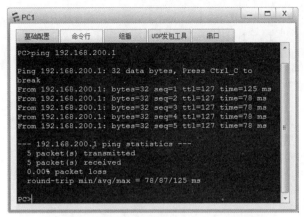

图 2.19　用三层交换机不同 VLAN 互访的结果

2. 用单臂路由实现 VLAN 间通信

解决 VLAN 间通信问题的第三种方法是在交换机和路由器之间仅用一条物理链路连接。在交换机上，把连接到路由器的端口配置成干道类型的端口，并允许相关 VLAN 的帧通过。在路由器上需要创建子端口，从逻辑上把连接路由器的物理链路分成了多条。一个子端口代表一条属于某个 VLAN 的逻辑链路。配置子端口时，需要注意以下几点。

（1）必须为每个子端口分配一个 IP 地址。该 IP 地址与子端口所属 VLAN 位于同一网段。

（2）需在子端口上配置 802.1Q 封装，来去掉和添加 VLAN 标签，从而实现 VLAN 间互通。

（3）在子端口上执行 arp broadcast enable 命令，使用子端口的 ARP 广播功能。

主机 PC1 发送数据给主机 PC2 时，路由器 AR1 会通过 GE 0/0/1.1 子端口收到此数据，然后查找路由表，将数据从 GE 0/0/1.2 子端口发送给主机 PC2，这样就实现了 VLAN 100 和 VLAN 200 之间的主机通信，如图 2.20 所示。

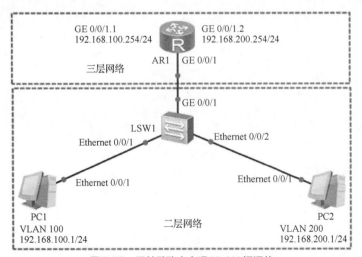

图 2.20　用单臂路由实现 VLAN 间通信

V2-5　用单臂路由实现 VLAN 间通信

（1）配置交换机 LSW1 的相关信息，相关实例代码如下。

```
[Huawei]sysname LSW1
```

```
[LSW1]vlan batch 100 200
[LSW1]interface Ethernet 0/0/1
[LSW1-Ethernet0/0/1]port link-type access
[LSW1-Ethernet0/0/1]port default vlan 100
[LSW1-Ethernet0/0/1]interface Ethernet0/0/2
[LSW1-Ethernet0/0/2]port link-type access
[LSW1-Ethernet0/0/2]port default vlan 200
[LSW1-Ethernet0/0/2]interface GigabitEthernet0/0/1
[LSW1- GigabitEthernet0/0/1]port link-type trunk
[LSW1- GigabitEthernet0/0/1]port trunk allow-pass vlan 100 200
[LSW1- GigabitEthernet0/0/1]undo port trunk pvid vlan      //禁止本地 VLAN 1 数据通行
[LSW1- GigabitEthernet0/0/1]quit
[LSW1]
```

（2）配置路由器 AR1 的相关信息，相关实例代码如下。

```
[Huawei]sysname AR1
[AR1]interface GigabitEthernet 0/0/1.1          //配置 GigabitEthernet 0/0/1 端口的子端口
[AR1-GigabitEthernet0/0/1.1]dot1q termination vid 100   //封装 802.1Q，关联 VLAN 100
[AR1-GigabitEthernet0/0/1.1]ip address 192.168.100.254 24  //配置 IP 地址
[AR1-GigabitEthernet0/0/1.1]arp broadcast enable            //使用子端口的 ARP 广播功能
[AR1-GigabitEthernet0/0/1.1]interface GigabitEthernet 0/0/1.2
[AR1-GigabitEthernet0/0/1.2]dot1q termination vid 200   //封装 802.1Q，关联 VLAN 200
[AR1-GigabitEthernet0/0/1.2]ip address 192.168.200.254 255.255.255.0
[AR1-GigabitEthernet0/0/1.2]arp broadcast enable
[AR1-GigabitEthernet0/0/1.2]quit
[AR1]
```

（3）显示交换机 LSW1 的配置信息，主要相关实例代码如下。

```
[LSW1]display current-configuration
#
sysname LSW1
#
vlan batch 100 200
#
interface Ethernet0/0/1
 port link-type access
 port default vlan 100
#
interface Ethernet0/0/2
 port link-type access
 port default vlan 200
#
interface GigabitEthernet0/0/1
 port link-type trunk
 port trunk allow-pass vlan 100 200
#
user-interface con 0
user-interface vty 0 4
#
```

```
return
[LSW1]
```

（4）显示路由器 AR1 的配置信息，主要相关实例代码如下。

```
[AR1]display current-configuration
#
 sysname AR1
#
interface GigabitEthernet0/0/0
#
interface GigabitEthernet0/0/1
#
interface GigabitEthernet0/0/1.1
 dot1q termination vid 100
 ip address 192.168.100.254 255.255.255.0
 arp broadcast enable
#
interface GigabitEthernet0/0/1.2
 dot1q termination vid 200
 ip address 192.168.200.254 255.255.255.0
 arp broadcast enable
#
interface GigabitEthernet0/0/2
#
return
[AR1]
```

（5）相关结果测试。VLAN 100 中的主机 PC1 访问 VLAN 200 中的主机 PC2，可以相互访问，如图 2.21 所示。

图 2.21　用单臂路由实现 VLAN 间通信结果

任务 2.2　GVRP 配置

任务陈述

　　小李是公司的网络工程师。公司的业务快速增长、规模不断扩大，新增设了不同的部门；而每个部门都需要创建一个 VLAN 并需要进行管理与维护，导致公司网络的维护量大大增加。为了减少大量的人力消耗，小李决定使用 GARP 来提高交换机的管理效率，减少手动配置和维护每台交换机设备的工作量，那么小李该如何配置现有的网络设备和需要哪些知识储备呢？

知识准备

2.2.1 GVRP 概述

VLAN 注册协议（GARP VLAN Registration Protocol，GVRP）是基于通用属性注册协议（Generic Attribute Registration Protocol，GARP）的工作机制，是 GARP 的一种应用。

GARP 为处于同一个交换网内的交换成员之间提供了一种分发、传播、注册某种信息的手段，这些信息可以是 VLAN 信息、组播地址等。通过 GARP 机制，一个 GARP 成员上的配置信息会迅速传播到整个交换网中。GARP 主要用于大中型网络中，用来提高交换机的管理效率。在大中型网络中，如果管理员手动配置和维护每台交换机，将会产生巨大的工作量。使用 GARP 可以自动完成大量交换机的配置和维护工作，减少了大量的人力消耗。GARP 本身仅是一种规范协议，并不能作为一个实体在交换机中存在。

GVRP 用来维护交换机中的 VLAN 动态注册信息，并传播该信息到其他交换机中。支持 GVRP 特性的交换机能够接收来自其他交换机的 VLAN 注册信息，并能动态更新本地的 VLAN 注册信息，包括当前的 VLAN、VLAN 成员等。支持 GVRP 特性的交换机能够将本地的 VLAN 注册信息向其他交换机传播，以便使同一交换网内所有支持 GVRP 特性的设备的 VLAN 信息达成一致。交换机可以静态地创建 VLAN，也可以动态地通过 GVRP 获取 VLAN 信息。手动配置的 VLAN 是静态 VLAN，通过 GVRP 创建的 VLAN 是动态 VLAN。GVRP 传播的 VLAN 注册信息包括本地手动配置的静态注册信息和来自其他交换机的动态注册信息。

1. GVRP 单向注册

图 2.22 所示的所有交换机和互联的端口都已经启用 GVRP，各交换机之间相连的端口均为干道端口，并已设置为允许所有 VLAN 的数据通过。在 LSW1 上手动创建 VLAN 100 之后，LSW1 的 GE 0/0/23 端口会注册此 VLAN 并发送声明给 LSW2，LSW2 的 GE 0/0/23 端口接收到由 LSW1 发来的声明后，会在此端口注册 VLAN 100，然后从 GE 0/0/24 端口发送声明给 LSW3，LSW3 的 GE 0/0/24 端口收到声明后也会注册 VLAN 100，此过程完成了 VLAN 100 从 LSW1 向其他交换机的单向注册。只有注册了 VLAN 100 的端口才可以接收和转发 VLAN 100 的数据，没有注册 VLAN 100 的端口会丢弃 VLAN 100 的数据，如 LSW2 的 GE 0/0/24 端口没有收到 VLAN 100 的 Join 消息，不会注册 VLAN 100，就不能接收和转发 VLAN 100 的数据。

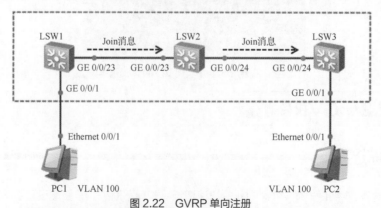

图 2.22　GVRP 单向注册

为使 VLAN 100 数据可以双向互通，同样还需要进行 LSW3 到 LSW1 方向的 VLAN 属性注册。

2. GVRP 单向注销

如果所有交换机都不再需要 VLAN 100，可以在 LSW1 上手动删除 VLAN 100，则 GVRP 会通过发送 Leave 消息来注销 LSW2 的 GE 0/0/23 端口和 LSW3 的 GE 0/0/24 端口的 VLAN 100 信息。如果要彻底删除所有设备上的 VLAN 100，则需要进行 VLAN 属性的双向注销。

2.2.2 GVRP 注册模式

GVRP 的注册模式包括：普通（Normal）模式、固定（Fixed）模式和禁止（Forbidden）模式。

1. Normal 模式

当一个干道端口被配置为 Normal 注册模式时，该端口可以动态或手动创建、注册和注销 VLAN，同时会发送静态 VLAN 和动态 VLAN 的声明消息。交换机在运行 GVRP 时，端口的注册模式都默认为 Normal。

LSW1 上存在手动创建的 VLAN 100 和动态学习的 VLAN 200 的信息，3 台交换机的注册模式都默认为 Normal，则 LSW1 发送的 Join 消息中会包含 VLAN 100 和 VLAN 200 的信息，LSW2 的 GE 0/0/23 端口会注册 VLAN 100 和 VLAN 200，之后同样会发送 Join 消息给 LSW3，LSW3 的 GE 0/0/24 端口也会注册 VLAN 100 和 VLAN 200，如图 2.23 所示。

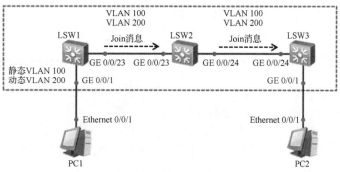

图 2.23　Normal 模式

2. Fixed 模式

Fixed 注册模式中，GVRP 不能动态地注册或注销 VLAN，只能发送静态 VLAN 注册信息。如果一个干道端口的注册模式被设置为 Fixed，即使端口被配置为允许所有 VLAN 的数据通过，该端口也只允许手动配置的 VLAN 的数据通过。

LSW1 上存在手动创建的 VLAN 100 和动态学习的 VLAN 200 的信息，LSW1 的 GE 0/0/23 端口的注册模式被修改为 Fixed，则 LSW1 发送的 Join 消息中只包含静态 VLAN 100 的信息，LSW2 的 GE 0/0/23 端口会注册 VLAN 100，如图 2.24 所示。

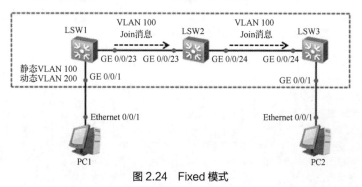

图 2.24　Fixed 模式

3. Forbidden 模式

Forbidden 注册模式中，GVRP 端口不能动态地注册或注销 VLAN，只保留 VLAN 1 的信息。如果一个干道端口的注册模式被设置为 Forbidden，即使端口被配置为允许所有 VLAN 的数据通过，该端口也只允许 VLAN 1 的数据通过。

LSW1 上存在手动创建的 VLAN 100 和动态学习的 VLAN 200 的信息，LSW1 的 GE 0/0/23 端口的注册模式被设置为 Forbidden，不会发送 VLAN 100 和 VLAN 200 的信息，且只允许 VLAN 1 的数据通过，如图 2.25 所示。

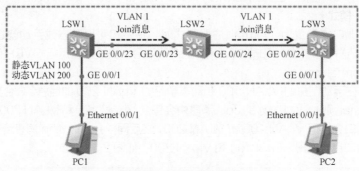

图 2.25　Forbidden 模式

任务实施

配置 GVRP 时必须先在系统视图下使用 GVRP，然后在端口视图下使用 GVRP。

在系统视图下执行 gvrp 命令，可全局使用 GVRP 功能。

在端口视图下执行 gvrp 命令，可在端口上使用 GVRP 功能。

在交换机 LSW1 与交换机 LSW2 上配置 GVRP 功能，注册 VLAN 信息，如图 2.26 所示。

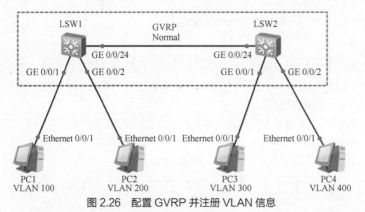

图 2.26　配置 GVRP 并注册 VLAN 信息

V2-6　配置 GVRP
并注册 VLAN 信息

（1）配置交换机 LSW1，相关实例代码如下。

```
<Huawei>system-view
[Huawei]sysnameLSW1
[LSW1]vlan batch 100 200
[LSW1]gvrp                                                    //全局使用 GVRP 功能
[LSW1]interface GigabitEthernet 0/0/24
[LSW1-GigabitEthernet0/0/24]port link-type trunk
[LSW1-GigabitEthernet0/0/24]port trunk allow-pass vlan all
```

```
[LSW1-GigabitEthernet0/0/24]gvrp registration normal          //在端口上使用 GVRP 功能
[LSW1-GigabitEthernet0/0/24]quit
[LSW1]
```

（2）配置交换机 LSW2，相关实例代码如下。

```
<Huawei>system-view
[Huawei]sysnameLSW2
[LSW2]vlan batch 300 400
[LSW2]gvrp
[LSW2]interface GigabitEthernet 0/0/24
[LSW2-GigabitEthernet0/0/24]port link-type trunk
[LSW2-GigabitEthernet0/0/24]port trunk allow-pass vlan all
[LSW2-GigabitEthernet0/0/24]gvrp registration normal
[LSW2-GigabitEthernet0/0/24]quit
[LSW2]
```

（3）显示交换机 LSW1、LSW2 的配置信息，以交换机 LSW1 为例，主要相关实例代码如下。

```
<LSW1>display current-configuration
#
sysname LSW1
#
vlan batch 100 200
#
gvrp
#
interface GigabitEthernet0/0/24
 port link-type trunk
 port trunk allow-pass vlan 2 to 4094
gvrp
#
return
<LSW1>
```

（4）显示交换机 LSW1、LSW2 配置 GVRP 并注册 VLAN 的信息，以交换机 LSW1 为例，如图 2.27 所示。

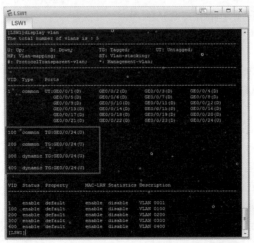

图 2.27　显示配置 GVRP 并注册 VLAN 的信息

任务 2.3 端口聚合配置

任务陈述

小李是公司的网络工程师。随着公司业务的快速增长，公司网络的访问流量也迅速增加，公司领导安排小李优化公司网络环境，增加网络带宽和提高网络的可靠性，并且在不增加网络设备的情况下满足现行网络的运行要求。小李决定采用链路聚合技术优化网络环境，增加网络带宽与提高网络的可靠性，那么小李该如何配置现有的网络设备呢？

知识准备

2.3.1 端口聚合概述

随着网络规模不断扩大，用户对网络带宽与网络可靠性的要求也越来越高，采用链路聚合技术可以在不进行硬件升级的情况下，增加链路带宽和提高链路可靠性。链路聚合是指将两个或更多数据信道结合成一个信道，该信道以一个有更高带宽的逻辑链路的形式出现。链路聚合一般用来连接一个或多个带宽需求大的设备，以增加设备间的带宽，并且在其中一条链路出现故障时，可以快速地将流量转移到其他链路，这种切换为毫秒级，远远快于 STP 切换。总之，链路聚合的目标是扩展链路带宽，增强链路可靠性。

1. 链路聚合目的

在整个网络数据交换中，所有设备的流量在转发到其他网络前都会聚合到核心层，再由核心层设备转发到其他网络或者外网。因此，核心层设备在负责数据的高速交换时，容易发生拥塞。在核心层部署链路聚合，可以增加整个网络的数据吞吐量，解决拥塞问题。

（1）增加逻辑链路的带宽。链路聚合是指把两台设备之间的多条物理链路聚合在一起，当作一条逻辑链路来使用。这两台设备可以是一对路由器、一对交换机，或者是一台路由器和一台交换机。一条聚合链路可以包含多条成员链路，在华为 X7 系列交换机上默认最多为 8 条。链路聚合能够增加链路带宽。理论上，通过聚合几条链路，一个聚合端口的带宽可以扩展为所有成员端口带宽的总和，这样就有效地增加了逻辑链路的带宽。

（2）提高网络的可靠性。配置了链路聚合之后，如果一个成员端口发生故障，该成员端口的物理链路会把流量切换到另一条成员链路上。链路聚合还可以在一个聚合端口上实现负载均衡，一个聚合端口可以把流量分散到多个不同的成员端口上。通过成员链路把流量发送到同一个目的地，可将网络发生拥塞的可能性降到最低。

2. 链路聚合条件

执行 interface Eth-trunk <trunk-id>命令配置链路聚合。这条命令创建了一个 Eth-Trunk 端口，并且进入了该 Eth-Trunk 端口视图。trunk-id 用来唯一标识 Eth-Trunk 端口，该参数的取值可以是 0 到 63 之间的任何一个整数。如果指定的 Eth-Trunk 端口已经存在，执行 interface Eth-trunk 命令会直接进入该 Eth-Trunk 端口视图。

配置 Eth-Trunk 端口和成员端口时，需要遵守以下规则。

（1）把端口加入 Eth-Trunk 端口时，二层 Eth-Trunk 端口的成员端口必须是二层端口，三层 Eth-Trunk 端口的成员端口必须是三层端口。

（2）一个 Eth-Trunk 端口最多可以加入 8 个成员端口，加入 Eth-Trunk 端口的端口必须是混合端口（默认的端口类型）。

（3）一个以太端口只能加入一个 Eth-Trunk 端口。如果要把一个以太端口加入另一个 Eth-Trunk 端口，必须先把该以太端口从当前所属的 Eth-Trunk 端口中删除。

（4）一个 Eth-Trunk 端口的成员端口类型必须相同。例如，一个快速以太端口（FE 端口）和一个吉比特以太端口（GE 端口）不能加入同一个 Eth-Trunk。

（5）成员端口的速率必须相同，如都为 100Mbit/s 或都为 1000Mbit/s。

2.3.2 端口聚合模式

以太网链路聚合是指将多条以太网物理链路捆绑在一起成为一条逻辑链路，从而实现增加链路带宽的目的。一般交换机的一个负荷分担组最多可以支持 8 个端口进行聚合。链路聚合分为手动模式和 LACP 模式。

1. 手动模式

手动负载分担模式是一种最基本的链路聚合方式，在该模式下，Eth-Trunk 端口的建立、成员端口的加入都完全是手动实现的，没有链路聚合控制协议的参与。该模式下所有成员端口（Selected）都参与数据的转发，分担负载流量，因此称为手动负载分担模式。手动聚合端口的 LACP 为关闭状态，即禁止用户使用手动聚合端口的 LACP。

在手动聚合组中，端口可能处于两种状态：Selected 或 Standby。处于 Selected 状态且端口号最小的端口为聚合组的主端口，其他处于 Selected 状态的端口为聚合组的成员端口。由于设备所能支持的聚合组中的最多端口数有限，因此，如果处于 Selected 状态的端口数超过设备所能支持的聚合组中的最多端口数，系统将按照端口号从小到大的顺序选择一些端口为 Selected 端口，其他则为 Standby 端口。

一般情况下，手动聚合对聚合前的端口速率和双工模式不作限制。但对于以下情况，系统会进行特殊处理：对于初始就处于 Down 状态的端口，在聚合时该端口的速率和双工模式没有限制；对于曾经处于 Up 状态，并协商或强制指定过端口速率和双工模式，而当前处于 Down 状态的端口，在聚合时要求该端口的速率和双工模式一致；对于一个聚合组，当聚合组中某个端口的速率和双工模式发生改变时，系统不进行解聚合，聚合组中的端口也都处于正常工作状态。但如果是主端口出现速率降低和双工模式变化，则该端口在进行转发操作时可能会出现丢包现象。

2. LACP 模式

链路聚合控制协议（Link Aggregation Control Protocol，LACP）是一种实现链路动态聚合与解聚合的协议。LACP 通过链路聚合控制协议数据单元（Link Aggregation Control Protocol Data Unit，LACPDU）与对端交互信息。使用某端口的 LACP 后，该端口将通过发送 LACPDU 来告知对端自己的系统优先级、系统 MAC、端口优先级、端口号和操作 Key。对端接收到这些信息后，将这些信息与其他端口保存的信息进行比较，以选择能够聚合的端口，从而双方可以对端口加入或退出某个动态聚合组达成一致。

LACP 模式需要 LACP 的参与。当需要在两个直连设备间提供一个较大的链路带宽而设备支持 LACP 时，建议使用 LACP 模式。LACP 模式不仅可以实现增加带宽、提高网络可靠性、负载分担的目的，还可以提高 Eth-Trunk 的容错性、提供备份功能。

LACP 模式下，部分链路是活动链路，所有活动链路均参与数据转发。如果某条活动链路发生故障，链路聚合组会自动在非活动链路中选择一条链路作为活动链路，使参与数据转发的链路数目不变。系统内的 LACP 优先级取值范围为 0～65535，该数值越小，优先级越高，默认优先级数值为 32768。

任务实施

2.3.3 配置手动模式的链路聚合

交换机 LSW1 与交换机 LSW2 的端口 GE 0/0/23 与 GE 0/0/24 进行手动模式的链路聚合，如图 2.28 所示。

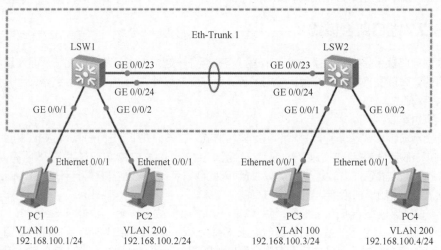

图 2.28 配置手动模式的链路聚合

（1）在交换机 LSW1 上创建 Eth-干道端口，并加入成员端口。交换机 LSW2 与交换机 LSW1 的配置类似，此处不再一一介绍。以交换机 LSW1 为例，相关实例代码如下。

V2-7 配置手动
模式的链路聚合

```
<Huawei>system-view
[Huawei]sysname LSW1
[LSW1]vlan batch 100 200                              //创建 VLAN 100、
VLAN 200
[LSW1]interface Eth-Trunk 1                           //创建 Eth-Trunk 1 端口
[LSW1-Eth-Trunk1]trunkport GigabitEthernet 0/0/23 to 0/0/24//加入成员端口
[LSW1-Eth-Trunk1]port link-type trunk
[LSW1-Eth-Trunk1]port trunk allow-pass vlan 100 200
[LSW1-Eth-Trunk1]undo port trunk pvid vlan            //禁止本地 VLAN 1 数据转发
[LSW1-Eth-Trunk1]load-balance src-dst-mac             //配置负载均衡分担方式
[LSW1-Eth-Trunk1]quit
[LSW1]interface GigabitEthernet 0/0/1
[LSW1-GigabitEthernet0/0/1]port link-type access
[LSW1-GigabitEthernet0/0/1]port default vlan 100
[LSW1-GigabitEthernet0/0/1]quit
[LSW1]interface GigabitEthernet 0/0/2
[LSW1-GigabitEthernet0/0/2]port link-type access
[LSW1-GigabitEthernet0/0/2]port default vlan 200
[LSW1-GigabitEthernet0/0/2]quit
[LSW1]
```

（2）显示交换机 LSW1、LSW2 的配置信息，以交换机 LSW1 为例，主要相关实例代码如下。

```
< LSW1>display current-configuration
#
sysname LSW1
#
vlan batch 100 200
#
interface Eth-Trunk1
 port link-type trunk
 port trunk allow-pass vlan 100 200
 load-balance src-dst-mac
#
interface GigabitEthernet0/0/23
 eth-trunk 1
#
interface GigabitEthernet0/0/24
 eth-trunk 1
#
interface GigabitEthernet0/0/1
 port link-type access
 port default vlan 100
#
interface GigabitEthernet0/0/2
 port link-type access
 port default vlan 200
#
return
<LSW1>
```

（3）查看交换机 LSW1、LSW2 配置结果，以交换机 LSW1 为例，执行 display eth-trunk 1
命令查看链路聚合结果，如图 2.29 所示。

（4）测试相关结果。交换机 LSW1 中 VLAN 100 的主机 PC1 访问交换机 LSW2 中 VLAN 100
的主机 PC3 时，可以相互访问，如图 2.30 所示。

图 2.29　链路聚合结果

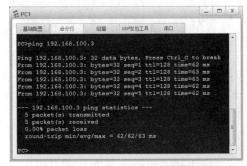

图 2.30　主机 PC1 的相关测试结果

2.3.4　配置 LACP 模式的链路聚合

（1）配置交换机 LSW1。在交换机 LSW1 上创建 Eth-干道端口，并加入成员端口。交换机

LSW2 与交换机 LSW1 的配置类似，此处不再一一介绍。GE 0/0/23 端口与 GE 0/0/24 端口进行链路聚合，同时设置 GE 0/0/22 端口为备份链路端口，如图 2.31 所示。

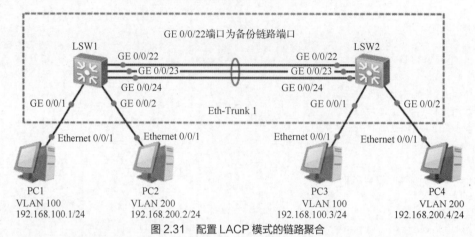

图 2.31　配置 LACP 模式的链路聚合

（2）配置交换机 LSW1、LSW2，以交换机 LSW1 为例，相关实例代码如下。

V2-8　配置 LACP
模式的链路聚合

```
<Huawei>system-view
[Huawei]sysname LSW1
[LSW1]interface Eth-Trunk 1
[LSW1-Eth-Trunk1]mode lacp-static
[LSW1-Eth-Trunk1]max active-linknumber 2      //限制最大汇聚链路端口数为
两个
[LSW1-Eth-Trunk1]quit
[LSW1]interface GigabitEthernet 0/0/23
[LSW1-GigabitEthernet0/0/23]eth-trunk 1        //将成员端口加入 Eth-Trunk 1 端口
[LSW1-GigabitEthernet0/0/23]lacp priority 100   //设置交换机端口 LACP 的优先级为 100
[LSW1-GigabitEthernet0/0/23]quit
[LSW1]interface GigabitEthernet 0/0/24
[LSW1-GigabitEthernet0/0/24]eth-trunk 1
[LSW1-GigabitEthernet0/0/24]lacp priority 100   //设置交换机端口 LACP 的优先级为 100
[LSW1-GigabitEthernet0/0/24]quit
[LSW1]interface GigabitEthernet 0/0/22
[LSW1-GigabitEthernet0/0/22]eth-trunk 1
[LSW1-GigabitEthernet0/0/22]quit            //不改变端口优先级，使端口 GE 0/0/22 为备份链路端口
[LSW1]lacp priority 100               //设置 LACP 的优先级为 100，使交换机 LSW1 为主交换机
[LSW1]
```

（3）显示交换机 LSW1、LSW2 的配置信息，以交换机 LSW1 为例，主要相关实例代码如下。

```
<LSW1>display current-configuration
#
sysname LSW1
#
lacp priority 100
#
```

```
interface Eth-Trunk1
 mode lacp-static
 max active-linknumber 2
#
interface GigabitEthernet0/0/22
 eth-trunk 1
#
interface GigabitEthernet0/0/23
 eth-trunk 1
 lacp priority 100
#
interface GigabitEthernet0/0/24
 eth-trunk 1
 lacp priority 100
#
user-interface con 0
user-interface vty 0 4
#
return
<LSW1>
```

（4）查看交换机 LSW1、LSW2 配置结果，以交换机 LSW1 为例，执行 display eth-trunk 1 命令查看链路聚合结果，如图 2.32 所示。

（5）测试相关结果。交换机 LSW1 中 VLAN 200 的主机 PC2 访问交换机 LSW2 中 VLAN 200 的主机 PC4 时，可以相互访问，如图 2.33 所示。

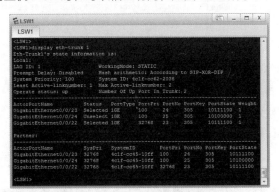

图 2.32　LACP 模式的链路聚合结果

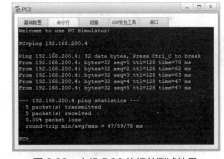

图 2.33　主机 PC2 的相关测试结果

任务 2.4　端口镜像配置

任务陈述

小李是公司的网络工程师。随着公司业务的快速增长，公司网络的访问流量也迅速增加。为了提高网络的安全性，小李需要对公司的整个网络情况进行监控。那么小李该如何配置现有的网络设备呢？

知识准备

　　端口镜像（Port Mirroring）是指通过在交换机或路由器上，将一个或多个源端口的数据流量转发到某一个指定端口来实现对网络的监听，指定端口称为"镜像端口"或"目的端口"。在不严重影响源端口正常吞吐流量的情况下，可以通过镜像端口对网络的流量进行监控分析。在公司网络中应用端口镜像功能，可以很好地对公司内部的网络数据进行监控管理，在网络出故障的时候，可以快速地定位故障。

　　镜像端口可以连接主机，也可以连接交换机，每个连接都有两个方向的数据流，对交换机来说，这两个数据流是要分开镜像的。镜像端口按照一定的数据流分类规则对数据进行分流，然后将属于指定流的所有数据映射到监控端口，以便进行数据分析，如图 2.34 所示。

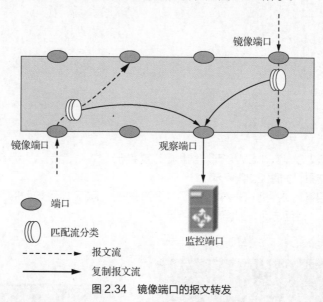

图 2.34　镜像端口的报文转发

 注意　配置为镜像端口的是被监控的端口，它一方面正常转发数据流，另一方面还要负责转发一份复制报文流给监控端口，监控端口将其用于数据流监控分析。

任务实施

　　将交换机 LSW1 的端口 GE 0/0/24 配置为监控端口（观察端口），将其他端口配置为被监控端口（镜像端口），如图 2.35 所示。
　　（1）配置交换机 LSW1，相关实例代码如下。

```
<Huawei>system-view
[Huawei]sysname LSW1
[LSW1]vlan batch 100 200
[LSW1]observe-port 1 interface GigabitEthernet 0/0/24          //监控端口
[LSW1]port-group 1                                             //创建工作 1
[LSW1-port-group-1]group-member GigabitEthernet 0/0/1 to GigabitEthernet
0/0/2
```

V2-9　配置端口
镜像

```
                                                               //配置为镜像端口
[LSW1-port-group-1]port link-type access
[LSW1-port-group-1]port default vlan 100
[LSW1-port-group-1]port-mirroring to observe-port 1 both        //对出、入端口都进行监测
[LSW1-port-group-1]quit
[LSW1]port-group 2                                             //创建工作 2
[LSW1-port-group-2]group-member GigabitEthernet 0/0/3 to GigabitEthernet 0/0/4
                                                               //配置为镜像端口
[LSW1-port-group-2]port link-type access
[LSW1-port-group-2]port default vlan 200
[LSW1-port-group-2]port-mirroring to observe-port 1 both       //对出、入端口都进行监测
[LSW1-port-group-2]quit
[LSW1]
```

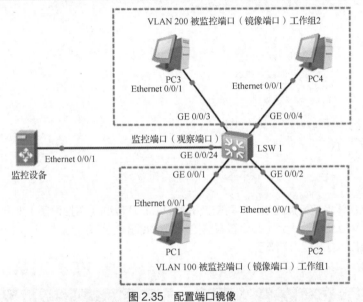

图 2.35　配置端口镜像

（2）显示交换机 LSW1 的配置信息，主要相关实例代码如下。

```
<LSW1>display current-configuration
#
sysname LSW1
#
vlan batch 100 200
#
interface GigabitEthernet0/0/1
 port link-type access
 port default vlan 100
 port-mirroring to observe-port 1 inbound
 port-mirroring to observe-port 1 outbound
#
interface GigabitEthernet0/0/2
 port link-type access
 port default vlan 100
```

```
   port-mirroring to observe-port 1 inbound
   port-mirroring to observe-port 1 outbound
  #
  interface GigabitEthernet0/0/3
   port link-type access
   port default vlan 200
   port-mirroring to observe-port 1 inbound
   port-mirroring to observe-port 1 outbound
  #
  interface GigabitEthernet0/0/4
   port link-type access
   port default vlan 200
   port-mirroring to observe-port 1 inbound
   port-mirroring to observe-port 1 outbound
  #
  port-group 1
   group-member GigabitEthernet0/0/1
   group-member GigabitEthernet0/0/2
  #
  port-group 2
   group-member GigabitEthernet0/0/3
   group-member GigabitEthernet0/0/4
  #
  return
  <LSW1>
```

（3）通过监控设备安装抓包软件，对交换机端口 GE 0/0/24（监控设备）上产生的流量进行分析，执行 display observe-port 命令查看监控端口，如图 2.36 所示。执行 display mirror-port 命令查看镜像端口，如图 2.37 所示。

图 2.36　查看监控端口结果

图 2.37　查看被监控端口结果

任务 2.5　端口限速配置

任务陈述

　　小李是公司的网络工程师。随着公司业务的快速增长，公司网络的访问流量也迅速增加。为了保证公司主营业务的带宽和访问速度，小李需要对公司的网络进行流速限制，以保证主营业务不受影响。那么小李该如何配置现有的网络设备呢？

知识准备

2.5.1　端口限速基本概念

　　端口限速是指将超过限速值的包丢弃，然后返回发送方一条信息要求其重发，且本端口自身也只按限速值发送包。端口限速一般是人为的，目的是通过对端口限速来避免通信拥塞，它是一种预防机制。在交换机的端口中，存在一些用来计数的寄存器，可以对它们进行设置以达到端口限速的目的。流量控制一般是交换机自身的功能，为了避免缓冲区溢出导致帧丢失，可以采取一系列机制来应对。

　　（1）承诺信息速率（Committed Information Rate，CIR）：信息每秒可通过的速率，计量单位为 kbit/s（以位为单位），1kbit/s=1024bit/s，如设置为 500kbit/s。

　　（2）峰值信息速率（Peak Information Rate，PIR）：允许传输或转发报文的最大速率；单位为位。

　　（3）承诺突发尺寸（Committed Burst Size，CBS）：令牌桶的容量，即每次突发时允许的最大的流量尺寸，设置的突发尺寸必须大于最大报文长度，计量单位为字节。

　　（4）峰值突发尺寸（Peak Burst Size，PBS）：应用于通信行业服务质量（Quality of Service，QoS）领域的流量参数。其中 PIR、PBS 这两个参数只在交换机上才有，路由器没有。PIR 值必须不小于 CIR 值，如果 PIR 值大于 CIR 值，则限制速率为 CIR 与 PIR 之间的一个值。

　　（5）超出突发尺寸（Excess Burst Size，EBS）：瞬间能够通过的超出突发流量。

　　配置交换机限速时，CIR 和 CBS 的关系如下。CBS 要大于报文的最大长度。在连续流量的情况下对 CBS 没有特殊的要求，需保证平均速率是 CIR 的速率。在需要保证突发流量的情况下，如果 CBS 换算成 kbit 的值小于 CIR，那么 CBS 也无法保证突发流量；否则可以将 CBS 配置得大一些。

　　在对 FTP 业务进行限速时，由于 FTP 属于 TCP 业务，TCP 有其特殊的传输机制，因此流量无法达到应该达到的限速速率，推荐配置：CBS = 200 CIR，PBS = 2 CBS。

　　CIR 的单位为 kbit/s，CBS、PBS 的单位为 Byte。例如，配置 CIR 带宽为 1M=1024kbit/s，则：

CBS = 200 CIR = 200×1024 = 204800kbit=25600KByte=26214400Byte

PBS = 2 CBS = 2×26214400Byte = 52428800Byte

2.5.2　端口限速的两种常用方法

　　（1）创建 traffic-limit，并在希望限速的端口上应用 inbound/inboundt 方向的 ACL，实现端口入/出方向的流量控制。

　　（2）直接在希望限速的端口上应用 rate-limit 策略，进行端口入/出方向的限速。

　　通常 traffic-limit 限速通过令牌桶调度算法实现，rate-limit 限速通过设置端口的寄存器来控制速率，二者实现效果相当。

　　两种方式的主要区别为 traffic-limit 可以关联 ACL，实现基于特定报文流的限速（如只针对网页的 http 的流量进行限速，或者只针对某网段的用户限速等），控制方式灵活；rate-limit 只支持基于整个端口的限速，不对具体流量做区分，控制方式单一。

　　部分交换机只支持 rate-limit output 方向、traffic-limit input 方向的限速，也有同时支持双向 rate-limit 和双向 traffic-limit 方式进行限速的设备。

任务实施

　　（1）在交换机 LSW1 的相关端口上进行相应配置，对 GE 0/0/1 和 GE 0/0/24 端口进行限速配置，如图 2.38 所示。

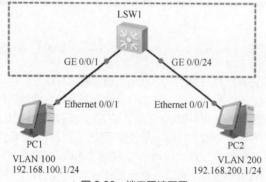

V2-10　端口
限速配置

图 2.38　端口限速配置

（2）配置交换机 LSW1，在端口 GE 0/0/1 入口方向进行流量控制，转发速率（CIR）为 2M，最大流量（CBS）为 CIR 的 200 倍，即 400M（400×1024×1024÷8=52428800Byte），突发峰值（PBS）为最大流量的两倍，即 800M（800×1024×1024÷8=104857600Byte），相关实例代码如下。

```
<Huawei>system-view
[Huawei]sysname LSW1
[LSW1]acl number 2021
[LSW1-acl-basic-2021]rule permit source 192.168.100.0 0.0.0.255
[LSW1]interface GigabitEthernet 0/0/1
[LSW1-GigabitEthernet0/0/1]traffic-limit inbound acl 2021 cir ?
    INTEGER<8-10000000>   Value of CIR (Unit: kbit/s)        //CIR 单位为 kbit/s
[LSW1-GigabitEthernet0/0/1]traffic-limit inbound acl 2021 cir 2048 cbs ?
    INTEGER<4000-4294967295>   Value of CBS (Unit: byte)   //CBS 单位为字节
[LSW1-GigabitEthernet0/0/1]traffic-limit inbound acl 2021 cir 2048 cbs 52428800 pbs ?
    INTEGER<4000-4294967295>   Value of PBS (Unit: byte)   //PBS 单位为字节
[LSW1-GigabitEthernet0/0/1]traffic-limit inbound acl 2021 cir 2048 cbs 52428800 pbs
104857600
[LSW1-GigabitEthernet0/0/1]quit
[LSW1]
```

（3）显示交换机 LSW1 的配置信息，在端口 GE 0/0/24 出口方向进行流量控制，转发速率为 2M，最大流量为 CIR 的 200 倍，即 400M，相关实例代码如下。

```
[LSW1]interface GigabitEthernet 0/0/24
[LSW1-GigabitEthernet0/0/24]qos ?      //在端口上配置 qos lr 端口限速
  drr     Deficit round robin
  lr      Specify LR(Limit Rate) feature
  phb     Per-hop-behavior
  pq      Priority queue
  queue   Queue index
  wred    Specify wred parameters
  wrr     Weight round robin
[LSW1-GigabitEthernet0/0/24]qos lr outbound cir 2048 cbs 52428800
[LSW1-GigabitEthernet0/0/24]quit
[LSW1]
```

（4）显示交换机 LSW1 的配置信息，主要相关实例代码如下。

```
<LSW1>display current-configuration
#
sysname LSW1
#
acl number 2021
 rule 5 permit source 192.168.100.0 0.0.0.255
#
interface GigabitEthernet0/0/1
 traffic-limit inbound acl 2021 cir 2048 pir 2048 cbs 52428800 pbs 104857600
#
interface GigabitEthernet0/0/24
 qos lr outbound cir 2048 cbs 52428800
#
user-interface con 0
user-interface vty 0 4
#
return
<LSW1>
```

项目练习题

1. 选择题

（1）华为交换机 GVRP 默认的注册模式为（　　）。

　　A. Forbidden　　　　B. Fixed　　　　　C. Normal　　　　D. Tagged

（2）华为交换机默认端口类型为（　　）。

　　A. shutdown　　　　B. Access　　　　　C. Trunk　　　　D. Hybrid

（3）关于 IEEE 802.1q 帧格式，应通过（　　）给以太网帧打上 VLAN 标签。

　　A. 在以太网帧的源地址和长度/类型字段之间插入 4 个字节的标签。

　　B. 在以太网帧的前面插入 4 个字节的标签。

　　C. 在以太网帧的尾部插入 4 个字节的标签。

　　D. 在以太网帧的外部加入 802.1q 封装。

（4）一个 Access 类型端口可以属于（　　）。

　　A. 最多 32 个 VLAN　　　　　　　　B. 仅属于一个 VLAN

　　C. 最多 4094 个 VLAN　　　　　　　D. 依据管理员配置结果

（5）华为交换机最多有（　　）个端口可以进行端口聚合。

　　A. 2　　　　　　　B. 4　　　　　　　C. 8　　　　　　D. 16

2. 简答题

（1）简述划分 VLAN 的优点。

（2）华为交换机的端口类型有哪几类？

（3）如何实现 VLAN 间通信？有几种方法？

（4）简述 GVRP 的工作原理。

（5）简述端口限速的配置方法。

项目3
局域网冗余技术

03

教学目标:

> 了解生成树协议及其环路形成的原因;
> 理解生成树协议的工作原理;
> 掌握生成树协议的配置方法;
> 掌握VRRP的配置方法。

任务 3.1 STP 配置

任务陈述

小李是公司的网络工程师,公司业务不断发展,越来越离不开网络,为了保证网络的可靠性与稳定性,避免出现单点故障,公司准备对网络采用冗余链路,配置生成树协议,以形成双核心备份网络接入互联网。冗余链路可能会造成交换机之间形成物理环路,从而引发广播风暴,严重影响网络性能,甚至导致网络瘫痪,那么小李该如何实现公司网络冗余备份呢?

知识准备

3.1.1 STP 概述

在传统的网络中,网络设备之间通过单条链路进行通信,随着网络技术的发展,越来越多的交换机被用来实现主机之间的互联。如果交换机之间仅使用一条链路互联,则可能会出现单点故障,导致业务中断。为了解决此类问题,交换机在互联时一般都会使用冗余链路来实现备份。冗余链路虽然增强了网络的可靠性,但是也会产生环路,而环路会带来一系列问题,并可能会导致广播及MAC 地址表不稳定等。因此,冗余链路可能会给交换网络带来环路的风险,进而影响用户的使用,甚至可能会产生通信质量下降和通信业务中断等问题,如图 3.1 所示。

生成树协议(Spanning Tree Protocol, STP)是基于拉迪亚·珀尔曼(Radia Perlman)在DEC 工作时发明的一种算法,被纳入 IEEE 802.1d 中。2001 年 IEEE 推出了快速生成树协议(Rapid Spanning Tree Protocol, RSTP),在网络结构发生变化时,它能比 STP 更快地收敛网络,还引进了端口角色来完善收敛机制。RSTP 被纳入 IEEE 802.1w 中,它是工作在 OSI 网络标准模型中第二层(数据链路层)的通信协议,基本应用是防止交换机冗余链路产生环路,用于确保以太网中无环路的逻辑拓扑结构，从而避免广播风暴大量占用交换机的资源。它通过有选择地阻塞网络冗余链路来达到消除网络二层环路的目的，同时具备链路的备份功能。

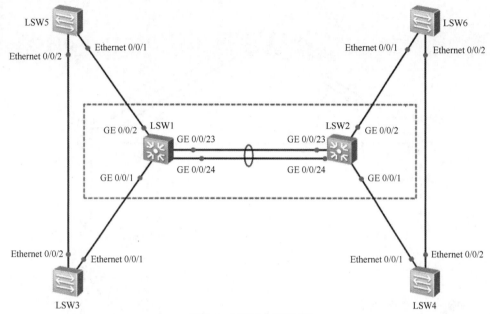

图 3.1　二层冗余交换网络

STP 的主要功能有两个：一是利用生成树算法在以太网络中创建一个以某台交换机的某个端口为根的生成树，避免产生环路；二是在以太网拓扑结构发生变化时，通过 STP 可以达到收敛保护的目的。

STP 的工作原理：任意一台交换机如果到达根桥有两条或者两条以上的链路，STP 都会根据算法把其中一条切断，仅保留一条链路，从而保证任意两个交换机之间只有一条活动链路，因为它生成的这种拓扑结构很像以根交换机为树干的树形结构，故将它称为 STP。

STP 的特点如下。

（1）STP 提供一种控制环路的方法，采用这种方法，在连接发生问题的时候，用户控制的以太网能够绕过出现故障的连接。

（2）生成树中的根桥（Root Bridge）是一个逻辑的中心，用于监视整个网络的通信；最好不要让设备自动选择哪一个网桥作为根桥。

（3）STP 的重新计算是烦琐的。正确地配置主机端口连接，可以避免重新计算，推荐使用 RSTP。

（4）STP 可以有效地抑制广播风暴，可使网络的稳定性、可靠性、安全性大大增强。

3.1.2　二层环路问题的产生

1. 广播风暴

根据交换机的转发原则，默认情况下，交换机对网络中生成的广播帧不进行过滤。如果交换机从一个端口上接收到的是一个广播帧，或者是一个目的 MAC 地址未知的单播帧，则会将这个帧向除源端口之外的所有其他端口转发。如果交换网络中有环路，则这个帧就会被无限转发，此时便会形成广播风暴，网络中也会充斥着重复的数据帧。

主机 PC1 向外发送了一个单播帧，假设此单播帧的目的 MAC 地址在网络中所有交换机的 MAC 地址表中都暂时不存在。LSW1 接收到此帧后，将其转发到 LSW2 和 LSW3，LSW2 和 LSW3

也会将此帧转发到除了接收此帧的其他所有端口，结果此帧又会被再次转发给 LSW1，这种循环会一直持续，于是便产生了广播风暴，交换机性能会因此急速下降，并会导致业务中断，如图 3.2 所示。

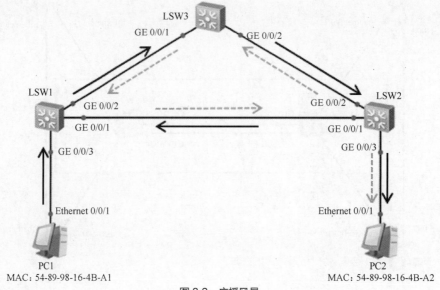

图 3.2　广播风暴

2．MAC 地址表不稳定

MAC 地址表不稳定是指一个相同帧的副本被一台交换机的两个不同端口接收，这会造成设备反复刷新 MAC 地址表，如果交换机将资源都消耗在复制不稳定的 MAC 地址表上，其数据转发功能就会被减弱，如图 3.3 所示。

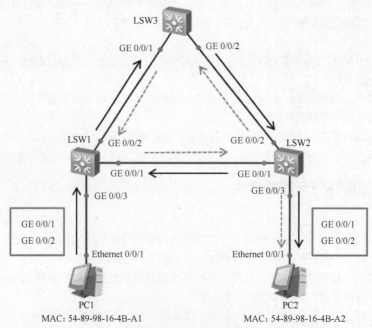

图 3.3　MAC 地址表不稳定

交换机是根据接收到的数据帧的源地址和接收端口生成 MAC 地址表项的。若主机 PC1 向外发送一个单播帧，假设此单播帧的目的 MAC 地址在网络中所有交换机的 MAC 地址表中都暂时不存在，LSW1 收到此数据帧之后，在 MAC 地址表中生成一个 MAC 地址表项（54-89-98-16-4B-A1），对应端口为 GE 0/0/3，并将其从 GE 0/0/1 和 GE 0/0/2 端口转发。本例仅以 LSW1 从 GE 0/0/2 端口转发此帧进行说明。当 LSW3 接收到此帧后，由于 MAC 地址表中没有对应此帧目的 MAC 地址的表项，因此 LSW3 会将此帧从 GE 0/0/2 端口转发出去。LSW2 接收到此帧后，由于 MAC 地址表中也没有对应此帧目的 MAC 地址的表项，因此 LSW2 也会将此帧从 GE 0/0/1 端口发送回 LSW1，还会发给主机 PC2。LSW1 从 GE 0/0/1 端口接收到此数据帧之后，会在 MAC 地址表中删除原有的相关表项，生成一个新的 MAC 表项（54-89-98-16-4B-A1），对应端口为 GE 0/0/1。此过程会不断重复，从而导致 MAC 地址表震荡。

3.1.3　STP 基本概念

在以太网中，二层网络的环路会带来广播风暴、MAC 地址表不稳定、数据帧重复等问题。交换网络中的环路问题可由 STP 来解决。

STP 用于在局域网中消除数据链路层的物理环路。运行该协议的设备通过彼此的交互信息发现网络中的环路，并有选择地对某些端口进行阻塞，最终将环路网络结构修剪成无环路的树形网络结构，从而防止报文在环路网络中不断增生和无限循环，避免设备重复接收相同的报文而使报文处理能力下降。

STP 采用的协议报文是桥协议数据单元（Bridge Protocol Data Unit，BPDU），也称为配置消息，是一种 STP 问候数据包，它可以被间隔地发出，用来在网络的网桥间进行信息交换。BPDU 是运行 STP 的交换机之间交换的消息帧。BPDU 内包含了 STP 所需的路径和优先级信息，STP 利用这些信息来确定根桥及到根桥的路径。BPDU 中包含了足够的信息来保证设备完成生成树的计算过程。STP 通过在设备之间传递 BPDU 来确定网络的拓扑结构。

STP 的主要作用如下。

（1）消除环路：通过阻断冗余链路来消除网络中可能存在的环路。

（2）链路备份：当活动路径发生故障时，激活备份链路，以便及时恢复网络。

由于 STP 本身比较小，所以并不像路由协议那样广为人知。但是它掌管着端口的转发大权。特别是和别的协议一起运行的时候，STP 就有可能阻断其他协议的报文通路，造成种种奇怪的现象。STP 和其他协议一样，是随着网络的发展而不断更新换代的。在 STP 的发展过程中，其缺陷不断被克服，新的特性不断被开发出来。

STP 的工作过程如下：首先进行根桥的选择，在一个网络中桥 ID 最小的网桥将变成根桥，整个生成树网络里面只有一个根桥，根桥的主要职责是定期发送配置信息，然后这种配置信息将会被所有的指定桥发送，这在生成树网络里面是一种机制。一旦网络结构发生变化，网络状态将会重新配置，其依据是网桥优先级（Bridge Priority）和 MAC 地址组合生成的桥 ID。在此基础上计算每个节点到根桥的路径，并由这些路径得到各冗余链路的开销，选择开销最小的成为通信路径（相应的端口状态变为 Forwarding），其他的就成为备份路径（相应的端口状态变为 Blocking）。STP 生成过程中的通信任务由 BPDU 完成，BPDU 又分为包含配置信息的配置 BPDU（其大小不超过 35B）和包含拓扑变化信息的 TCN BPDU（其长度不超过 4B）。

1. BPDU

STP 是一种桥嵌套协议，可以用来消除桥回路。它的工作原理如下：STP 定义了一个数据包，叫作 BPDU，网桥用 BPDU 来实现相互通信，并用 BPDU 的相关功能来动态选择根桥和备份桥，但是因为从中心桥到任何网段都只有一条路径，所以桥回路被消除。

要实现生成树的功能，交换机之间通过传递 BPDU 报文来实现信息交互，所有支持 STP 的交换机都会接收并处理收到的报文，该报文在数据区里携带了用于进行生成树计算的所有有用信息。当一个网桥开始变为活动网桥时，它的每个端口都是每 2 秒发送一个 BPDU。然而，如果一个端口收到另外一个网桥发送过来的 BPDU，而这个 BPDU 比它正在发送的 BPDU 更优，则本地端口会停止发送 BPDU。如果在一段时间（默认为 20 秒）后它不再接收到更优的 BPDU，则本地端口会再次发送 BPDU。

BPDU 格式及字段说明如表 3.1 所示。

表 3.1　BPDU 格式及字段说明

字段	字节数	说明
Protocol Identifier（协议 ID）	2	该值总为 0
Protocol Version（协议版本）	1	STP（802.1d）传统生成树，值为 0； RSTP（802.1w）快速生成树，值为 2； MSTP（802.1s）多生成树，值为 3
Message Type（消息类型）	1	指示当前 BPDU 消息类型： 0x00 为配置 BPDU（Configuration BPDU），负责建立、维护 STP 拓扑； 0x80 为 TCN BPDU（Topology Change Notification BPDU），负责传达拓扑变更
Flags（标志）	1	最低位=拓扑变化（Topology Change，TC）标志，最高位=拓扑变化确认（Topology Change Acknowledgement，TCA）标志
Root Identifier（根 ID）	8	指示当前根桥的 RID（即"根 ID"），由 2 字节的桥优先级和 6 字节 MAC 地址构成
Root Path Cost（根路径开销）	4	指示发送该 BPDU 报文的端口累积到根桥的开销
Bridge Identifier（桥 ID）	8	指示发送该 BPDU 报文的交换设备的 BID（即"发送者 BID"），也是由 2 字节的桥优先级和 6 字节 MAC 地址构成
Port Identifier（端口 ID）	2	指示发送该 BPDU 报文的端口 ID，即"发送端口 ID"
Message Age（消息生存时间）	2	指示该 BPDU 报文的生存时间，即端口保存 BPDU 的最长时间，过期后会将其删除，要在这个生存时间内转发才有效。如果配置 BPDU 是直接来自根桥的，则 Message Age 为 0，如果是其他桥转发的，则 Message Age 是从根桥发送到当前桥接收到 BPDU 的总时间，包括传输时延等。实际实现中，配置 BPDU 报文经过一个桥，Message Age 增加 1
Max Age（最大生存时间）	2	指示 BPDU 消息的最大生存时间，也即老化时间
Hello Time（Hello 消息定时器）	2	指示发送两个相邻 BPDU 的时间间隔，根桥通过不断发送 STP 维持自己的地位，Hello Time 发送的是间隔时间，默认时间为 2s
Forward Delay（转发时延）	2	指示控制 Listening 和 Learning 状态的持续时间，表示在拓扑结构改变后，交换机在发送数据包前维持在侦听和学习状态的时间

为了计算生成树，交换机之间需要交换相关的信息和参数，这些信息和参数被封装在 BPDU 中。BPDU 有两种类型：配置 BPDU 和 TCN BPDU。

（1）配置 BPDU 包含了桥 ID、路径开销和端口 ID 等参数。STP 通过在交换机之间传递配置 BPDU 来选择根交换机，以及确定每个交换机端口的角色和状态。在初始化过程中，每个桥都会主动发送配置 BPDU。在网络拓扑结构稳定以后，只有根桥会主动发送配置 BPDU，其他交换机只有在收到上游传来的配置 BPDU 后，才会发送自己的配置 BPDU。

（2）TCN BPDU 是指下游交换机感知到拓扑发生变化时向上游发送的拓扑变化通知。

配置 BPDU 中包含了足够的信息来保证设备完成生成树计算，其中包含的重要信息如下。

根桥 ID：由根桥的优先级和 MAC 地址组成，每个 STP 网络中有且仅有一个根桥。

根路径开销：到根桥的最短路径开销。

指定桥 ID：由指定桥的优先级和 MAC 地址组成。

指定端口 ID：由指定端口的优先级和端口号组成。

Message Age：配置 BPDU 在网络中传播的生存时间。

Max Age：配置 BPDU 在设备中能够保存的最大生存时间。

Hello Time：配置 BPDU 发送的周期。

2. 桥 ID

桥 ID 共 8 个字节，即网桥优先级（2 字节）+网桥的 MAC 地址（6 字节）；取值范围为 0～65535，默认值为 32768。

3. 根桥

根据桥 ID 选择根桥，桥 ID 最小的将成为根桥，先比较网桥优先级，优先级较小者成为根桥，如果优先级相等，则比较 MAC 地址，MAC 地址较小者成为根桥，可以通过执行 display stp 命令来查看网络中的根桥。

交换机启动后就自动开始进行生成树收敛计算。默认情况下，所有交换机启动时都认为自己是根桥，自己的所有端口都为指定端口，这样 BPDU 报文就可以通过所有端口转发。对端交换机收到 BPDU 报文后，会比较 BPDU 中的根桥 ID 和自己的桥 ID。如果收到的 BPDU 报文中的桥 ID 优先级更低，接收交换机会继续通告自己的配置 BPDU 报文给邻居交换机。如果收到的 BPDU 报文中的桥 ID 优先级更高，则交换机会修改自己的 BPDU 报文的根桥 ID 字段，成为新的根桥。由于交换机默认优先级均为 32768，交换机 LSW1 的 MAC 地址最小，所以最终选择交换机 LSW1 为根交换机，如图 3.4 所示。如果生成树网络里面根桥发生了故障，则其他交换机中优先级最高的交换机会被选为新的根桥；如果原来的根桥再次激活，则网络又会根据桥 ID 来重新选择新的根桥。

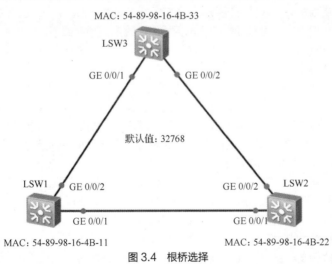

图 3.4　根桥选择

4. 端口 ID

运行 STP 交换机的每个端口都有一个端口 ID（Port ID），端口 ID 由端口优先级和端口号构成。端口优先级的取值范围是 0～240，步长为 16，即取值必须为 16 的整数倍。默认情况下，端口优先级是 128。端口 ID 可以用来确定端口角色。

5. 端口开销与路径开销

交换机的每个端口都有一个端口开销（Port Cost）参数，此参数表示该端口在 STP 中的开销值。默认情况下，端口的开销和端口的带宽有关，带宽越大，开销越小。从一个非根桥到达根桥的路径可能有多条，每一条路径都有一个总的开销值，此开销值是该路径上所有接收 BPDU 端口的端口开销总和（即 BPDU 的入方向端口），称为路径开销。非根桥通过对比多条路径的路径开销，选出到达根桥的最短路径，这条最短路径的路径开销被称为根路径开销（Root Path Cost，RPC），并生成无环树状网络，根桥的根路径开销是 0。一般情况下，交换机支持多种 STP 的路径开销计算标准，提供最大程度的兼容性。默认情况下，华为 X7 系列交换机使用 IEEE 802.1t 标准来计算路径开销。根路径开销是到根桥的路径的总开销，而端口开销指的是交换机某个端口的开销。

6. 端口角色

STP 通过构造一棵树来消除交换网络中的环路。每个 STP 网络中，都存在一个根桥，其他交换机为非根桥。根桥或者根交换机位于整个逻辑树的根部，是 STP 网络的逻辑中心，非根桥是根桥的下游设备。当现有根桥产生故障时，非根桥之间会交互信息并重新选择根桥，交互的信息被称为BPDU。BPDU 中包含交换机在参加生成树计算时的各种参数信息，前面已经详细介绍过。

STP 中定义了 3 种端口角色：根端口（Root Port）、指定端口（Designated Port）和替代端口（Alternate Port）。

（1）根端口。

每个非根桥都要选择一个根端口。根端口是距离根桥最近的端口，这个最近的衡量标准是路径开销，即路径开销最小的端口就是根端口。端口收到一个 BPDU 报文后，抽取该 BPDU 报文中根路径开销字段的值，加上该端口本身的端口开销即为本端口路径开销。如果有两个或两个以上的端口计算得到的累计路径开销相同，那么选择收到发送者桥 ID 最小的那个端口作为根端口。

如果两个或两个以上的端口连接到了同一台交换机上，则选择发送者端口 ID 最小的那个端口作为根端口。如果两个或两个以上的端口通过 Hub 连接到了同一台交换机的同一个端口上，则选择本交换机的这些端口中的端口 ID 最小的作为根端口。

根端口是非根交换机去往根桥路径最优的端口，处于转发状态。在一个运行 STP 的交换机上最多只有一个根端口，但根桥上没有根端口。选择根端口的依据顺序如下。

① 根路径成本最小。

② 发送网桥 ID 最小。

③ 发送端口 ID 最小。

（2）指定端口。

在网段上抑制其他端口（无论是自己的还是其他设备的）发送 BPDU 报文的端口，就是该网段的指定端口。每个网段都应该有一个指定端口，根桥的所有端口都是指定端口（除非根桥在物理上存在环路）。指定端口的选择也是首先比较累计路径开销，累计路径开销最小的端口就是指定端口。如果累计路径开销相同，则比较端口所在交换机的桥 ID，所在桥 ID 最小的端口为指定端口。如果通过累计路径开销和所在桥 ID 选不出来，则比较端口 ID，端口 ID 最小的为指定端口。

网络收敛后，只有指定端口和根端口可以转发数据。其他端口为预备端口，被阻塞，不能转发数据，只能够从所联网段的指定交换机处接收到 BPDU 报文，并以此来监视链路的状态。指定端口是交换机向所联网段转发配置 BPDU 的端口，每个网段有且只能有一个指定端口，用于转发所联网段的数据。一般情况下，根桥的每个端口总是指定端口。选择指定端口的依据顺序如下。

① 根路径成本最小。

② 所在交换机的网桥 ID 最小。

③ 发送端口 ID 最小。

（3）替代端口。

如果一个端口既不是指定端口也不是根端口，则此端口为替代端口，替代端口将被阻塞，不向所联网段转发任何数据。只有当主链路发生故障时，才会启用备份链路，开启替代端口来替代根端口，以保障网络通信正常。

由于交换机 LSW1 为根交换机，所以交换机 LSW1 的端口 GE 0/0/1 与端口 GE 0/0/2 被选为指定端口；交换机 LSW2 的端口 GE 0/0/1 被选为根端口，端口 GE 0/0/2 被选为指定端口；交换机 LSW3 的端口 GE 0/0/1 被选为根端口，端口 GE 0/0/2 被选为预备端口。交换机 LSW2 与交换机 LSW3 之间这条链路在逻辑上处于断开状态，这样就将交换环路变成了逻辑上的无环拓扑结构。只有当主链路发生故障时，才会启用备份链路，如图 3.5 所示。

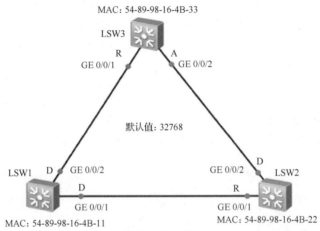

图 3.5　端口选择

7. 端口状态

STP 端口有 5 种工作状态，具体情况如下。

Blocking（阻塞状态）。此时，二层端口为非指定端口，不会参与数据帧的转发。该端口通过接收 BPDU 来判断根交换机的位置和根 ID，以及在 STP 拓扑收敛结束之后，各交换机端口应该处于什么状态。在默认情况下，端口会在这种状态下停留 20 秒。

Listening（侦听状态）。生成树此时已经根据交换机接收到的 BPDU 判断出了这个端口应该参与数据帧的转发。于是交换机端口将不再满足于接收 BPDU，而开始发送自己的 BPDU，并以此通告邻接的交换机该端口会在活动拓扑中参与转发数据帧的工作。在默认情况下，端口会在这种状态下停留 15 秒。

Learning（学习状态）。这个二层端口准备参与数据帧的转发，并开始填写 MAC 地址表。在默认情况下，端口会在这种状态下停留 15 秒。

Forwarding（转发状态）。这个二层端口已经成为活动拓扑的一个组成部分，它会转发数据帧，并同时收发 BPDU。

Disabled（禁用状态）。这个二层端口不会参与生成树，也不会转发数据帧。

STP 端口功能描述如表 3.2 所示。

表 3.2　STP 端口功能描述

端口状态	端口功能描述
Disabled	不收发任何报文
Blocking	不接收或者转发数据，接收但不发送 BPDU，不进行地址学习

端口状态	端口功能描述
Listening	不接收或者转发数据，接收并发送 BPDU，不进行地址学习
Learning	不接收或者转发数据，接收并发送 BPDU，开始进行地址学习
Forwarding	接收或者转发数据，接收并发送 BPDU，进行地址学习

8. STP 拓扑变化

在稳定的 STP 拓扑里，非根桥会定期收到来自根桥的 BPDU 报文。如果根桥发生了故障，停止发送 BPDU 报文，下游交换机就无法收到来自根桥的 BPDU 报文。如果下游交换机一直收不到 BPDU 报文，Max Age 定时器就会超时（Max Age 的默认值为 20 秒），从而导致已经收到的 BPDU 报文失效。此时，非根交换机会互相发送配置 BPDU 报文，重新选择新的根桥。根桥出现故障后需要 50 秒左右的恢复时间，恢复时间约等于 Max Age 加上两倍的 Forward Delay 收敛时间。

在交换网络中，交换机依赖 MAC 地址表转发数据帧。默认情况下，MAC 地址表项的老化时间是 300 秒。如果生成树拓扑发生变化，交换机转发数据的路径也会随着发生改变，此时 MAC 地址表中未及时老化的表项会导致数据转发错误，因此在拓扑发生变化后需要及时更新 MAC 地址表项。

拓扑变化过程中，根桥通过 TCN BPDU 报文获知生成树拓扑发生了故障。根桥生成 TC 来通知其他交换机加速老化现有的 MAC 地址表项，如图 3.6 所示。

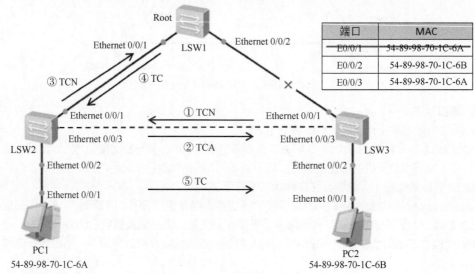

图 3.6　STP 拓扑变化

拓扑变更和 MAC 地址表项更新的具体过程如下。

（1）交换机 LSW3 感知到网络拓扑发生变化后，会不间断地向交换机 LSW2 发送 TCN BPDU 报文。

（2）交换机 LSW2 收到交换机 LSW3 发来的 TCN BPDU 报文后，会把配置 BPDU 报文中的 Flags 的 TCA 位设置为 1，然后发送给交换机 LSW3，告知交换机 LSW3 停止发送 TCN BPDU 报文。

（3）交换机 LSW2 向根桥交换机 LSW1 转发 TCN BPDU 报文。

（4）根桥交换机 LSW1 把配置 BPDU 报文中的 Flags 的 TC 位设置为 1 并发送，通知下游设备把 MAC 地址表项的老化时间由默认的 300 秒，修改为 Forward Delay 的时间（默认为 15 秒）。

（5）最多等待 15 秒，交换机 LSW3 中的错误 MAC 地址表项会被自动清除。此后，交换机

LSW3 就能重新开始进行 MAC 表项的学习及转发操作。

任务实施

华为 X7 系列交换机支持 3 种 STP 模式。stp mode { mstp | stp | rstp }命令用来配置交换机的 STP 模式。默认情况下，华为 X7 系列交换机工作在 MSTP 模式下。在使用 STP 前，STP 模式必须重新配置。

（1）配置 STP，进行网络拓扑连接，交换机进行默认选择，如图 3.7 所示。

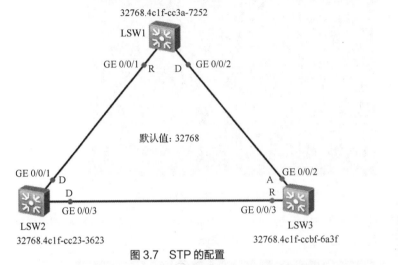

V3-1　STP 的配置

图 3.7　STP 的配置

（2）查看 STP 的运行状态，执行 display stp 命令可以看到交换机 LSW2 被选为根桥，如图 3.8 所示。

图 3.8　交换机 LSW2 的 STP 运行状态

（3）查看 STP 的运行状态，执行 display stp 命令可以看到交换机 LSW1 被选为非根桥，如图 3.9 所示。

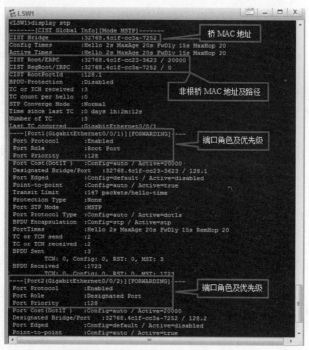

图 3.9　交换机 LSW1 的 STP 运行状态

（4）查看 STP 的运行状态，执行 display stp brief 命令可以看到各交换机端口角色及端口状态，如图 3.10 所示，可以看出交换机 LSW2 为根交换机。

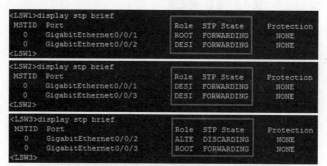

图 3.10　默认交换机 STP 端口角色及端口状态

（5）配置交换机 LSW1，使之成为根桥，设置交换机优先级、路径开销，相关实例代码如下。

```
<Huawei>system-view
[Huawei]sysname LSW1
[LSW1]stp mode stp                           //配置 STP 类型
[LSW1]stp priority 4096                       //配置生成树优先级
[LSW1]stp pathcost-standard dot1t            //配置路径开销标准
[LSW1]interface GigabitEthernet0/0/1
[LSW1-GigabitEthernet0/0/1]stp cost 100      //配置路径开销值
[LSW1-GigabitEthernet0/0/1]quit
[LSW1]
```

华为 X7 系列交换机支持 3 种路径开销标准，以确保和其他厂商的设备兼容。默认情况下，路径开销标准为 IEEE 802.1t。stp pathcost-standard { dot1d-1998 | dot1t | legacy }命令用来配

置指定交换机上路径开销值的标准。每个端口的路径开销也可以手动指定，此 STP 路径开销控制方法须谨慎使用，因为手动指定端口的路径开销可能会生成次优生成树拓扑。stp cost 命令取决于路径开销计算方法，有以下几种情况。

① 使用华为的私有计算方法时，cost 的取值范围是 1～200000。

② 使用 IEEE 802.1d 标准方法时，cost 的取值范围是 1～65535。

③ 使用 IEEE 802.1t 标准方法时，cost 的取值范围是 1～200000000。

（6）查看交换机 LSW1 的 STP 运行状态，如图 3.11 所示。

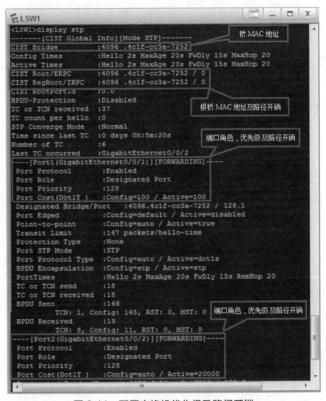

图 3.11　配置交换机优先级及路径开销

（7）查看 STP 的运行状态，执行 display stp brief 命令可以看到各交换机端口角色及端口状态，如图 3.12 所示，可以看出交换机 LSW1 变为根交换机。

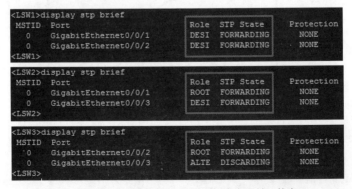

图 3.12　配置后各交换机 STP 端口角色及端口状态

任务 3.2 RSTP 配置

任务陈述

公司网络运行一段时间后，作为公司的网络工程师，小李发现网络的收敛时间有点长，大约需要 1 分钟左右，于是小李决定配置快速生成树协议（RSTP）来解决网络的收敛时间问题，那么小李该如何实现公司网络的冗余备份呢？

知识准备

3.2.1 RSTP 概述

STP 由 IEEE 802.1d 定义，RSTP 由 IEEE 802.1w 定义，RSTP 在网络结构发生变化时，能更快地收敛网络。它比 802.1d 多了一种端口类型：备份端口（Backup Port）类型，用来做指定端口的备份。RSTP 是从 STP 发展过来的，它们的实现思想基本一致，但它更进一步解决了网络临时失去联通性的问题。RSTP 规定在某些情况下，处于 Blocking 状态的端口不必经历两倍的 Forward Delay 时延而可以直接进入转发状态；如网络边缘端口（即直接与终端相连的端口）不接收配置 BPDU 报文，不参与 RSTP 运算，可以由 Disabled 状态直接转到 Forwarding 状态，不需要任何时延，如图 3.13 所示。但是，一旦边缘端口收到配置 BPDU 报文，就会丧失边缘端口属性，成为普通 STP 端口，并重新进行生成树计算；或者网桥旧的根端口已经进入 Blocking 状态，并且新的根端口连接的对端网桥的指定端口仍处于 Forwarding 状态，那么新的根端口可以立即进入 Forwarding 状态。IEEE 802.1w 规定 RSTP 的收敛时间可达到 1 秒，而 IEEE 802.1d 规定 STP 的收敛时间大约为 50 秒。

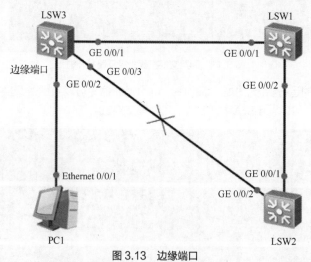

图 3.13 边缘端口

配置交换机 LSW3，相关实例代码如下。

```
<Huawei>system-view
[Huawei]sysname LSW3
```

```
[LSW3]interface GigabitEthernet0/0/2
[LSW3-GigabitEthernet0/0/2]stp edged-port enable          //配置为边缘端口
[LSW3-GigabitEthernet0/0/2]quit
[LSW3]
```

3.2.2 RSTP 基本概念

STP 能够提供无环网络，但是收敛速度较慢。如果 STP 网络的拓扑结构频繁变化，那么网络也会随之频繁地失去联通性，从而导致用户通信频繁中断。RSTP 使用 Proposal/Agreement 机制保证链路间能及时协商，从而有效避免收敛计时器在生成树收敛前超时。运行 RSTP 的交换机使用两个不同的端口角色来实现冗余备份。当到根桥的当前路径发生故障时，作为根端口的备份端口，替代端口提供了从一个交换机到根桥的另一条可切换路径。作为指定的备份端口，备份端口提供了另一条从根桥到相应局域网网段的备份路径。当一个交换机和一个共享媒介设备（例如 Hub）建立了两个或者多个连接时，可以使用备份端口。同样，当交换机上两个或者多个端口和同一个局域网网段连接时，也可以使用备份端口，如图 3.14 所示。

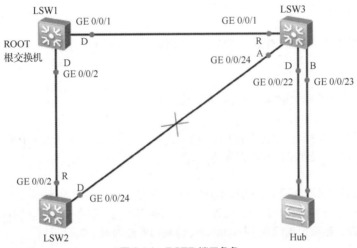

图 3.14 RSTP 端口角色

1. RSTP 收敛过程

RSTP 收敛遵循 STP 基本原理。网络初始化时，网络中所有的 RSTP 交换机都认为自己是"根桥"，并设置每个端口为指定端口。此时，端口为 Discarding 状态。每个认为自己是"根桥"的交换机都会生成一个 RST BPDU 报文来协商指定网段的端口状态，此 RST BPDU 报文的 Flags 字段里面的 Proposal 位需要置位。当一个端口收到 RST BPDU 报文时，此端口会比较收到的 RST BPDU 报文和本地的 RST BPDU 报文。如果本地的 RST BPDU 报文优于接收到的 RST BPDU 报文，则端口会丢弃接收到的 RST BPDU 报文，并发送 Proposal 置位的本地 RST BPDU 报文来回复对端设备。

交换机使用同步机制来实现端口角色的协商管理。当收到 Proposal 置位并且优先级高的 BPDU 报文时，接收交换机必须设置所有下游指定端口为 Discarding 状态。如果下游端口是替代端口或者边缘端口，则端口状态保持不变。当确认下游指定端口迁移到 Discarding 状态后，相关设备发送 RST BPDU 报文回复上游交换机发送的 Proposal 消息。在此过程中，端口已经确认为根端口，因此 RST BPDU 报文 Flags 字段里面设置了 Agreement 标记位和根端口角色。在 P/A 进程的最后阶段，上游交换机收到 Agreement 置位的 RST BPDU 报文后，指定端口立即从

Discarding 状态迁移为 Forwarding 状态；然后，下游网段开始使用同样的 P/A 进程协商端口角色。在 RSTP 中，如果交换机的端口在连续 3 次 Hello Timer 规定的时间间隔内都没有收到上游交换机发送的 RST BPDU 报文，便会确认本端口与对端端口通信失败，从而需要重新进行 RSTP 的计算来确定交换机及端口角色。

RSTP 是可以与 STP 实现后向兼容的，但在实际操作中，并不推荐这样做，原因是 RSTP 会失去其快速收敛的优势，而 STP 慢速收敛的缺点会暴露出来。当同一个网段里既有运行 STP 的交换机又有运行 RSTP 的交换机时，STP 交换机会忽略接收到的 RST BPDU 报文，而 RSTP 交换机在某端口上接收到 STP BPDU 报文时，会在等待两个 Hello Time 时间之后，把自己的端口转换到 STP 工作模式，此后便发送 STP BPDU 报文，这样就实现了兼容性操作。

2. 端口角色

RSTP 根据端口在活动拓扑中的作用，定义了 5 种端口角色：根端口（Root Port）、指定端口（Designated Port）、替代端口（Alternate Port）、备份端口（Backup Port）和禁用端口（Disabled Port）。根端口和指定端口这两个角色在 RSTP 中被保留，阻断端口被分成备份端口和替代端口角色。生成树算法（Spanning Tree Algorithm，STA）使用 BPDU 来决定端口的角色，端口类型也是通过比较端口中保存的 BPDU 来确定其优先级的。

（1）根端口。

非根桥收到最优的 BPDU 配置信息的端口为根端口，即到根桥开销最小的端口，这点和 STP 一样。

（2）指定端口。

与 STP 一样，每个以太网网段内必须有一个指定端口。

（3）替代端口。

如果一个端口收到另外一个网桥的更好的 BPDU，但不是最好的，那么这个端口成为替代端口，当根端口发生故障后，替代端口将成为根端口。

（4）备份端口。

如果一个端口收到同一个网桥的更好的 BPDU，那么这个端口成为备份端口。当两个端口被一个点到点链路的一个环路连在一起时，或者当一个交换机有两个或多个到共享局域网段的连接时，备份端口才能存在，当指定端口发生故障后，备份端口将成为指定端口。

（5）禁用端口。

该端口在 RSTP 应用的网络运行中不担当任何角色。

3. 端口状态

STP 定义了 5 种不同的端口状态：Disabled、Blocking、Listening、Learning 和 Forwarding。从操作上看，Blocking 状态和 Listening 状态没有区别，都是丢弃数据帧而且不学习 MAC 地址。在 Forwarding 状态下，无法知道该端口是根端口还是指定端口。

在 RSTP 中只有 3 种端口状态：Discarding、Learning 和 Forwarding。IEEE 802.1d 中的禁用端口、侦听端口、阻塞端口在 IEEE 802.1w 中统一合并为禁用端口。

RSTP 端口功能描述如表 3.3 所示。

表 3.3　RSTP 端口功能描述

端口状态	端口功能描述
Discarding	端口既不转发用户流量也不学习 MAC 地址，不收发任何报文
Learning	不接收或者转发数据，接收并发送 BPDU，开始进行地址学习
Forwarding	接收或者转发数据，接收并发送 BPDU，进行地址学习

任务实施

（1）配置 RSTP，进行网络拓扑连接，如图 3.15 所示。

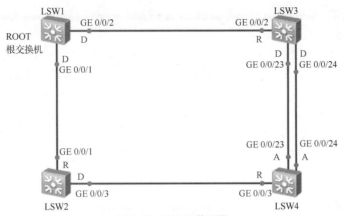

图 3.15　RSTP 的配置

（2）配置交换机 LSW1，使之成为根桥，设置交换机优先级、路径开销，其他各交换机开启 RSTP、配置与交换机 LSW1 相同，此处不再赘述，相关实例代码如下。

V3-2　RSTP
的配置

```
<Huawei>system-view
Enter system view, return user view with Ctrl+Z.
[Huawei]sysname LSW1
[LSW1]stp mode rstp                                //配置 STP 类型
[LSW1]stp priority 4096                            //配置生成树优先级
[LSW1]stp pathcost-standard dot1t                  //配置路径开销标准
[LSW1]interface GigabitEthernet0/0/1
[LSW1-GigabitEthernet0/0/1]stp cost 100            //配置路径开销值
[LSW1-GigabitEthernet0/0/1]stp port priority 16    //配置端口优先级
[LSW1-GigabitEthernet0/0/1]quit
[LSW1]
```

（3）查看 RSTP 的运行状态，执行 display stp brief 命令可以看到各交换机端口角色及端口状态，如图 3.16 所示，可以看出交换机 LSW1 变为根交换机。

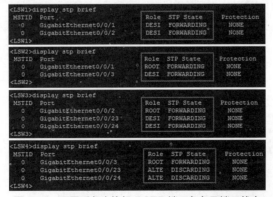

图 3.16　配置后各交换机 RSTP 端口角色及端口状态

任务 3.3　MSTP 配置

任务陈述

　　小李是公司的网络工程师，公司业务不断发展，越来越离不开网络，为了保证网络可靠性与稳定性，小李配置了 STP 实现了链路的冗余，增强了网络的稳定性，但网络的收敛时间较长，大约需要 50 秒，于是他在 STP 的基础上进行了改进，配置 RSTP 实现了网络拓扑快速收敛，大约需要 1 秒，使网络收敛速度过慢的问题得到解决。随着网络技术的发展、VLAN 技术的应用，公司在可靠性、服务质量、传送效率、业务处理灵活性、可管理性等网络服务方面有了更高的要求，新的问题也随之而来，网络中根交换机的负载过重，而其他非根交换机的工作量较少，整体负载明显不均衡，因此需要新的技术来解决，那么小李该通过什么技术来解决上述问题呢？

知识准备

3.3.1　MSTP 概述

　　多生成树（Multiple Spanning Tree，MST）使用修正后的 RSTP，即多生成树协议（Multiple Spanning Tree Protocol，MSTP）。MSTP 是由 IEEE 802.1w 中的 RSTP 扩展而来的。

　　RSTP 在 STP 的基础上进行了改进，实现了网络拓扑快速收敛。但由于局域网内所有的 VLAN 共享一棵生成树，因此网络被阻塞后链路将不承载任何流量，无法在 VLAN 间实现数据流量的负载均衡，从而造成了带宽浪费。为了弥补 STP 和 RSTP 的缺陷，IEEE 于 2002 年发布的 802.1s 标准定义了 MSTP。MSTP 兼容 STP 和 RSTP，既可以实现快速收敛，又可以提供数据转发的多个冗余路径，在数据转发过程中实现了 VLAN 数据的负载均衡。

　　采用 MSTP 能够通过干道建立多个生成树，关联 VLAN 到相关的生成树进程，每个生成树进程具备单独的拓扑结构；MSTP 提供了多个数据转发路径和负载均衡，提高了网络容错能力，因为一个进程（转发路径）的故障不会影响其他进程。一个生成树进程只能存在于具备一致的 VLAN 进程分配的桥中，必须用同样的 MST 配置信息来配置一组桥，使得这些桥能参与到一组生成树进程中。具备同样 MST 配置信息的互联的桥构成多生成树域（Multiple Spanning Tree Region）。

　　MSTP 兼容 STP 和 RSTP，并且可以弥补 STP 和 RSTP 的缺陷。它既可以快速收敛，又能使不同 VLAN 的流量沿各自的路径分发，从而为冗余链路提供更好的负载分担机制。

　　MSTP 通过设置 VLAN 映射表（即 VLAN 和生成树的对应关系表）把 VLAN 和生成树联系起来；通过增加"实例"将多个 VLAN 捆绑到一个集合中，以节省通信开销和降低资源占用率；MSTP 把一个交换网络划分成多个域，每个域内形成多棵生成树，生成树之间彼此独立；MSTP 将环路网络修剪为一个无环的树形网络，避免报文在环路网络中的增生和无限循环，同时还提供了数据转发的多个冗余路径，在数据转发过程中实现了 VLAN 数据的负载均衡。

3.3.2　MSTP 基本概念

　　（1）MST 域。

　　MST 域是多生成树域，由交换网络中的多台交换设备及它们之间的网段构成。同一个 MST 域中的设备具有下列特点：都启动了 MSTP，具有相同的域名，具有相同的 VLAN 到生成树实例映射配置，具有相同的 MSTP 修订级别配置。

实例就是针对一组 VLAN 的一个独立计算的 STP。将多个 VLAN 捆绑到一个实例中，相对于每个 VLAN 独立运算来说，可以节省通信开销和降低资源占用率。MSTP 各个实例的计算过程相互独立，使用多个实例可以实现物理链路的负载均衡。把多个具有相同拓扑结构的 VLAN 映射到一个实例之后，这些 VLAN 在端口上的转发状态取决于该端口在对应 MSTP 实例中的状态。

（2）CIST/CST/IST/总根/主桥。

公共和内部生成树（Common and Internal Spanning Tree，CIST）是通过 STP 或 RSTP 计算生成的，它是连接一个交换网络内所有交换设备的单生成树。

公共生成树（Common Spanning Tree，CST）是连接交换网络内所有 MST 域的一棵生成树。

内部生成树（Internal Spanning Tree，IST）是各 MST 域内的一棵生成树，IST 是 CIST 在 MST 域中的一个片段。

MST 域内每棵生成树都对应一个实例号，IST 的实例号为 0。实例 0 无论有没有配置都是存在的，没有映射到其他实例的 VLAN 默认都会映射到实例 0，即 IST 上。

总根是整个网络中优先级最高的网桥，即 CIST 的根桥。

主桥（Master Bridge）也就是 IST Master，它是域内距离总根最近的交换设备。如果总根在 MST 域中，则总根为该域的主桥。

构成单生成树（Single Spanning Tree，SST）的条件：运行 STP 或 RSTP 的交换设备只能属于一棵生成树；MST 域中只有一台交换设备，这台交换设备将构成单生成树。

（3）MSTI/MSTI 域根。

一个 MST 域内可以存在多棵生成树，每棵生成树都称为一个多生成树实例（Multiple Spanning Tree Instance，MSTI）。MSTI 域根是每个多生成树实例的树根。各个 MSTI 之间彼此独立，MSTI 可以与一个或者多个 VLAN 对应，但一个 VLAN 只能与一个 MSTI 对应。

每一个 MSTI 对应一个实例号，实例号从 1 开始，以区分实例号为 0 的 IST。MSTI 域根是每个 MSTI 上优先级最高的网桥，MST 域内每个 MSTI 可以指定不同的域根。

（4）MSTP 端口角色。

MSTP 的端口角色共有 7 种：根端口、指定端口、替代端口、备份端口、边缘端口、Master 端口和域边缘端口。

Master 端口。它是 MST 域和总根相连的所有路径中最短路径上的端口，也是交换设备上连接 MST 域与总根的端口。Master 端口是域中的报文去往总根的必经之路。Master 端口是特殊的域边缘端口，它在 CIST 上的角色是根端口，在其他各实例上的角色都是 Master 端口。

域边缘端口。MST 域内网桥和其他 MST 域或者 STP/RSTP 网桥相连的端口为域边缘端口。

（5）MSTP 快速收敛。

MSTP 快速收敛方式分为两种：一种是普通方式 P/A，同 RSTP；另一种是增强型方式 P/A。在 MSTP 中，P/A 机制的工作过程如下。

① 上游设备发送 Proposal 报文，请求进行快速迁移。下游设备接收到后，把与上游设备相连的端口设置为根端口，并阻塞所有非边缘端口。

② 上游设备继续发送 Agreement 报文。下游设备接收到后，将根端口转为 Forwarding 状态。

③ 下游设备回应 Agreement 报文。上游设备接收到后，把与下游设备相连的端口设置为指定端口，并指定端口进入 Forwarding 状态。

任务实施

（1）配置 MSTP，进行网络拓扑连接，如图 3.17 所示。

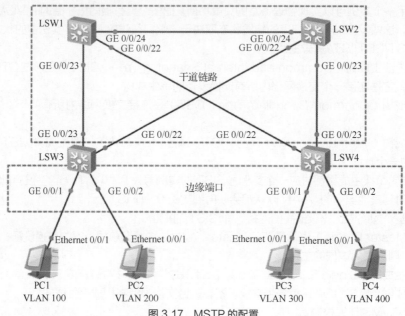

图 3.17　MSTP 的配置

（2）配置交换机 LSW1，相关实例代码如下。

```
<Huawei>system-view
[Huawei]sysname LSW1
Enter system view, return user view with Ctrl+Z.
[LSW1]vlan batch 100 200 300 400    //创建 VLAN 100、VLAN 200、VLAN
300、VLAN 400
[LSW1]port-group 1                  //创建端口组，进行统一设置
[LSW1-port-group-1]group-member GigabitEthernet 0/0/22 to Gigabit
Ethernet 0/0/24
[LSW1-port-group-1]port link-type trunk            //配置端口类型
[LSW1-port-group-1]port trunk allow-pass vlan all  //允许所有 VLAN 数据通过
[LSW1-port-group-1]quit
[LSW1]stp mode mstp                 //配置 MSTP
[LSW1]stp region-configuration      //配置 MSTP 域
[LSW1-mst-region]region-name RG1    //设置域名为 GR1
[LSW1-mst-region]instance 1 vlan 100 300   //创建实例 1 并连接 VLAN 100、VLAN 300
[LSW1-mst-region]instance 2 vlan 200 400   //创建实例 2 并连接 VLAN 200、VLAN 400
[LSW1-mst-region]active  region-configuration   //激活域配置
[LSW1-mst-region]quit
[LSW1]stp instance 1 priority 4096         //配置优先级，使交换机 LSW1 为实例 1 的根桥
[LSW1]stp instance 2 priority 8192         //配置优先级，使交换机 LSW2 为实例 2 的根桥
[LSW1]
```

V3-3　MSTP 的
配置

（3）配置交换机 LSW2，交换机 LSW2 的配置与交换机 LSW1 的配置大致相同，不同地方的

相关实例代码如下。

```
[LSW2]stp instance 1 priority 8192        //配置优先级，使交换机 LSW1 为实例 1 的根桥
[LSW2]stp instance 2 priority 4096        //配置优先级，使交换机 LSW2 为实例 2 的根桥
```

（4）配置交换机 LSW3，相关实例代码如下。

```
<Huawei>system-view
Enter system view, return user view with Ctrl+Z.
[Huawei]sysname LSW3
[LSW3]vlan batch 100 200 300 400
[LSW3]port-group 1
[LSW3-port-group-1]group-member GigabitEthernet 0/0/22 to GigabitEthernet 0/0/23
[LSW3-ort-group-1]port link-type trunk
[LSW3-port-group-1]port trunk allow-pass vlan all
[LSW3-port-group-1]quit
[LSW3]stp mode mstp
[LSW3]stp region-configuration
[LSW3-mst-region]region-name RG1
[LSW3-mst-region]instance 1 vlan 100 300
[LSW3-mst-region]instance 2 vlan 200 400
[LSW3-mst-region]active   region-configuration
[LSW3-mst-region]quit
[LSW3]port-group 2
[LSW3-port-group-2]group-member GigabitEthernet 0/0/1 to GigabitEthernet 0/0/2
[LSW3-port-group-2]port link-type access
[LSW3-port-group-2]stp edged-port enable     //配置为边缘端口
[LSW3-port-group-2]quit
[LSW3]interface GigabitEthernet 0/0/1
[LSW3-GigabitEthernet 0/0/1]port default vlan 100
[LSW3-GigabitEthernet 0/0/1]quit
[LSW3]interface GigabitEthernet 0/0/2
[LSW3-GigabitEthernet 0/0/2]port default vlan 200
[LSW3-GigabitEthernet 0/0/2]quit
[LSW3]
```

（5）配置交换机 LSW4，交换机 LSW4 的配置与交换机 LSW3 的配置大致相同，不同地方的相关实例代码如下。

```
[Huawei]sysname LSW4
[LSW4]interface GigabitEthernet 0/0/1
[LSW4-GigabitEthernet 0/0/1]port default vlan 300
[LSW4-GigabitEthernet 0/0/1]quit
[LSW4]interface GigabitEthernet 0/0/2
[LSW4-GigabitEthernet 0/0/2]port default vlan 400
[LSW4-GigabitEthernet 0/0/2]quit
[LSW4]
```

（6）查看 MSTP 运行状态，执行 display stp instance 1 brief 命令可以看到各交换机端口角色及端口状态，如图 3.18 所示，可以看出交换机 LSW1 被选为根交换机。

（7）查看 MSTP 运行状态，执行 display stp instance 2 brief 命令可以看到各交换机端口角色及端口状态，如图 3.19 所示，可以看出交换机 LSW2 被选为根交换机。

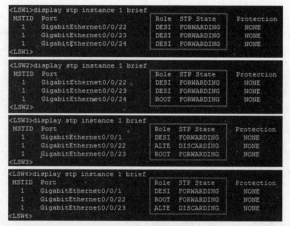

图 3.18　实例 1 端口运行状态

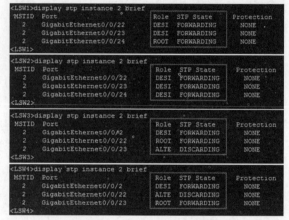

图 3.19　实例 2 端口运行状态

任务 3.4　VRRP 配置

任务陈述

　　小李是公司的网络工程师，公司业务不断发展，越来越离不开网络，为了保证网络的可靠性与稳定性，避免出现单点故障，公司决定部署冗余网关，使两台设备互为备份且均转发数据，实现负载均衡，当一台网关设备出现故障时，数据流量会自动切换到另一台网关设备上，那么小李该如何实现公司网关冗余备份呢？

知识准备

3.4.1　VRRP 概述

　　虚拟路由冗余协议（Virtual Router Redundancy Protocol，VRRP），是由国际互联网工程任务组（The Internet Engineering Task Force，IETF）提出的解决局域网中配置静态网关出现

单点失效问题的路由协议，1998 年已推出正式的 RFC2338 协议标准。VRRP 广泛应用在边缘网络中，它的设计目标是支持特定情况下 IP 数据流量转移，且失败不会引起混乱，允许主机使用单路由器，以及保证在实际第一跳路由器使用失败的情形下路由器间的联通性。

VRRP 是一种选择协议，它可以把一个虚拟路由器的责任动态地分配到局域网上的 VRRP 路由器中的一台。控制虚拟路由器 IP 地址的 VRRP 路由器称为主路由器，它负责转发数据包到这些虚拟 IP 地址。一旦主路由器不可用，这种选择过程就会提供动态的故障转移机制，允许将虚拟路由器的 IP 地址作为终端主机的默认第一跳路由器的 IP 地址。

VRRP 还是一种路由容错协议，也可以叫作备份路由协议。一个局域网内的所有主机都会设置默认路由，当局域网内主机发出的目的地址不在本网段时，报文将通过默认路由被发往外部路由器，从而实现了主机与外部网络的通信。当默认路由器 Down 掉（即端口关闭）之后，内部主机将无法与外部通信，如果路由器设置了 VRRP，那么这时虚拟路由器将启用备份路由器，从而实现全网通信。

在 VRRP 中，有两个重要的概念：VRRP 路由器和虚拟路由器、主控路由器和备份路由器。VRRP 路由器是指运行 VRRP 的路由器，是物理实体；虚拟路由器是指 VRRP 创建的路由器，是逻辑概念。一组 VRRP 路由器协同工作，共同构成一台虚拟路由器。该虚拟路由器对外表现为一个具有唯一固定的 IP 地址和 MAC 地址的逻辑路由器。处于同一个 VRRP 组中的路由器具有两种互斥的角色：主控路由器和备份路由器。一个 VRRP 组中有且只有一台处于主控角色的路由器，但可以有一个或者多个处于备份角色的路由器。VRRP 从路由器组中选出一台作为主控路由器，负责 ARP 解析和转发 IP 数据包，组中的其他路由器作为备份的角色并处于待命状态。当由于某种原因主控路由器发生故障时，其中的一台备份路由器能在瞬间的时延后升级为主控路由器，由于此切换非常迅速而且不用改变 IP 地址和 MAC 地址，故这个过程对终端使用者系统是透明的。

3.4.2　VRRP 基本概念

1. VRRP 端口状态

VRRP 规定了 3 种端口状态：Initialize、Master 和 Backup。简单地说，Initialize 即初始状态；Master 即主用状态，也就是在 VRRP 备份组中真正起作用的路由器；Backup 即备用状态，是 Master 的备份。

（1）Initialize 状态。

路由器启动时，如果路由器的优先级是 255（最高优先级，要求配置的 VRRP 虚拟 IP 地址和端口 IP 地址相同，即所谓的 IP 地址拥有者），要发送 VRRP 通告信息，并发送广播 ARP 信息通告路由器 IP 地址对应的 MAC 地址为路由虚拟 MAC 地址，设置通告信息定时器定时发送 VRRP 通告信息，转为 Master 状态；否则进入 Backup 状态，设置定时器定时检查是否收到 Master 的通告信息。

（2）Master 状态。

Master 状态下的路由器要实现如下功能。

设置定时通告定时器；用 VRRP 虚拟 MAC 地址响应路由器 IP 地址的 ARP 请求；转发目的 MAC 地址是 VRRP 虚拟 MAC 地址的数据包；如果是虚拟路由器 IP 地址的拥有者，将接受目的地址是虚拟路由器 IP 地址的数据包，否则丢弃；当收到 shutdown 事件时，删除定时通告定时器，发送优先值为 0 的通告包，转为 Initialize 状态；如果定时通告定时器超时，则发送 VRRP 通告信息；收到 VRRP 通告信息时，如果优先值为 0，则发送 VRRP 通告信息；否则判断数据的优先级是否高于本机，或相等且实际 IP 地址大于本机实际 IP 地址，设置定时通告定时器、复位主机超时定时器，转为 Backup 状态，否则丢弃该通告包。

（3）Backup 状态。

Backup 状态下的路由器要实现以下功能：

设置主机超时定时器；不能响应针对虚拟路由器 IP 的 ARP 请求信息；丢弃所有目的 MAC 地址是虚拟路由器 MAC 地址的数据包；不接受目的地址是虚拟路由器 IP 地址的所有数据包；当收到 shutdown 事件时删除主机超时定时器，转为 Initialize 状态；主机超时定时器超时的时候，发送 VRRP 通告信息，广播 ARP 地址信息，转为 Master 状态；收到 VRRP 通告信息时，如果优先值为 0，表示进入 Master 选择，否则判断数据的优先级是否高于本机，如果是则承认 Master 有效，复位主机超时定时器，否则丢弃该通告包。

2. VRRP 选举机制

VRRP 使用选举机制来确定路由器的状态（Master 或 Backup）。运行 VRRP 的一组路由器对外组成了一个虚拟路由器，其中一台路由器处于 Master 状态，其他的处于 Backup 状态。

运行 VRRP 的路由器都会发送和接收 VRRP 通告消息，通告消息中包含了自身的 VRRP 优先级信息。VRRP 通过比较路由器的优先级进行选择，优先级高的路由器将成为主路由器，其他路由器都为备份路由器。

虚拟路由器和 VRRP 路由器都有自己的 IP 地址（虚拟路由器的 IP 地址可以和 VRRP 备份组内的某个路由器的端口地址相同）。如果 VRRP 组中存在 IP 地址拥有者，即虚拟地址与某台 VRRP 路由器的地址相同，IP 地址拥有者将成为主路由器，并且拥有最高优先级 255。如果 VRRP 组中不存在 IP 地址拥有者，那么 VRRP 路由器将通过比较优先级来确定主路由器。路由器可配置的优先级范围为 1～254，默认情况下，VRRP 路由器的优先级为 100。当优先级相同时，VRRP 将通过比较 IP 地址来进行选择，IP 地址大的路由器将成为主路由器。

任务实施

3.4.3 配置 VRRP 单备份组

VRRP 技术是解决网络中主机配置单网关容易出现单点故障问题的一项技术，通过将多台路由器配置到一个 VRRP 组中，每一个 VRRP 组虚拟出一台虚拟路由器，作为网络中主机的网关。从一个 VRRP 组的所有真实路由器中选出一台优先级最高的路由器作为主路由器，虚拟路由器的转发工作由主路由器承担。当主路由器因故障宕机时，备份路由器将成为主路由器，承担虚拟路由器的转发工作，从而保证网络的稳定性。配置 VRRP 单备份组，进行网络拓扑连接，如图 3.20 所示。

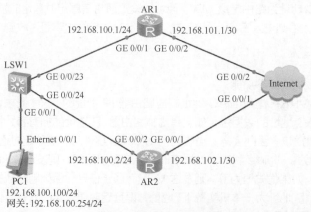

图 3.20 配置 VRRP 单备份组

V3-4 配置 VRRP
单备份组

（1）配置路由器 AR1，相关实例代码如下。

```
<Huawei>system-view
[Huawei]sysname AR1
[AR1]interface GigabitEthernet 0/0/1
[AR1-GigabitEthernet0/0/1]ip address 192.168.100.1 24
[AR1-GigabitEthernet0/0/1]vrrp vrid 1 virtual-ip 192.168.100.254    //虚拟网关地址
[AR1-GigabitEthernet0/0/1]vrrp vrid 1 priority 150                  //设置优先级
[AR1-GigabitEthernet0/0/1]interface GigabitEthernet0/0/2
[AR1-GigabitEthernet0/0/2]ip add 192.168.101.1 30
[AR1-GigabitEthernet0/0/2]quit
[AR1]interface LoopBack 1                                           //回环端口
[AR1-LoopBack1]ip address 10.10.10.10 32                           //回环地址
[AR1]
```

（2）配置路由器 AR2，相关实例代码如下。

```
<Huawei>system-view
Enter system view, return user view with Ctrl+Z.
[Huawei]sysname AR2
[AR2]interface GigabitEthernet 0/0/2
[AR2-GigabitEthernet0/0/2]ip address 192.168.100.2 24
[AR2-GigabitEthernet0/0/2]vrrp vrid 1 virtual-ip 192.168.100.254
[AR2-GigabitEthernet0/0/2]interface GigabitEthernet0/0/1
[AR2-GigabitEthernet0/0/1]ip add 192.168.102.1 30
[AR2-GigabitEthernet0/0/1]quit
[AR2]interface LoopBack 1
[AR2-LoopBack1]ip address 20.20.20.20 32
[AR2]
```

（3）显示路由器 AR1、AR2 的配置信息，以路由器 AR1 为例，主要相关实例代码如下。

```
<AR1>display current-configuration
#
 sysname AR1
#
interface GigabitEthernet0/0/1
 ip address 192.168.100.1 255.255.255.0
 vrrp vrid 1 virtual-ip 192.168.100.254
 vrrp vrid 1 priority 150
#
interface GigabitEthernet0/0/2
 ip address 192.168.101.1 255.255.255.252
#
interface LoopBack1
 ip address 10.10.10.10 255.255.255.255
#
return
<AR1>
```

（4）显示路由器 AR1、AR2 的 VRRP 信息，执行 display vrrp brief 命令，如图 3.21 所示。

（5）对主机 PC1 测试 VRRP 验证结果，如图 3.22 所示。

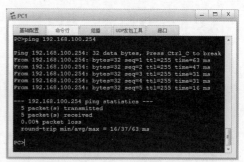

图 3.21　显示路由器 AR1、AR2 的 VRRP 信息　　　图 3.22　对主机 PC1 测试 VRRP 验证结果

3.4.4　配置 MSTP 与 VRRP 多备份组

配置 MSTP 与 VRRP 多备份组，实现负载均衡，配置 VLAN 10 与 VLAN 30 属于 MSTP 实例 1、VLAN 10 与 VLAN 30 属于 VRRP 主路由器 LSW1、VRRP 备份路由器属于 LSW2，配置 VLAN 20 与 VLAN 40 属于 MSTP 实例 2、VLAN 20 与 VLAN 40 属于 VRRP 主路由器 LSW2、VRRP 备份路由器属于 LSW1；交换机 LSW1 与交换机 LSW2 之间做链路聚合，以增加带宽，提高网络可靠性，如图 3.23 所示。

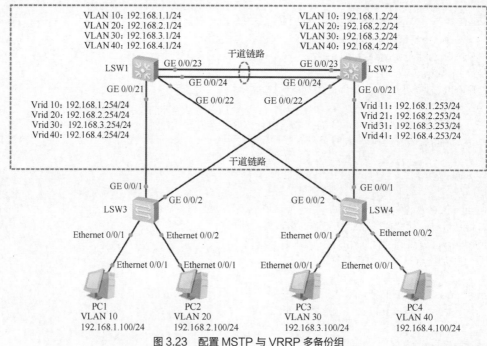

图 3.23　配置 MSTP 与 VRRP 多备份组

（1）配置交换机 LSW1，相关实例代码如下。

```
<Huawei>system-view
Enter system view, return user view with Ctrl+Z.
[Huawei]sysname LSW1
[LSW1]vlan batch 10 20 30 40
[LSW1]port-group group-member GigabitEthernet 0/0/23 to GigabitEthernet
0/0/24
```

V3-5　配置 MSTP 与 VRRP 多备份组——LSW1

```
[LSW1-port-group]port link-type trunk
[LSW1-port-group]port trunk allow-pass vlan all
[LSW1-port-group]quit
[LSW1]interface Eth-Trunk 1                          //配置链路聚合
[LSW1-Eth-Trunk1]port link-type trunk
[LSW1-Eth-Trunk1]port trunk allow-pass vlan all
[LSW1-Eth-Trunk1]trunkport GigabitEthernet 0/0/23 to 0/0/24
[LSW1-Eth-Trunk1]quit
[LSW1]interface Vlanif 10
[LSW1-Vlanif10]ip address 192.168.1.1 24
[LSW1-Vlanif10]vrrp vrid 10 virtual-ip 192.168.1.254     //虚拟网关地址
[LSW1-Vlanif10]vrrp vrid 10 priority 150                 //设置优先级
[LSW1-Vlanif10]vrrp vrid 11 virtual-ip 192.168.1.253
[LSW1-Vlanif10]quit
[LSW1]interface Vlanif 20
[LSW1-Vlanif20]ip address 192.168.2.1 24
[LSW1-Vlanif20]vrrp vrid 20 virtual-ip 192.168.2.254
[LSW1-Vlanif20]vrrp vrid 20 priority 150
[LSW1-Vlanif20]vrrp vrid 21 virtual-ip 192.168.2.253
[LSW1-Vlanif20]quit
[LSW1]interface vlanif 30
[LSW1-Vlanif30]ip address 192.168.3.1 24
[LSW1-Vlanif30]vrrp vrid 30 virtual-ip 192.168.3.254
[LSW1-Vlanif30]vrrp vrid 30 priority 150
[LSW1-Vlanif30]vrrp vrid 31 virtual-ip 192.168.3.253
[LSW1-Vlanif30]quit
[LSW1]interface vlanif 40
[LSW1-Vlanif40]ip address 192.168.4.1 24
[LSW1-Vlanif40]vrrp vrid 40 virtual-ip 192.168.4.254
[LSW1-Vlanif40]vrrp vrid 40 priority 150
[LSW1-Vlanif40]vrrp vrid 41 virtual-ip 192.168.4.253
[LSW1-Vlanif40]quit
[LSW1]stp mode mstp
[LSW1]stp region-configuration
[LSW1-mst-region]region-name RG1
[LSW1-mst-region]instance 1 vlan 10 30
[LSW1-mst-region]instance 2 vlan 20 40
[LSW1-mst-region]active region-configuration
[LSW1-mst-region]quit
[LSW1]stp instance 1 priority 4096
[LSW1]stp instance 2 priority 8192
[LSW1]
```

（2）显示交换机 LSW1 的配置信息，主要相关实例代码如下。

```
<LSW1>display current-configuration
#
sysname LSW1
#
vlan batch 10 20 30 40
```

```
#
stp instance 1 priority 4096
stp instance 2 priority 8192
#
stp region-configuration
 region-name RG1
 instance 1 vlan 10 30
 instance 2 vlan 20 40
 active region-configuration
#
interface Vlanif10
 ip address 192.168.1.1 255.255.255.0
 vrrp vrid 10 virtual-ip 192.168.1.254
 vrrp vrid 10 priority 150
 vrrp vrid 11 virtual-ip 192.168.1.253
#
interface Vlanif20
 ip address 192.168.2.1 255.255.255.0
 vrrp vrid 20 virtual-ip 192.168.2.254
 vrrp vrid 20 priority 150
 vrrp vrid 21 virtual-ip 192.168.2.253
#
interface Vlanif30
 ip address 192.168.3.1 255.255.255.0
 vrrp vrid 30 virtual-ip 192.168.3.254
 vrrp vrid 30 priority 150
 vrrp vrid 31 virtual-ip 192.168.3.253
#
interface Vlanif40
 ip address 192.168.4.1 255.255.255.0
 vrr pvrid 40 virtual-ip 192.168.4.254
 vrr pvrid 40 priority 150
 vrr pvrid 41 virtual-ip 192.168.4.253
#
interface Eth-Trunk1
 port link-type trunk
 port trunk allow-pass vlan 2 to 4094
#
interface GigabitEthernet0/0/21
 port link-type trunk
 port trunk allow-pass vlan 2 to 4094
#
interface GigabitEthernet0/0/22
 port link-type trunk
 port trunk allow-pass vlan 2 to 4094
#
interface GigabitEthernet0/0/23
 eth-trunk 1
```

```
#
interface GigabitEthernet0/0/24
 eth-trunk 1
#
user-interface con 0
user-interface vty 0 4
#
return
<LSW1>
```

（3）配置交换机 LSW2，相关实例代码如下。

```
<Huawei>system-view
Enter system view, return user view with Ctrl+Z.
[Huawei]sysname LSW2
[LSW2]vlan batch 10 20 30 40
[LSW2]port-groupgroup-member GigabitEthernet 0/0/21 to GigabitEthernet
0/0/24
[LSW2-port-group]port link-type trunk
[LSW2-port-group]port trunk allow-pass vlan all
[LSW2-port-group]quit
[LSW2]interface Eth-Trunk 1
[LSW2-Eth-Trunk1]port link-type trunk
[LSW2-Eth-Trunk1]port trunk allow-pass vlan all
[LSW2-Eth-Trunk1]trunkport GigabitEthernet 0/0/23 to 0/0/24
[LSW2-Eth-Trunk1]quit
[LSW2]interface Vlanif 10
[LSW2-Vlanif10]ip address 192.168.1.1 24
[LSW2-Vlanif10]vrrp vrid 10 virtual-ip 192.168.1.254
[LSW2-Vlanif10]vrrp vrid 11 virtual-ip 192.168.1.253
[LSW2-Vlanif10]vrrp vrid 11 priority 150
[LSW2-Vlanif10]quit
[LSW2]interface Vlanif 20
[LSW2-Vlanif20]ip address 192.168.2.1 24
[LSW2-Vlanif20]vrrp vrid 20 virtual-ip 192.168.2.254
[LSW2-Vlanif20]vrrp vrid 21 virtual-ip 192.168.2.253
[LSW2-Vlanif20]vrrp vrid 21 priority 150
[LSW2-Vlanif20]quit
[LSW2]interface Vlanif 30
[LSW2-Vlanif30]ip address 192.168.3.1 24
[LSW2-Vlanif30]vrrp vrid 30 virtual-ip 192.168.3.254
[LSW2-Vlanif30]vrrp vrid 31 virtual-ip 192.168.3.253
[LSW2-Vlanif30]vrrp vrid 31 priority 150
[LSW2-Vlanif30]quit
[LSW2]interface Vlanif 40
[LSW2-Vlanif40]ip address 192.168.4.1 24
[LSW2-Vlanif40]vrrp vrid 40 virtual-ip 192.168.4.254
[LSW2-Vlanif40]vrrp vrid 41 virtual-ip 192.168.4.253
[LSW2-Vlanif40]vrrp vrid 41 priority 150
[LSW2-Vlanif40]quit
```

V3-6　配置 MSTP
与 VRRP 多备份
组——LSW2

```
[LSW2]stp mode mstp
[LSW2]stp region-configuration
[LSW2-mst-region]region-name RG1
[LSW2-mst-region]instance 1 vlan 10 30
[LSW2-mst-region]instance 2 vlan 20 40
[LSW2-mst-region]active region-configuration
[LSW2-mst-region]quit
[LSW2]stp instance 1 priority 8192
[LSW2]stp instance 2 priority 4096
[LSW2]
```

（4）显示交换机 LSW2 的配置信息，主要相关实例代码如下。

```
<LSW2>display current-configuration
#
sysname LSW2
#
vlan batch 10 20 30 40
#
stp instance 1 priority 8192
stp instance 2 priority 4096
#
stp region-configuration
 region-name RG1
 instance 1 vlan 10 30
 instance 2 vlan 20 40
 active region-configuration
#
interface Vlanif10
 ip address 192.168.1.2 255.255.255.0
 vrrp vrid 10 virtual-ip 192.168.1.254
 vrrp vrid 11 virtual-ip 192.168.1.253
 vrrp vrid 11 priority 150
#
interface Vlanif20
 ip address 192.168.2.2 255.255.255.0
 vrrp vrid 20 virtual-ip 192.168.2.254
 vrrp vrid 21 virtual-ip 192.168.2.253
 vrrp vrid 21 priority 150
#
interface Vlanif30
 ip address 192.168.3.2 255.255.255.0
 vrrp vrid 30 virtual-ip 192.168.3.254
 vrrp vrid 31 virtual-ip 192.168.3.253
 vrrp vrid 31 priority 150
#
interface Vlanif40
 ip address 192.168.4.2 255.255.255.0
 vrrp vrid 40 virtual-ip 192.168.4.254
 vrrp vrid 41 virtual-ip 192.168.4.253
```

```
  vrrp vrid 41 priority 150
#
interface Eth-Trunk1
  port link-type trunk
  port trunk allow-pass vlan 2 to 4094
#
interface GigabitEthernet0/0/21
  port link-type trunk
  port trunk allow-pass vlan 2 to 4094
#
interface GigabitEthernet0/0/22
  port link-type trunk
  port trunk allow-pass vlan 2 to 4094
#
interface GigabitEthernet0/0/23
  eth-trunk 1
#
interface GigabitEthernet0/0/24
  eth-trunk 1
#
user-interface con 0
user-interface vty 0 4
#
return
<LSW2>
```

（5）配置交换机 LSW3、LSW4，交换机 LSW3 与交换机 LSW4 的配置大致相同，以交换机 LSW3 为例，相关实例代码如下。

```
<Huawei>system-view
Enter system view, return user view with Ctrl+Z.
[Huawei]sysname LSW3
[LSW3]vlan batch 10 20 30 40
[LSW3]port-group 1
[LSW3]port-groupgroup-member Ethernet 0/0/1 to Ethernet 0/0/2
[LSW3-port-group]port link-type trunk
[LSW3-port-group]port trunk allow-pass vlan all
[LSW3-port-group]quit
[LSW3]interface Ethernet 0/0/1
[LSW3-Ethernet0/0/1]port link-type access
[LSW3-Ethernet0/0/1]port default vlan 10
[LSW3-Ethernet0/0/1]quit
[LSW3]interface Ethernet 0/0/2
[LSW3-Ethernet0/0/2]port link-type access
[LSW3-Ethernet0/0/2]port default vlan 20
[LSW3-Ethernet0/0/2]quit
[LSW3]stp mode mstp
[LSW3]stp region-configuration
[LSW3-mst-region]region-name RG1
[LSW3-mst-region]instance 1 vlan 10 30
[LSW3-mst-region]instance 2 vlan 20 40
```

V3-7　配置 MSTP
与 VRRP 多
备份组——
LSW3-LSW4

```
[LSW3-mst-region]active region-configuration
[LSW3-mst-region]quit
[LSW3]
```

（6）显示交换机 LSW3、LSW4 的配置信息，交换机 LSW3 与交换机 LSW4 的配置大致相同，以交换机 LSW3 为例，主要相关实例代码如下。

```
<LSW3>display current-configuration
#
sysname LSW3
#
vlan batch 10 20 30 40
#
stp region-configuration
 region-name RG1
 instance 1 vlan 10 30
 instance 2 vlan 20 40
 active region-configuration
#
interface Ethernet0/0/1
 port link-type access
 port default vlan 10
#
interface Ethernet0/0/2
 port link-type access
 port default vlan 20
#
interface GigabitEthernet0/0/1
 port link-type trunk
 port trunk allow-pass vlan 2 to 4094
#
interface GigabitEthernet0/0/2
 port link-type trunk
 port trunk allow-pass vlan 2 to 4094
#
user-interface con 0
user-interface vty 0 4
#
return
<LSW3>
```

（7）设置主机 PC1 与主机 PC2 的 IP 地址，其他 IP 地址的设置不再一一介绍，如图 3.24 所示。

图 3.24　设置主机 PC1 与主机 PC2 的 IP 地址

（8）测试主机 PC1 的验证结果，访问 VLAN 10 的网关地址（192.168.1.254）及 VLAN 30 中主机 PC3 的地址（192.168.3.100），如图 3.25 所示。

V3-8　配置 MSTP 与 VRRP 多备份 组——结果测试

图 3.25　测试主机 PC1 的验证结果

（9）显示交换机 LSW1、LSW2 的配置信息，以交换机 LSW1 为例，执行 display eth-trunk 1 命令显示链路聚合状态，如图 3.26 所示。

（10）显示交换机 LSW1、LSW2 的配置信息，以交换机 LSW1 为例，执行 display stp instance 1 brief 命令显示 MSTP 实例 1 和实例 2 的状态，如图 3.27 所示。

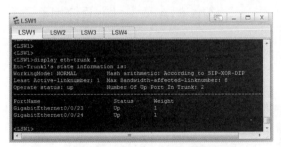

图 3.26　显示交换机 LSW1 的链路聚合状态

图 3.27　显示交换机 LSW1 MSTP 实例 1 和 实例 2 的状态

（11）显示交换机 LSW1 的配置信息，执行 display vrrp brief 命令显示 VRRP 状态，如图 3.28 所示。

图 3.28　显示交换机 LSW1 VRRP 状态

（12）显示交换机 LSW2 的配置信息，执行 display vrrp brief 命令显示 VRRP 状态，如图 3.29 所示。

图 3.29　显示交换机 LSW2 VRRP 状态

项目练习题

1. 选择题

（1）在 STP 中，交换机的默认优先级为（　　　）。

A. 65535　　　　　　B. 32768　　　　　　C. 8192　　　　　　D. 4096

（2）在 STP 中，交换机端口的默认优先级为（　　）。

A. 16　　　　　　　B. 32　　　　　　　C. 64　　　　　　　D. 128

（3）下列（　　　）不是 STP 定义的端口角色。

A. 根端口　　　　　B. 指定端口　　　　　C. 替代端口　　　　D. 备份端口

（4）RSTP 定义了（　　）种端口状态。

A. 2　　　　　　　B. 3　　　　　　　C. 4　　　　　　　D. 5

（5）下列关于 MSTP 的描述，错误的是（　　　）。

A. MSTP 兼容 RSTP 与 STP

B. 一个 MSTI 可以与一个或多个 VLAN 对应

C. 一个 MST 域内只能有一个生成树实例

D. 每个生成树实例可以独立地运行 RSTP 算法

（6）VRRP 路由器默认优先级为（　　　）。

A. 0　　　　　　　B. 100　　　　　　C. 1　　　　　　　D. 255

（7）在 STP 中，（　　　）端口状态为：不接收或者转发数据，接收并发送 BPDU，开始进行地址学习。

A. Blocking　　　　B. Listening　　　　C. Learning　　　　D. Forwarding

（8）华为 X7 系列交换机支持 3 种 STP 模式，默认情况下，华为 X7 系列交换机工作在（　　　）模式下。

A. MSTP　　　　　B. STP　　　　　　C. RSTP　　　　　D. 不启用

2. 简答题

（1）简述 STP 的主要作用及缺点。

（2）STP 有几种端口角色及端口状态？

（3）RSTP 有几种端口角色及端口状态？

（4）MSTP 主要解决什么问题？

（5）简述 VRRP 的主要作用。

项目4
网络间路由互联

04

教学目标：

理解路由的定义；
掌握静态路由与默认路由的配置方法及应用场合；
理解RIP路由的基本概念及RIP路由工作原理；
理解RIP路由环路及防止路由环路机制；
掌握RIP动态路由的配置方法；
理解OSPF路由的基本概念及OSPF路由工作原理；
理解DR和BDR的选举过程及OSPF区域划分；
掌握OSPF多区域动态路由的配置方法。

任务 4.1　配置静态路由及默认路由

任务陈述

小李是某公司的网络工程师，该公司业务不断发展，越来越离不开网络，公司领导决定建立公司网站，这样可以更好地维护与更新公司的新产品信息和发布公司的内部信息等，小李根据该公司的要求制定了一份合理的网络实施方案，那么他该如何完成网络设备的相应配置呢？

知识准备

4.1.1　路由概述

通过前面章节的学习，我们知道二层交换机转发数据帧时，用数据帧中的 MAC 地址来确定主机在网络中的位置，二层交换机通过查找交换机中的 MAC 地址表实现在同一网络内转发数据帧。如果数据帧不在同一网络内，那么需要将数据转到三层网络设备上，这时候就需要进行路由转发，什么是路由转发呢？它是如何进行工作的呢？

路由是指把数据从源节点转发到目标节点的过程，即根据数据包的目的地址对其进行定向并转发到另一个节点的过程。一般来说，网络中路由的数据至少会经过一个或多个中间节点，如图 4.1 所示。路由通常与桥接进行对比，它们的主要区别在于桥接发生在 OSI 网络标准模型的第二层（数据链路层），而路由发生在第三层（网络层）。这一区别使它们在传递信息的过程中使用不同的信息，从而以不同的方式来完成各自的任务。

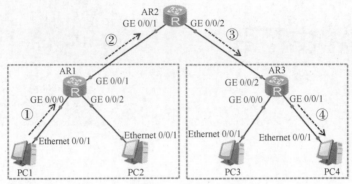

图 4.1　路由转发

4.1.2　路由选择

1. 路由信息的生成

路由信息的生成方式总共有 3 种：设备自动发现、手动配置、通过动态路由协议生成。

（1）直连路由（Direct Routing）：设备自动发现的路由信息。

在网络设备启动后，当设备端口的状态为 UP 时，设备就会自动发现与自己的端口直接相连的网络的路由。某一网络与某台设备直接相连（直连），是指这个网络是与这个设备的某个端口直接相连的。当路由器端口配置了正确的 IP 地址，并且端口处于 UP 状态时，路由器将自动生成一条通过该端口去往直连网段的路由。直连路由的 Protocol 属性为 Direct，其 Cost 值总为 0。

（2）静态路由（Static Routing）：手动配置的路由信息。

静态路由是由网络管理员在路由器上手动配置的固定路由。静态路由允许对路由的行为进行精确的控制，其特点是减少了单向网络流量及配置简单。静态路由是在路由器中设置的固定路由表。除非网络管理员干预，否则静态路由不会发生变化。由于静态路由不能对网络的改变做出反应，一般用于规模不大、拓扑结构固定的网络中。静态路由的优点是简单、高效、可靠。在所有的路由中，静态路由优先级最高，当动态路由与静态路由发生冲突时，以静态路由为准。手动配置的静态路由的明显缺点是不具备自适应性，当网络规模较大时，随着网络规模扩大，网络管理员的维护工作量将大增，容易出错，不能实时变化。静态路由的 Protocol 属性为 Static，其 Cost 值可以人为设定。

（3）动态路由（Dynamic Routing）：网络设备通过运行动态路由协议而得到的路由信息。

动态路由减少了管理任务，网络设备可以自动发现与自己相连的网络的路由。动态路由是网络中的路由器之间根据实时网络拓扑变化相互传递路由信息，再利用收到的路由信息选择相应的协议进行计算，更新路由表的过程。动态路由比较适合大型网络。

一台路由器可以同时运行多种路由协议，而每种路由协议都会存在专门的路由表来存放该协议下发现的路由表项，最后通过一些优先筛选法，某些路由协议的路由表中的某些路由表项会被加入 IP 路由表中，而路由器最终会根据 IP 路由表来进行 IP 报文的转发工作。

2. 默认路由

默认路由：目的地/掩码为 0.0.0.0/0 的路由。

（1）动态默认路由：默认路由是由路由协议产生的。

（2）静态默认路由：默认路由是手动配置的。

默认路由是一种非常特殊的路由,任何一个待发送或待转发的 IP 报文都可以和默认路由匹配。

计算机或路由器的 IP 路由表中可能存在默认路由,也可能不存在。若网络设备的 IP 路由表中存在默认路由,当一个待发送或待转发的 IP 报文不能匹配 IP 路由表中的任何非默认路由时,它会根据默认路由来进行发送或转发;若网络设备的 IP 路由表中不存在默认路由,当一个待发送或待转发的 IP 报文不能匹配 IP 路由表中的任何路由时,它就会将该 IP 报文直接丢弃。

3. 路由的优先级

(1)不同来源的路由规定了不同的优先级,并规定优先级的值越小,对应路由的优先级就越高。路由器默认管理距离对照表,如表 4.1 所示。

表 4.1 路由器默认管理距离对照表

路由来源	默认管理距离值
直连路由(DIRECT)	0
OSPF	10
IS-IS	15
静态路由(STATIC)	60
RIP	100
OSPF ASE	150
OSPF NSSA	150
不可达路由(UNKNOWN)	255

(2)当存在多条目的地/掩码相同,但来源不同的路由时,具有最高优先级的路由会成为最优路由,被加入 IP 路由表中;其他路由则处于未激活状态,不会显示在 IP 路由表中。

4. 路由的开销

(1)一条路由的开销:到达这条路由的目的地/掩码需要付出的代价;同一种路由协议发现多条路由可以到达同一目的地/掩码时,将优选开销值最小的路由,即只把开销值最小的路由加入本协议的路由表中。

(2)不同的路由协议对开销的具体定义是不同的,例如,RIP 只将"跳数"作为开销。"跳数"是指到达目的地/掩码需要经过的路由器的个数。

(3)等价路由:同一种路由协议发现的两条可以到达同一目的地/掩码的,且开销相等的路由。

(4)负载分担:如果两条等价路由都被加入了路由器的路由表中,那么在进行流量转发的时候,一部分流量会根据第一条路由进行转发,另一部分流量会根据第二条路由进行转发。

如果一台路由器同时运行了多种路由协议,并且对于同一目的地/掩码,每一种路由协议都发现了一条或多条路由,在这种情况下,每一种路由协议都会根据开销值的比较情况在自己发现的若干条路由中确定出最优路由,并将最优路由放进本协议的路由表中。然后,不同的路由协议确定出的最优路由之间会进行路由优先级的比较,优先级最高的路由才能成为去往目的地/掩码的路由,加入该路由器的 IP 路由表中。如果该路由上还存在去往目的地/掩码的直连路由或静态路由,会在优先级比较的时候将它们考虑进去,以选出优先级最高的路由加入 IP 路由表中。

任务实施

4.1.3 配置静态路由

(1)配置静态路由,相关端口与 IP 地址配置如图 4.2 所示,进行网络拓扑连接。

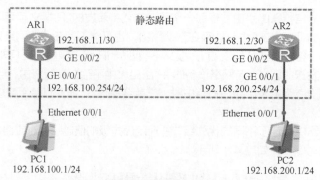

图 4.2　配置静态路由

（2）配置路由器 AR1，相关实例代码如下。

V4-1　配置
静态路由

```
<Huawei>system-view
[Huawei]sysname AR1
[AR1]interface GigabitEthernet 0/0/1
[AR1-GigabitEthernet0/0/1]ip address 192.168.100.254 24
[AR1-GigabitEthernet0/0/1]quit
[AR1]interface GigabitEthernet 0/0/2
[AR1-GigabitEthernet0/0/2]ip address 192.168.1.1 30
[AR1-GigabitEthernet0/0/2]quit
[AR1]ip route-static 192.168.200.0 255.255.255.0 192.168.1.2    //静态路由
       //设置静态路由      目的地址      子网掩码      下一跳地址
[AR1]quit
```

（3）配置路由器 AR2，相关实例代码如下。

```
<Huawei>system-view
[Huawei]sysname AR2
[AR2]interface GigabitEthernet 0/0/1
[AR2-GigabitEthernet0/0/1]ip address 192.168.200.254 24
[AR2-GigabitEthernet0/0/1]quit
[AR2]interface GigabitEthernet 0/0/2
[AR2-GigabitEthernet0/0/2]ip address 192.168.1.2 30
[AR2-GigabitEthernet0/0/2]quit
[AR2]ip route-static 192.168.100.0 255.255.255.0 192.168.1.1    //静态路由
[AR2]quit
```

（4）显示路由器 AR1、AR2 的配置信息，以路由器 AR1 为例，主要相关实例代码如下。

```
<AR1>display current-configuration
#
 sysname AR1
#
interface GigabitEthernet0/0/1
 ip address 192.168.100.254 255.255.255.0
#
interface GigabitEthernet0/0/2
 ip address 192.168.1.1 255.255.255.252
#
ip route-static 192.168.200.0 255.255.255.0 192.168.1.2
#
```

return

<AR1>

（5）查看路由器 AR1、AR2 的路由表信息，以路由器 AR1 为例，如图 4.3 所示。

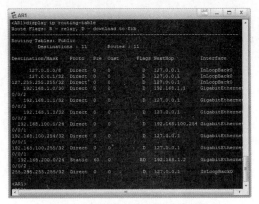

图 4.3　路由器 AR1 的路由表信息

（6）用主机 PC1 测试路由验证结果，如图 4.4 所示。

图 4.4　用主机 PC1 测试路由验证结果

4.1.4　配置默认路由

（1）配置默认路由，相关端口与 IP 地址配置如图 4.5 所示，进行网络拓扑连接。

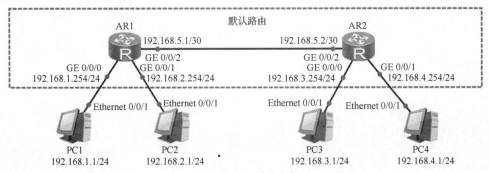

图 4.5　配置默认路由

121

（2）配置路由器 AR1，相关实例代码如下。

V4-2　配置
默认路由

```
<Huawei>system-view
Enter system view, return user view with Ctrl+Z.
[Huawei]sysname AR1
[AR1]interface GigabitEthernet 0/0/0
[AR1-GigabitEthernet0/0/0]ip address 192.168.1.254 24
[AR1-GigabitEthernet0/0/0]quit
[AR1]interface GigabitEthernet 0/0/1
[AR1-GigabitEthernet0/0/1]ip address 192.168.2.254 24
[AR1-GigabitEthernet0/0/1]quit
[AR1]interface GigabitEthernet 0/0/2
[AR1-GigabitEthernet0/0/2]ip address 192.168.5.1 30
[AR1-GigabitEthernet0/0/2]quit
[AR1]ip route-static 0.0.0.0 0.0.0.0 192.168.5.2          //默认路由
      //设置默认路由      目的地址      下一跳地址
[AR1]
```

（3）配置路由器 AR2，相关实例代码如下。

```
<Huawei>system-view
Enter system view, return user view with Ctrl+Z.
[Huawei]sysname AR2
[AR2]interface GigabitEthernet 0/0/0
[AR2-GigabitEthernet0/0/0]ip address 192.168.3.254 24
[AR2-GigabitEthernet0/0/0]quit
[AR2]interface GigabitEthernet 0/0/1
[AR2-GigabitEthernet0/0/1]ip address 192.168.4.254 24
[AR2-GigabitEthernet0/0/1]quit
[AR2]interface GigabitEthernet 0/0/2
[AR2-GigabitEthernet0/0/2]ip address 192.168.5.2 30
[AR2-GigabitEthernet0/0/2]quit
[AR2] ip route-static 0.0.0.0 0.0.0.0 192.168.5.1          //默认路由
      //设置默认路由      目的地址      下一跳地址
[AR2]
```

（4）显示路由器 AR1、AR2 的配置信息，以路由器 AR1 为例，主要相关实例代码如下。

```
<AR1>display current-configuration
#
 sysname AR1
#
interface GigabitEthernet0/0/0
 ip address 192.168.1.254 255.255.255.0
#
interface GigabitEthernet0/0/1
 ip address 192.168.2.254 255.255.255.0
#
interface GigabitEthernet0/0/2
 ip address 192.168.5.1 255.255.255.252
#
ip route-static 0.0.0.0 0.0.0.0 192.168.5.2
```

```
#
return
<AR1>
```

（5）查看路由器 AR1、AR2 的路由表信息，以路由器 AR1 为例，如图 4.6 所示。

图 4.6　路由器 AR1 的路由表信息

（6）用主机 PC1 测试路由验证结果。主机 PC1 分别访问主机 PC3 与主机 PC4 的测试结果如图 4.7 所示。

图 4.7　用主机 PC1 测试路由验证结果

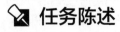

任务 4.2　配置 RIP 动态路由

任务陈述

由于在初期时公司规模较小，公司采用 RIP 配置网络，但随着公司规模不断扩大，公司网络的子网数量不断增加，且网络运行状态不够稳定，对公司业务造成了一定的影响。小李是公司的网络工程师，公司领导安排小李对公司的网络进行优化。考虑到公司网络的安全性与稳定性，公司提出如下要求：用户需要对公司网络进行认证使用，同时可以动态检测网络的运行状况，并对公司以后的网络扩展做出规划，以满足公司未来的发展。小李根据公司的要求制定了一份合理的网络实施方案，那么他该如何完成网络设备的相应配置呢？

知识准备

4.2.1　RIP 概述

路由信息协议（Routing Information Protocol，RIP）是一种内部网关协议（Internal Gateway Protocol，IGP），也是一种动态路由选择协议，用于自治系统（Autonomous System，AS）内的路由信息的传递。RIP 基于距离矢量算法（Distance Vector Algorithms，DVA），使用"跳数"（Metric）来衡量到达目的地址的路由距离。使用这种协议的路由器只关心自己周围的世界，只与自己相邻的路由器交换信息，并将范围限制在 15 跳之内，即如果大于等于 16 跳就认为网络不可达。

RIP 应用于 OSI 网络标准模型的应用层，各厂家定义的管理距离（即优先级）有所不同，例如，华为设备定义的优先级是 100，思科设备定义的优先级是 120，它在带宽、配置和管理方面的要求较低，主要适合于规模较小的网络，如图 4.8 所示。RIP 中定义的相关参数也比较少，它既不支持可变长子网掩码（Variable Length Subnet Mask，VLSM）和无类别域间路由（Classless Inter-Domain Routing，CIDR），也不支持认证功能。

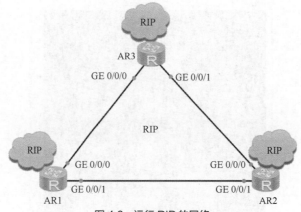

图 4.8　运行 RIP 的网络

1. 工作原理

路由器启动时，路由表中只会包含直连路由。运行 RIP 之后，路由器会发送 Request 报文，以请求邻居路由器的 RIP 路由。运行 RIP 的邻居路由器收到该 Request 报文后，会根据自己的路由表生成 Response 报文进行回复。路由器在收到 Response 报文后，会将相应的路由添加到自己的路由表中。

RIP 网络稳定以后，每个路由器都会周期性地向邻居路由器通告自己的整张路由表中的路由信息（以 RIP 应答的方式广播出去），默认周期为 30 秒，邻居路由器根据收到的路由信息刷新自己的路由表。针对某一条路由信息，如果 180 秒以后都没有接收到新的关于它的路由信息，那么将其标记为失效，即将其 Metric 值标记为 16。在另外的 120 秒以后，如果仍然没有收到关于它的更新信息，该条失效信息会被删除，如图 4.9 所示。

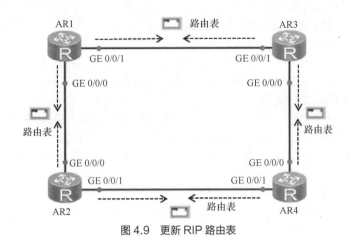

图 4.9　更新 RIP 路由表

2. RIP 版本

RIP 分为 3 个版本：RIPv1、RIPv2 和 RIPng。前两者用于 IPv4，RIPng 用于 IPv6。

（1）RIPv1 为有类别路由协议，不支持 VLSM 和 CIDR；RIPv1 以广播形式发送路由信息，目的 IP 地址为广播地址 255.255.255.255；不支持认证；RIPv1 通过 UDP 交换路由信息，端口号为 520。

一个 RIPv1 路由更新消息中最多可包含 25 个路由表项，每个路由表项都携带了目的网络的地址和度量值。整个 RIP 报文应不超过 504 字节。如果整个路由表的更新消息超过该大小，则需要发送多个 RIPv1 报文。

（2）RIPv2 为无类别路由协议，支持 VLSM，支持路由聚合与 CIDR；支持以广播或组播（224.0.0.9）方式发送报文；支持明文认证和 MD5 密文认证。RIPv2 在 RIPv1 的基础上进行了扩展，但 RIPv2 的报文格式仍然与 RIPv1 类似。

RIPv1 被提出得较早，其有许多缺陷。为了改善 RIPv1 的不足，在 RFC1388 文件中提出了改进的 RIPv2，并在 RFC1723 和 RFC2453 文件中进行了修订。RIPv2 定义了一套有效的改进方案，新的 RIPv2 支持子网路由选择，支持 CIDR，支持组播，并提供了验证机制。

随着 OSPF 和 IS-IS（Intermediate System to Intermediate System）协议的出现，许多人认为 RIP 已经过时了。但事实上 RIP 也有它自己的优点。对于小型网络，RIP 所占带宽开销小，易于配置、管理和实现，并且 RIP 还在大量使用中。但 RIP 也有明显的不足，即当有多个网络时会出现环路问题。为了解决环路问题，IETF 提出了分割范围方法，即路由器不可以通过它得知路由的端口去宣告路由。分割范围方法解决了两个路由器之间的路由环路问题，但不能防止 3 个或多个路由器形成路由环路。触发更新是解决环路问题的另一方法，它要求路由器在链路发生变化时立即传输它的路由表，这加速了网络的聚合，但容易产生广播泛滥。总之，环路问题的解决需要消耗一定的时间和带宽。若采用 RIP，其网络内部所经过的链路数不能超过 15，这使得 RIP 不适于大型网络。

3. RIP 的局限性

（1）由于 15 跳为最大值，因此 RIP 只能应用于小型网络。

RIP 中规定，一条有效的路由信息的度量不能超过 15，这就使得该协议不能应用于很大型的网络，应该说正是因为设计者考虑到该协议只适合于小型网络所以才进行了这一限制，对 Metric 为 16 的目标网络来说，即认为其不可到达。

（2）收敛速度慢。

RIP 在实际应用时，很容易出现"计数到无穷大"的现象，这使得路由收敛速度很慢，在网络拓扑结构变化很久以后，路由信息才能稳定下来。

（3）根据跳数选择的路由不一定是最优路由。

RIP 以跳数，即报文经过的路由器个数为衡量标准，并以此来选择路由，这一操作欠缺合理性，因为没有考虑网络延时、可靠性、线路负荷等因素对传输质量和速度的影响。

4. RIPv1 与 RIPv2 的区别

RIPv1 路由更新用的是广播方式。RIPv2 使用组播的方式向其他设备宣告 RIPv2 的路由器发出更新报文，它使用的组播地址是保留的 D 类地址 224.0.0.9，使用组播方式的好处在于：本地网络上和 RIP 路由选择无关的设备不需要再花费时间对路由器广播的更新报文进行解析。

RIPv2 不是一个新的协议，它只是在 RIPv1 的基础上增加了一些扩展特性，以适用于现代网络的路由选择环境。这些扩展特性有：每个路由条目都携带自己的子网掩码；路由选择更新具有认证功能；每个路由条目都携带下一跳地址和外部路由标志；以组播方式进行路由更新。最重要的一项是路由更新条目增加了子网掩码的字段，因此 RIP 可以使用可变长的子网掩码。RIPv2 为一个无类别的路由选择协议。

（1）RIPv1 是有类别路由协议，RIPv2 是无类别路由协议。

（2）RIPv1 不支持 VLSM，RIPv2 支持 VLSM。

（3）RIPv1 没有认证的功能，RIPv2 支持认证，并且有明文和 MD5 两种认证。

（4）RIPv1 没有手动汇总的功能，RIPv2 可以在关闭自动汇总的前提下，进行手动汇总。

（5）RIPv1 是广播更新，RIPv2 是组播更新。

（6）RIPv1 路由没有标记的功能，RIPv2 可以对路由打标记，用于过滤和做策略。

（7）RIPv1 发送的 Update 包里最多可以携带 25 条路由条目，而 RIPv2 在有认证的情况下最多只能携带 24 条路由。

（8）RIPv1 发送的 Update 包里面没有 next-hop 属性，而 RIPv2 有 next-hop 属性，可以用于路由更新的重定。

4.2.2 RIP 度量方法

RIP 使用跳数作为度量值来衡量路由器到达目的网络的距离。在 RIP 中，路由器到与它直接相连网络的跳数为 0，每经过一个路由器跳数加 1。为限制收敛时间，RIP 规定跳数的取值范围为 0～15 的整数，大于 15 的跳数被定义为无穷大，即目的网络或主机不可达，如图 4.10 所示。

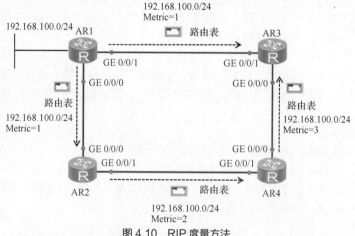

图 4.10 RIP 度量方法

路由器从某一邻居路由器收到路由更新报文时，将根据以下原则更新本路由器的 RIP 路由表。

（1）对于本路由表中已有的路由表项，当该路由表项的下一跳是该邻居路由器时，不论度量值是增大或是减小，都更新该路由表项（度量值相同时只将其老化定时器清零。路由表中的每一个路由表项都对应了一个老化定时器，如果路由表项在 180 秒内没有任何更新，则定时器超时，该路由表项的度量值变为不可达）。

（2）当该路由表项的下一跳不是该邻居路由器时，如果度量值将减小，则更新该路由表项。

（3）对于本路由表中不存在的路由表项，如果度量值小于 16，则在路由表中增加该路由表项。某路由表项的度量值变为不可达后，该路由会在 Response 报文中发布 4 次（120 秒），然后从路由表中清除。

路由器 AR2 通过两个端口学习路由信息，每条路由信息都有相应的度量值，到达目的网络的最佳路由就是通过这些度量值计算出来的。

4.2.3 RIP 更新过程

RIP 通过端口 UDP（端口 520）定时广播报文来交换路由信息，与它相连的网络广播自己的路由表，接到广播的路由器将收到的信息添加至自身的路由表中，从而更新路由表。每台路由器都如此广播，最终网络上的所有路由器都会得到全部路由信息。

当网络拓扑发生变化时，路由器首先更新自己的路由表，然后直到更新周期（默认值是 30 秒）到时才向外发布路由更新报文，发送的更新报文内容是自己所有的路由信息，由于更新内容比较多，因此其占用的网络资源比较多。

正常情况下，每 30 秒路由器就可以收到一次来自邻居路由器的更新信息；如果经过 180 秒，即 6 个更新周期后，一个路由表项都没有得到更新，路由器就会认为它已经失效，并把状态修改为 Down；如果经过 240 秒，即 8 个周期后，该路由表项仍然没有得到更新和确认，按照规则，这条路由信息将被从路由表中删除。

周期更新定时器：用来激发 RIP 路由器路由表的更新，每个 RIP 节点只有一个更新定时器，设为 30 秒。每隔 30 秒路由器就会向其邻居路由器广播自己的路由表信息。每个 RIP 路由器的定时器都独立于网络中的其他路由器，因此它们同时广播的可能性很小。

超时定时器：用来判定某条路由是否可用，每条路由都有一个超时定时器，设为 180 秒；当一条路由激活或更新时，该定时器初始化，如果在 180 秒之内没有收到关于该条路由的更新，则将该路由置为无效。

清除定时器：用来判定是否清除一条路由，每条路由都有一个清除定时器，设为 120 秒；当路由器认识到某条路由无效时，将初始化一个清除定时器，如果在 120 秒内没有收到这条路由的更新，就从路由表中删除该路由。

延迟定时器：为避免触发更新引起广播风暴而设置的一个随机的延迟定时器，延迟时间为 1~5 秒。

RIP 会使用一些定时器来保证它所维护的路由的有效性与及时性，但其中的一个不理想之处在于它需要相对较长的时间才能确认一条路由是否失效。RIP 至少需要 3 分钟的延迟，才能启动备份路由，这个时间对大多数应用程序来说都是致命的，即使系统出现短暂的故障，用户也可以明显感觉出来。

RIP 的另外一个问题是它在选择路由时，不考虑链路的连接速度，而仅用跳数来衡量路径的长短，具有最小跳数的路径为最佳路径，这有可能使网络链路中的高传输链路变为备用路径，而实际网络传输效率并非如此，如图 4.11 所示。当数据包从路由器 AR1 转发到路由器 AR4 时，由于仅用跳数来衡量路径的长短，其选择的路径为 R1→R4（1 跳），此条线路的转发速度仅为 100Mbit/s；而实际上路径 R1→R2→R4（两跳）更优，因为此条线路的转发速度为 1000Mbit/s，转发速度更快。

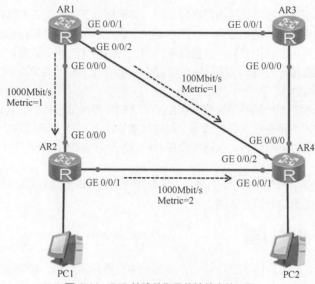

图 4.11　RIP 按跳数衡量传输效率的不足

4.2.4　RIP 路由环路

　　路由环路是路由器在学习 RIP 路由过程中出现的一种路由故障现象。在维护路由表信息的时候，如果在拓扑发生改变后，由于网络收敛缓慢产生了不协调或者矛盾的路由选择条目，就会发生路由环路的问题。这种条件下，路由器对无法到达的网络路由不予理睬，从而会使用户的数据包不停地在网络上循环发送，最终造成网络资源的严重浪费，当网络中某条路由失效时，在这条路由失效的通知对外广播之前，RIP 路由的定时更新机制有可能导致出现网络路由环路，如图 4.12 所示。

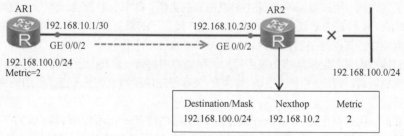

图 4.12　RIP 网络上路由环路的形成

　　RIP 网络正常运行时 AR1 会通过 AR2 学习到 192.168.100.0/24 网络的路由，度量值为 1。一旦路由器 AR2 的直连网络 192.168.100.0/24 发生故障，AR2 会立即检测到该故障，并认为该路由不可达。此时，AR1 还没有收到该路由不可达的信息，于是会继续向 AR2 发送度量值为 2 的通往 192.168.100.0/24 网络的路由信息。AR2 会学习此路由信息，认为可以通过 AR1 到达 192.168.100.0/24 网络。此后，AR2 发送的更新路由表会导致 AR1 路由表的更新，AR1 会新增一个度量值为 3 的 192.168.100.0/24 网络路由表项，从而形成路由环路，这个过程会持续下去，直到度量值为 16。

4.2.5　RIP 防止路由环路机制

　　当网络发生故障时，RIP 网络有可能会产生路由环路，为此，解决路由环路问题的方法就出现了：可以通过定义最大值、水平分割、路由中毒、毒化逆转、控制更新时间和触发更新等技术来避免路由环路的产生。

（1）定义最大值。

距离矢量路由算法可以通过 IP 头中的生存时间自纠错，但路由环路问题可能会首先要求无穷计数。为了避免这个延时问题，距离矢量协议定义了一个最大值，这个数字是指最大的度量值（最大值为 16），如跳数。也就是说，路由更新信息可以向不可到达的网络路由中的路由器发送 15 次，一旦达到最大值 16 次，就视为网络不可到达，存在故障，将不再接受访问该网络的任何路由更新信息。

（2）水平分割。

另一种消除路由环路并加快网络收敛速度的方法是通过"水平分割"技术实现的。其规则就是不向原始路由更新来的方向再次发送路由更新信息（即单向更新、单向反馈）。AR1 从 AR2 学习到的 192.168.100.0/24 网络的路由不会再从 AR1 的接收端口重新通告给 AR2，由此避免了路由环路的产生，如图 4.13 所示。

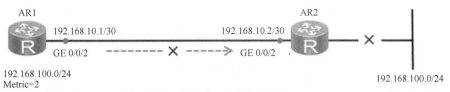

图 4.13　水平分割

（3）路由中毒。

定义最大值可从一定程度上解决路由环路问题，但并不彻底，可以看到，在达到最大值之前，路由环路还是存在的。路由中毒（也称为路由毒化）可以彻底解决这个问题，其原理如下，网络中有路由器 AR1、AR2 和 AR3，当网络 192.168.100.0/24 出现故障无法访问的时候，路由器 AR3 便向邻居路由器发送相关路由更新信息，并将其度量值标为无穷大，告诉它们网络 192.168.100.0/24 不可到达；路由器 AR2 收到毒化消息后将该链路路由表项标记为无穷大，表示该路径已经失效，并向邻居 AR1 路由器通告；依次毒化各个路由器，告诉邻居路由器 192.168.100.0/24 这个网络已经失效，不再接收更新信息，从而避免了路由环路的产生，如图 4.14 所示。

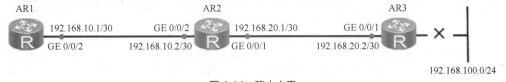

图 4.14　路由中毒

（4）毒化逆转。

结合上面的例子，当路由器 AR2 看到到达网络 192.168.100.0/24 的度量值为无穷大的时候，就发送一条毒化逆转（也称为反向中毒）的更新信息给 AR3 路由器，说明 192.168.100.0/24 这个网络不可到达，这是超越水平分割的一个特例，这样可以保证所有的路由器都接收到毒化的路由信息，因此就可以避免路由环路的产生。

（5）控制更新时间。

控制更新时间（即抑制计时器）用于阻止定期更新的消息在不恰当的时间内重置一个已经坏掉的路由。抑制计时器告诉路由器把可能影响路由的任何改变暂时保持一段时间，抑制时间通常比更新信息发送到整个网络的时间要长。当路由器从邻居路由器接收到以前能够访问的网络现在不能访问的更新信息后，就将该路由标记为不可访问，并启动一个抑制计时器，如果再次收到邻居路由器发送来的更新信息，包含一个比原来路径具有更好度量值的路由，就将该路由标记为可以访问，并取消抑制计时器。如果在抑制计时器超时之前从不同邻居路由器收到的更新信息包含的度量值比以前的更差，则更新信息将被忽略，这样可以有更多的时间让更新信息传遍整个网络。

（6）触发更新。

默认情况下，一台 RIP 路由器每 30 秒会发送一次路由表更新给邻居路由器。正常情况下，路由器会定期将路由表发送给邻居路由器。而触发更新就是立刻发送路由更新信息，以响应某些变化。检测到网络故障的路由器会立即发送一个更新信息给邻居路由器，并依次产生触发更新来通知它们的邻居路由器，使整个网络上的路由器可以在最短的时间内收到更新信息，从而快速了解整个网络的变化。当路由器 AR2 接收到的 Metric 值为 16 时，产生触发更新，AR2 通告 AR1 网络 192.168.100.0/24 不可达，如图 4.15 所示。

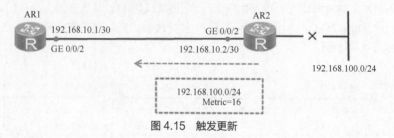

图 4.15　触发更新

但这样也是有问题存在的，有可能包含更新信息的数据包被某些网络中的链路丢失或损坏，其他路由器没能及时收到触发更新，因此就产生了结合抑制的触发更新。抑制规则要求一旦路由无效，在抑制时间内，到达同一目的地的有同样或更差度量值的路由将会被忽略，这样触发更新将有时间传遍整个网络，从而避免已经损坏的路由重新插入已经收到触发更新的邻居路由器中，也就解决了路由环路的问题。

任务实施

（1）配置 RIP 路由，相关端口与 IP 地址配置如图 4.16 所示，进行网络拓扑连接。

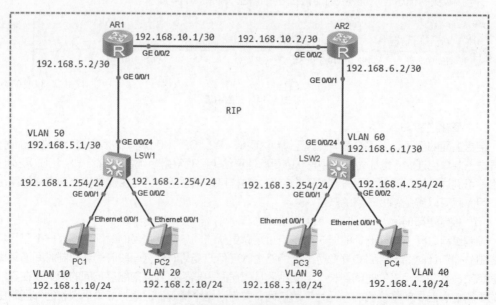

图 4.16　配置 RIP 路由

（2）配置路由器 AR1，相关实例代码如下。

```
<Huawei>system-view
[Huawei]sysnameAR1
[AR1]interface GigabitEthernet 0/0/1
[AR1-GigabitEthernet0/0/1] ip address 192.168.5.2 30
[AR1-GigabitEthernet0/0/1]quit
[AR1]interface GigabitEthernet 0/0/2
[AR1-GigabitEthernet0/0/2] ip address 192.168.10.1 30
[AR1-GigabitEthernet0/0/2]quit
[AR1]rip                                  //配置 RIP
[AR1-rip-1]version 2                      //配置 v2 版本
[AR1-rip-1]network 192.168.5.0            //路由宣告
[AR1-rip-1]network 192.168.10.0
[AR1-rip-1]quit
[AR1]
```

V4-3　配置
RIP 路由

V4-4　配置 RIP
路由——结果测试

（3）配置路由器 AR2，相关实例代码如下。

```
<Huawei>system-view
[Huawei]sysname AR2
[AR2]interface GigabitEthernet 0/0/1
[AR2-GigabitEthernet0/0/1] ip address 192.168.6.2 30
[AR2-GigabitEthernet0/0/1]quit
[AR2]interface GigabitEthernet 0/0/2
[AR2-GigabitEthernet0/0/2] ip address 192.168.10.2 30
[AR2-GigabitEthernet0/0/2]quit
[AR2]rip                                  //配置 RIP
[AR2-rip-1]version 2                      //配置 v2 版本
[AR2-rip-1]network 192.168.6.0            //路由通告
[AR2-rip-1]network 192.168.10.0
[AR2-rip-1]quit
[AR2]
```

（4）显示路由器 AR1、AR2 的配置信息，以路由器 AR1 为例，主要相关实例代码如下。

```
<AR1>display current-configuration
#
 sysname AR1
#
interface GigabitEthernet0/0/1
 ip address 192.168.5.2 255.255.255.252
#
interface GigabitEthernet0/0/2
 ip address 192.168.10.1 255.255.255.252
#
rip 1
 network 192.168.5.0
 network 192.168.10.0
#
return
<AR1>
```

（5）配置交换机 LSW1，相关实例代码如下。

```
<Huawei>system-view
[Huawei]sysname LSW1
[LSW1]vlan batch 10 20 30 40 50 60
[LSW1]interface Vlanif 10
[LSW1-Vlanif10]ip address 192.168.1.254 24
[LSW1-Vlanif10]quit
[LSW1]interface Vlanif 20
[LSW1-Vlanif20]ip address 192.168.2.254 24
[LSW1-Vlanif20]quit
[LSW1]interface Vlanif 50
[LSW1-Vlanif50]ip address 192.168.5.1 30
[LSW1-Vlanif50]quit
[LSW1]interface GigabitEthernet 0/0/24
[LSW1-GigabitEthernet0/0/24]port link-type access
[LSW1-GigabitEthernet0/0/24]port default vlan 50
[LSW1-GigabitEthernet0/0/24]quit
[LSW1]interface GigabitEthernet 0/0/1
[LSW1-GigabitEthernet0/0/1]port link-type access
[LSW1-GigabitEthernet0/0/1]port default vlan 10
[LSW1]interface GigabitEthernet 0/0/2
[LSW1-GigabitEthernet0/0/2]port link-type access
[LSW1-GigabitEthernet0/0/2]port default vlan 20
[LSW1-GigabitEthernet0/0/2]quit
[LSW1]rip
[LSW1-rip-1]version 2
[LSW1-rip-1]network 192.168.1.0
[LSW1-rip-1]network 192.168.2.0
[LSW1-rip-1]network 192.168.5.0
[LSW1-rip-1]quit
[LSW1]
```

（6）配置交换机 LSW2，相关实例代码如下。

```
<Huawei>system-view
[Huawei]sysname LSW2
[LSW2]vlan batch 10 20 30 40 50 60
[LSW2]interface Vlanif 30
[LSW2-Vlanif30]ip address 192.168.3.254 24
[LSW2-Vlanif30]quit
[LSW2]interface Vlanif 40
[LSW2-Vlanif40]ip address 192.168.4.254 24
[LSW2-Vlanif40]quit
[LSW2]interface Vlanif 60
[LSW2-Vlanif60]ip address 192.168.6.1 30
[LSW2-Vlanif60]quit
[LSW2]interface GigabitEthernet 0/0/24
[LSW2-GigabitEthernet0/0/24]port link-type access
[LSW2-GigabitEthernet0/0/24]port default vlan 60
```

```
[LSW2-GigabitEthernet0/0/24]quit
[LSW2]interface GigabitEthernet 0/0/1
[LSW2-GigabitEthernet0/0/1]port link-type access
[LSW2-GigabitEthernet0/0/1]port default vlan 30
[LSW2]interface GigabitEthernet 0/0/2
[LSW2-GigabitEthernet0/0/2]port link-type access
[LSW2-GigabitEthernet0/0/2]port default vlan 40
[LSW2-GigabitEthernet0/0/2]quit
[LSW2]rip
[LSW2-rip-1]version 2
[LSW2-rip-1]network 192.168.3.0
[LSW2-rip-1]network 192.168.4.0
[LSW2-rip-1]network 192.168.6.0
[LSW2-rip-1]quit
[LSW2]
```

（7）显示交换机 LSW1、LSW2 的配置信息，以交换机 LSW1 为例，主要相关实例代码如下。

```
<LSW1>display current-configuration
#
sysname LSW1
#
vlan batch 10 20 30 40 50 60
#
interface Vlanif10
 ip address 192.168.1.254 255.255.255.0
#
interface Vlanif20
 ip address 192.168.2.254 255.255.255.0
#
interface Vlanif50
 ip address 192.168.5.1 255.255.255.252
#
interface MEth0/0/1
#
interface GigabitEthernet0/0/1
 port link-type access
 port default vlan 10
#
interface GigabitEthernet0/0/2
 port link-type access
 port default vlan 20
#
interface GigabitEthernet0/0/24
 port link-type access
 port default vlan 50
#
rip 1
 network 192.168.1.0
 network 192.168.2.0
```

```
    network 192.168.5.0
    #
    return
    <LSW1>
```

（8）查看路由器 AR1 的路由表信息，执行 display ip routing-table 命令，如图 4.17 所示。

（9）测试主机 PC1 的联通性，主机 PC1 访问主机 PC3 和主机 PC4，结果如图 4.18 所示。

图 4.17　查看路由器 AR1 的路由表信息

图 4.18　测试主机 PC1 的联通性

任务 4.3　配置 OSPF 动态路由

任务陈述

由于目前公司规模较大，公司网络采用 OSPF 路由协议进行配置，随着公司规模的不断扩大，网络办公也越来越普及，考虑到公司未来的发展需求，公司决定对网络进行升级改造，同时不影响现有的公司业务。小李是一名刚入职的网络工程师，公司领导安排小李把公司的网络进行优化，他需要考虑公司网络的安全性、稳定性及网络的可扩展性，同时需要满足未来公司的发展需要。小李根据公司的要求制定了一份合理的网络实施方案，那么他将如何完成网络设备的相应配置呢？

知识准备

4.3.1　OSPF 路由概述

开放式最短路径优先（Open Shortest Path First，OSPF）是目前广泛使用的一种动态路由协议，它属于链路状态路由协议，具有路由变化收敛速度快、无路由环路、支持 VLSM 和汇总和层次区域划分等优点。在网络中使用 OSPF 协议后，大部分路由将由 OSPF 协议自行计算和生成，无须网络管理员手动配置。当网络拓扑发生变化时，此协议可以自动计算、更正路由，极大地方便了网络管理。

OSPF 协议是一种链路状态协议。每个路由器负责发现、维护与邻居的关系，会描述已知的邻居列表和链路状态更新（Link State Update，LSU）报文，通过可靠的泛洪及与 AS 内其他路由器的周期性交互，学习到整个 AS 的网络拓扑结构，并通过 AS 边界的路由器注入其他 AS 的路由信息得到整个网络的路由信息。每隔一个特定时间或当链路状态发生变化时，重新生成链路状态广播（Link State Advertisement，LSA）数据包，路由器通过泛洪机制将新 LSA 通告出去，以便实现路由实时更新。

OSPF 是一个内部网关协议，用于在单一 AS 内决策路由，它是基本链路状态的路由协议。链路状态是指路由器端口或链路的参数，这些参数是端口物理条件，包括端口是 Up 还是 Down 状态、端口的 IP 地址、分配给端口的子网掩码、端口所连接的网络及路由器进行网络连接的相关费用。OSPF 与其他路由器交换信息，但交换的不是路由而是链路状态，OSPF 路由器不是告知其他路由器可以到达哪些网络及距离多少，而是告知它们网络链路状态、这些端口所连接的网络及使用这些端口的费用。各个路由器都有其自身的链路状态，称为本地链路状态，这些本地链路状态在 OSPF 路由域内传播，直到所有的 OSPF 路由器都有完整而等同的链路状态数据库为止。一旦每个路由器都接收到所有的链路状态，每个路由器就可以构造一棵树，以它自己为根，而分支表示到 AS 中所有网络最短的或费用最低的路由。

OSPF 通常将规模较大的网络划分成多个 OSPF 区域，要求路由器与同一区域内的路由器交换链路状态，并要求在区域边界路由器上交换区域内的汇总链路状态，这样可以减少传播的信息量，且可使最短路径计算强度减小。在区域划分时，必须要有一个骨干区域（即区域 0），其他非 0 或非骨干区域与骨干区域必须要有物理或者逻辑连接。当有物理连接时，必须有一个路由器，它的一个端口在骨干区域，而另一个端口在非骨干区域。当非骨干区域不可能物理连接到骨干区域时，必须定义一个逻辑或虚拟链路。虚拟链路由两个端点和一个传输区来定义，其中一个端点是路由器端口，属于骨干区域的一部分，另一个端点也是一个路由器端口，但在与骨干区域没有物理连接的非骨干区域中；传输区是一个区域，介于骨干区域与非骨干区域之间。

OSPF 协议号为 89，采用组播方式进行 OSPF 包交换，组播地址为 224.0.0.5（全部 OSPF 路由器）和 224.0.0.6（指定路由器）。

4.3.2　OSPF 路由的基本概念

1. OSPF 经常使用的术语

（1）路由器 ID（Router ID）：用于标识每个路由器的 32 位数，通常将最高的 IP 地址分配给路由器 ID，如果在路由器上使用了回环端口，则路由器 ID 是回环端口的最高 IP 地址，不管物理端口的 IP 地址是什么。

（2）端口：用于连接网络设备的端口，如 RJ-45 端口、SC 光纤端口等。

（3）相邻路由器（Neighbor Router）：带有到公共网络的端口的路由器。

（4）广播网络（Broadcast NetWork）：支持广播的网络，Ethernet 是一个广播网络。

（5）非广播网络（NonBroadcast NetWork）：支持多于两个连接路由器，但是没有广播能力的网络，如帧中继和 X.25 等网络；在非广播网络中，有非广播多点访问（Non-Broadcast Multiple Access，NBMA）网络（在同一个网络中，但不能通过广播访问到）和点到多点（Point To Multi-Points，P2MP）网络。

（6）指定路由器（Designated Router，DR）：在广播和 NBMA 网络中，指定路由器用于向公共网络传播链路状态信息。

（7）备份路由器（Backup Designated Router，BDR）：在 DR 发生故障时，替换 DR。

（8）区域边界路由器（Area Border Router，ABR）：连接多个 OSPF 区域的路由器。

（9）自治系统边界路由器（Autonomous System Border Router，ASBR）：一个 OSPF 路

由器，但它连接到另一个 AS，或者在同一个 AS 的网络区域中，运行不同于 OSPF 的 IGP。

（10）链路状态通告（Link State Advertisement，LSA）：描述路由器的本地链路状态通过该通告向整个 OSPF 区域扩散。

（11）链路状态数据库（Link State Database，LSDB）：收到 LSA 的路由器都可以根据 LSA 提供的信息建立自己的 LSDB，并可在 LSDB 的基础上使用 SPF 算法进行运算，建立起到达每个网络的最短路径树。

（12）邻接（Adjacency）：邻接可以在点对点的两个路由器之间形成，也可以在广播或 NBMA 网络的 DR 和 BDR 之间形成，还可以在 BDR 和非指定路由器之间形成，OSPF 路由状态信息只能通过邻接被传送和接收。

（13）泛洪（Flooding）：在 OSPF 区域内扩散某一链路状态，以分布和同步路由器之间的链路状态数据库。

（14）区域内路由（Intra Area Routing）：在相同 OSPF 区域的网络之间的路由，这些路由仅依据从区域内所接收的信息。

（15）区域间路由（Inter Area Routing）：在两个不同的 OSPF 区域之间的路由；区域间的路径由 3 部分组成，即从区域到源区域的 ABR 的区域内路径、从源 ABR 到目标 ABR 的骨干路径和从目标 ABR 到目标区域的路径。

（16）外部路由（External Routing）：从另一个 AS 或另一个路由协议得知的路由可以作为外部路由放到 OSPF 中。

（17）路由汇总（Route Summarization）：要通告的路由可能是一个区域的路由，也可能是另一个 AS 的路由及由另一个路由协议得知的路由，所有这些路由可以由 OSPF 汇总成一个路由通告，汇总仅可以在 ABR 或 ASBR 上发生。

（18）Stub 区域（Stub Area）：只有一个出口的区域，Stub 区域是一个末梢区域，它的一个特点就是区域内的路由器不能注入由其他路由协议产生的路由条目，所以也就不会生成相应的 5 类 LSA。

（19）末梢节区域（Not-So-Stubby Area，NSSA）：NSSA 与 Stub 区域类似，也是一个末梢区域，只是它取消了不能注入其他路由条目的限制，也就是说，它可以引入外部路由。

2. OSPF 协议的特点

（1）无环路。OSPF 是一种基于链路状态的路由协议，它从设计上就保证了无路由环路。OSPF 支持区域的划分，区域内部的路由器使用 SPF 最短路径算法保证了区域内部无环路。OSPF 还利用区域间的连接规则保证了区域之间无路由环路。

（2）收敛速度快。OSPF 支持触发更新，能够快速检测并通告 AS 内的拓扑变化。

（3）扩展性好。OSPF 可以解决网络扩容带来的问题。当网络上路由器越来越多，路由信息流量急剧增长的时候，OSPF 可以将每个 AS 划分为多个区域，并限制每个区域的范围。OSPF 这种分区域的特点使得 OSPF 特别适用于大中型网络。

（4）提供认证功能。OSPF 路由器之间的报文可以配置成必须经过认证才能进行交换。

（5）具有更高的优先级和可信度。在 RIP 中，路由的管理距离是 100，而 OSPF 路由协议具有更高的优先级和可信度，其管理距离为 10。

3. OSPF 的工作原理

（1）邻居与邻接状态关系。邻居和邻接关系建立的过程如下，如图 4.19 所示。

① Down：这是邻居的初始状态，表示没有在邻居失效时间间隔内收到来自邻居路由器的 Hello 数据包。

② Attempt：此状态只在 NBMA 网络上存在，表示没有收到邻居的任何信息，但是已经周期性地向邻居发送报文，发送间隔为 HelloInterval；如果在 RouterDeadInterval 间隔内未收到邻居

的 Hello 报文，则转为 Down 状态。

③ Init：在此状态下，路由器已经从邻居处收到了 Hello 报文，但是自己不在所收到的 Hello 报文的邻居列表中，尚未与邻居建立双向通信关系。

④ 2-Way：在此状态下，双向通信已经建立，但是没有与邻居建立邻接关系；这是建立邻接关系以前的最高级状态。

⑤ ExStart：这是形成邻接关系的第一个状态，邻居状态变成此状态以后，路由器开始向邻居发送数据库描述（Database Description，DD）报文；主从关系是在此状态下形成的，初始 DD 序列号也是在此状态下决定的，在此状态下发送的 DD 报文不包含链路状态描述。

⑥ Exchange：此状态下路由器相互发送包含链路状态信息摘要的 DD 报文，以描述本地 LSDB 的内容。

⑦ Loading：相互发送 LSR 报文请求 LSA，发送 LSU 报文通告 LSA。

⑧ Full：路由器的 LSDB 已经同步。

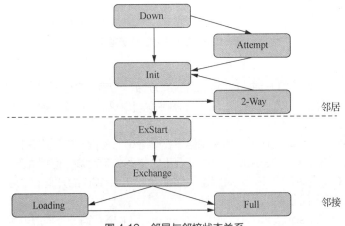

图 4.19　邻居与邻接状态关系

Router ID 是一个 32 位的值，它唯一标识了 AS 内的路由器，管理员可以为每台运行 OSPF 的路由器手动配置一个 Router ID。如果未手动指定，设备会按照以下规则自动选择 Router ID：如果设备存在多个逻辑端口地址，则路由器使用逻辑端口中最大的 IP 地址作为 Router ID；如果没有配置逻辑端口，则路由器使用物理端口中最大的 IP 地址作为 Router ID。在为一台运行 OSPF 的路由器配置新的 Router ID 后，可以在路由器上通过重置 OSPF 进程来更新 Router ID。通常建议手动配置 Router ID，以防止 Router ID 因为端口地址的变化而改变。

运行 OSPF 的路由器之间需要交换链路状态信息和路由信息，在交换这些信息之前路由器之间首先需要建立邻接关系。

① 邻居（Neighbor）：OSPF 路由器启动后，便会通过 OSPF 端口向外发送 Hello 报文来发现邻居。收到 Hello 报文的 OSPF 路由器会检查报文中定义的一些参数，如果双方的参数一致，就会彼此形成邻居关系，状态到达 2-Way 即可称为建立了邻居关系。

② 邻接：形成邻居关系的双方不一定都能形成邻接关系，这要根据网络类型而定；只有当双方成功交换 DD 报文，并同步 LSDB 后，才形成真正意义上的邻接关系。

（2）OSPF 的工作原理。

OSPF 要求每台运行 OSPF 的路由器都了解整个网络的链路状态信息，这样才能计算出到达目的地的最优路径。OSPF 的收敛过程由 LSA 泛洪开始，LSA 中包含了路由器已知的端口 IP 地址、掩码、开销和网络类型等信息。收到 LSA 的路由器都可以根据 LSA 提供的信息建立自己的 LSDB，并在 LSDB 的基础上使用 SPF 算法进行运算，建立起到达每个网络的最短路径树。最后，通过最短路径树得出到达目的网络的最优路由，并将其加入 IP 路由表中，如图 4.20 所示。

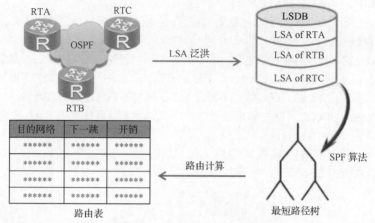

图 4.20　OSPF 的工作原理

4. OSPF 开销

OSPF 基于端口带宽计算开销，计算公式为端口开销=带宽参考值÷带宽。带宽参考值可配置，默认为 100Mbit/s。因此，一个 64kbit/s 串口的开销为 1562，一个 E1 端口（2.048Mbit/s）的开销为 48。

命令 bandwidth-reference 可以用来调整带宽参考值，从而改变端口开销，带宽参考值越大，得到的开销越准确。在支持 10Gbit/s 速率的情况下，推荐将带宽参考值提高到 10000Mbit/s 来分别为 1Gbit/s、10Gbit/s 和 100Mbit/s 的链路提供 1、10 和 100 的开销。注意，配置带宽参考值时，需要在整个 OSPF 网络中统一进行调整。

另外，还可以通过 ospf cost 命令来手动为一个端口调整开销，开销值范围是 1~65535，默认值为 1。

4.3.3　OSPF 路由区域报文类型

OSPF 协议报文信息用来保证路由器之间可互相传播各种信息，OSPF 协议报文共有 5 种报文类型，如表 4.2 所示。任意一种报文都需要加上 OSPF 的报文头，最后封装在 IP 中传送。一个 OSPF 报文的最大长度为 1500 字节，其结构如图 4.21 所示。OSPF 直接运行在 IP 之上，使用 IP 号 89。

（1）Hello 报文：最常用的一种报文，用于发现、维护邻居关系，并在广播和 NBMA 类型的网络中选择 DR 和 BDR。

（2）DD 报文：两台路由器进行 LSDB 同步时，用 DD 报文来描述自己的 LSDB；DD 报文的内容包括 LSDB 中每一条 LSA 报文的头部（LSA 报文的头部可以唯一标识 LSA 报文）；LSA 报文头部只占一条 LSA 报文的整个数据量的小部分，所以，这样就可以减少路由器之间的协议报文流量。

（3）链路状态请求（Link State Request，LSR）报文：两台路由器互相交换过 DD 报文之后，知道对端的路由器有哪些 LSA 是本地 LSDB 缺少的，这时需要发送 LSR 报文向对方请求缺少的 LSA 报文，LSR 报文中只包含了所需要的 LSA 报文的摘要信息。

（4）LSU 报文：用来向对端路由器发送所需要的 LSA 报文。

（5）链路状态确认（Link State Acknowledgment，LSACK）报文：用来对接收到的 LSU 报文进行确认。

表 4.2　OSPF 协议 5 种类型的路由协议报文

报文类型	功能描述
Hello 报文	周期性发送，发现和维护 OSPF 邻居关系
DD 报文	邻居间同步数据库内容
LSR 报文	向对方请求所需要的 LSA 报文
LSU 报文	向对方通告 LSA 报文
LSACK 报文	对收到的 LSA 报文信息进行确认

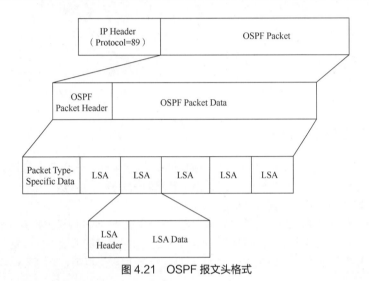

图 4.21　OSPF 报文头格式

4.3.4　OSPF 支持的网络类型

OSPF 定义了 4 种网络类型，分别是点到点网络、广播型网络、NBMA 网络和 P2MP 网络。

（1）P2MP 网络是指只把两台路由器直接相连的网络。一个运行 PPP 的 64K 串行线路就是一个点到点网络的例子，如图 4.22 所示。

（2）广播型网络是指支持两台以上路由器，并且具有广播能力的网络。一个含有 3 台路由器的以太网就是一个广播型网络的例子，如图 4.23 所示。

图 4.22　P2MP 网络　　　　图 4.23　广播型网络

OSPF 可以在不支持广播的多路访问网络上运行，此类网络包括在 Hub-spoke 拓扑上运行的帧中继（Frame Relay，FR）和异步传输模式（Asynchronous Transfer Mode，ATM）网络，这些网络的通信依赖于虚拟电路。OSPF 定义了两种支持多路访问的网络：NBMA 网络和 P2MP 网络。

（3）NBMA 网络：在 NBMA 网络上，OSPF 模拟在广播型网络上的操作，但是每个路由器的邻居都需要手动配置，NBMA 方式要求网络中的路由器组成全连接，如图 4.24 所示。

（4）P2MP 网络：将整个网络看成一组点到多点网络，对不能组成全连接的网络应当使用点到多点方式，例如只使用 PVC 的不完全连接的帧中继网络，如图 4.25 所示。

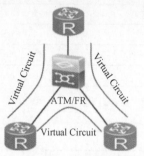

图 4.24　NBMA 网络

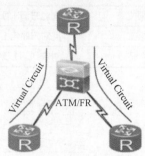

图 4.25　P2MP 网络

4.3.5　DR 与 BDR 选择

每一个含有至少两个路由器的广播型网络和 NBMA 网络中都有一个 DR 和 BDR，DR 和 BDR 可以减少邻接关系的数量，从而减少链路状态信息及路由信息的交换次数，这样可以节省带宽，缓解对路由器处理能力的压力，如图 4.26 所示。

一个既不是 DR 也不是 BDR 的路由器，只与 DR 和 BDR 形成邻接关系并交换链路状态信息及路由信息，这样就大大减少了大型广播型网络和 NBMA 网络中的邻接关系数量。在没有 DR 的广播网络上，邻接关系的数量可以根据公式 $n(n-1)\div2$ 计算得出，其中，n 代表参与 OSPF 的路由器端口的数量。

所有路由器之间有 10 个邻接关系。当指定了 DR 后，所有的路由器都会与 DR 建立起邻接关系，DR 成为该广播网络上的中心点。BDR 在 DR 发生故障时接管其业务，一个广播网络上所有路由器都必须同 BDR 建立邻接关系。

在邻居发现完成之后，路由器会根据网段类型进行 DR 选择。在广播和 NBMA 网络上，路由器会根据参与选择的每个端口的优先级进行 DR 选择。优先级的取值范围为 0～255，值越大越优先。默认情况下，端口优先级为 1。如果一个端口优先级为 0，那么该端口将不会参与 DR 或者 BDR 的选择。如果优先级相同，则比较 Router ID，值越大越优先。为了给 DR 做备份，每个广播和 NBMA 网络上还要选择一个 BDR。BDR 也会与网络上所有的路由器建立邻接关系。为了维护网络上邻接关系的稳定性，如果网络中已经存在 DR 和 BDR，则新添加进该网络的路由器不会成为 DR 和 BDR，不管该路由器的优先级是否最高。如果当前 DR 发生故障，则当前 BDR 自动成为新的 DR，再在网络中重新选择 BDR；如果当前 BDR 发生故障，则 DR 不变，重新选择 BDR，DR 与 BDR 选择如图 4.26 所示。这种选择机制的目的是保持邻接关系的稳定，使拓扑结构的改变对邻接关

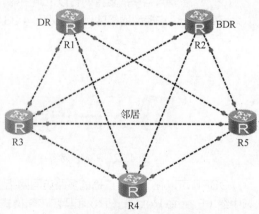

图 4.26　DR 与 BDR 选择

系的影响尽量小。

4.3.6　OSPF 区域划分

OSPF 支持将一组网段组合在一起,这样的一个组合称为一个区域,划分 OSPF 区域可以缩小路由器的 LSDB 规模,减少网络流量。区域内的详细拓扑信息不向其他区域发送,区域间传递的是抽象的路由信息,而不是详细的描述拓扑结构的链路状态信息。每个区域都有自己的 LSDB,不同区域的 LSDB 是不同的。路由器会为每一个自己连接到的区域维护一个单独的 LSDB。由于详细链路状态信息不会被发布到区域以外,因此 LSDB 的规模被大大缩小了。

Area 0 为骨干区域,为了避免产生区域间路由环路,非骨干区域之间不允许直接相互发布路由信息。因此,每个区域都必须连接到骨干区域,如图 4.27 所示。

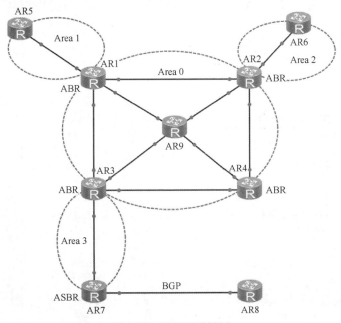

图 4.27　OSPF 区域划分

运行在区域之间的路由器叫作 ABR,它包含所有相连区域的 LSDB。ASBR 是指和其他 AS 中的路由器交换路由信息的路由器,这种路由器会向整个 AS 通告 AS 外部路由信息。

在规模较小的公司网络中,可以把所有的路由器都划分到同一个区域中,同一个 OSPF 区域的路由器中的 LSDB 是完全一致的。OSPF 区域号可以手动配置,为了便于将来的网络扩展,推荐将该区域号设置为 0,即骨干区域。

📝 任务实施

(1)配置多区域 OSPF 路由,相关端口与 IP 地址配置如图 4.28 所示,进行网络拓扑连接。配置路由器 AR1 和路由器 AR2,使得路由器 AR1 为 DR,路由器 AR2 为 BDR,并且路由器 AR1 和路由器 AR2 为骨干区域 Area 0,其他区域为非骨干区域。

(2)配置路由器 AR1,相关实例代码如下。

```
<Huawei>system-view
```

```
[Huawei]sysname AR1
[AR1]interface GigabitEthernet 0/0/0
[AR1-GigabitEthernet0/0/0]ip address 192.168.5.2 30
[AR1-GigabitEthernet0/0/0]quit
[AR1]interface GigabitEthernet 0/0/1
[AR1-GigabitEthernet0/0/1]ip address 192.168.10.1 30
[AR1-GigabitEthernet0/0/1]quit
[AR1]ospf router-id 10.10.10.10                              //配置 RID
[AR1-ospf-1]area 0                                          //配置骨干区域
[AR1-ospf-1-area-0.0.0.0]network 192.168.10.0 0.0.0.3       //宣告网段
[AR1-ospf-1-area-0.0.0.0]quit
[AR1-ospf-1]area 1                                          //配置非骨干区域
[AR1-ospf-1-area-0.0.0.1]network 192.168.5.0 0.0.0.3        //通告网段
[AR1-ospf-1-area-0.0.0.1]quit
[AR1-ospf-1]quit
[AR1]
```

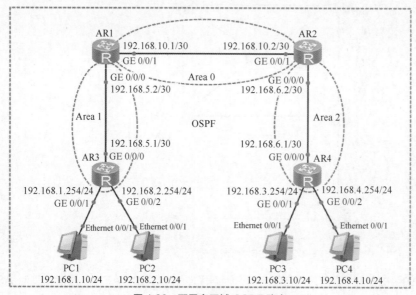

图 4.28　配置多区域 OSPF 路由

V4-5　配置多区域
OSPF 路由

V4-6　配置多区域
OSPF 路由——
结果测试

（3）配置路由器 AR2，相关实例代码如下。

```
<Huawei>system-view
[Huawei]sysname AR2
[AR2]interface GigabitEthernet 0/0/0
[AR2-GigabitEthernet0/0/0]ip address 192.168.6.2 30
[AR2-GigabitEthernet0/0/0]quit
[AR2]interface GigabitEthernet 0/0/1
[AR2-GigabitEthernet0/0/1]ip address 192.168.10.2 30
[AR2-GigabitEthernet0/0/1]quit
[AR2]ospf router-id 9.9.9.9
[AR2-ospf-1]area 0
[AR2-ospf-1-area-0.0.0.0]network 192.168.10.0 0.0.0.3
```

```
[AR2-ospf-1-area-0.0.0.0]quit
[AR2-ospf-1]area 2
[AR2-ospf-1-area-0.0.0.2]network 192.168.6.0 0.0.0.3
[AR2-ospf-1-area-0.0.0.2]quit
[AR2-ospf-1]quit
[AR2]
```

（4）配置路由器 AR3，相关实例代码如下。

```
<Huawei>system-view
[Huawei]sysname AR3
[AR3]interface GigabitEthernet 0/0/0
[AR3-GigabitEthernet0/0/0]ip address 192.168.5.1 30
[AR3-GigabitEthernet0/0/0]quit
[AR3]interface GigabitEthernet 0/0/1
[AR3-GigabitEthernet0/0/1]ip address 192.168.1.254 24
[AR3-GigabitEthernet0/0/1]quit
[AR3]interface GigabitEthernet 0/0/2
[AR3-GigabitEthernet0/0/2]ip address 192.168.2.254 24
[AR3-GigabitEthernet0/0/2]quit
[AR3]ospf router-id 8.8.8.8
[AR3-ospf-1]area 1
[AR3-ospf-1-area-0.0.0.1]network 192.168.1.0 0.0.0.255
[AR3-ospf-1-area-0.0.0.1]network 192.168.2.0 0.0.0.255
[AR3-ospf-1-area-0.0.0.1]network 192.168.5.0 0.0.0.3
[AR3-ospf-1-area-0.0.0.1]quit
[AR3-ospf-1]quit
[AR3]
```

（5）配置路由器 AR4，相关实例代码如下。

```
<Huawei>system-view
[Huawei]sysname AR4
[AR4]interface GigabitEthernet 0/0/0
[AR4-GigabitEthernet0/0/0]ip address 192.168.6.1 30
[AR4-GigabitEthernet0/0/0]quit
[AR4]interface GigabitEthernet 0/0/1
[AR4-GigabitEthernet0/0/1]ip address 192.168.3.254 24
[AR4-GigabitEthernet0/0/1]quit
[AR4]interface GigabitEthernet 0/0/2
[AR4-GigabitEthernet0/0/2]ip address 192.168.4.254 24
[AR4-GigabitEthernet0/0/2]quit
[AR4]ospf router-id 7.7.7.7
[AR4-ospf-1]area 2
[AR4-ospf-1-area-0.0.0.2]network 192.168.3.0 0.0.0.255
[AR4-ospf-1-area-0.0.0.2]network 192.168.4.0 0.0.0.255
[AR4-ospf-1-area-0.0.0.2]network 192.168.6.0 0.0.0.3
[AR4-ospf-1-area-0.0.0.2]quit
[AR4-ospf-1]quit
[AR4]
```

（6）显示路由器 AR1、AR2、AR3、AR4 的配置信息，以路由器 AR1 为例，主要相关实例代码如下。

```
<AR1>display current-configuration
#
 sysname AR1
#
interface GigabitEthernet0/0/0
 ip address 192.168.5.2 255.255.255.252
#
interface GigabitEthernet0/0/1
 ip address 192.168.10.1 255.255.255.252
#
interface GigabitEthernet0/0/2
#
ospf 1 router-id 10.10.10.10
 area 0.0.0.0
  network 192.168.10.0 0.0.0.3
 area 0.0.0.1
  network 192.168.5.0 0.0.0.3
#
return
<AR1>
```

（7）查看路由器 AR1、AR2、AR3、AR4 的路由表信息，以路由器 AR1 为例，执行 display ip routing-table 命令查看，如图 4.29 所示。

（8）测试主机 PC2 的联通性，主机 PC1 访问主机 PC3 和主机 PC4，结果如图 4.30 所示。

图 4.29　查看路由器 AR1 的路由表信息

图 4.30　测试主机 PC2 的联通性

项目练习题

1. 选择题

（1）静态路由默认管理距离值为（　　）。

  A. 0   B. 1   C. 60   D. 100

（2）RIP 网络中允许最大的跳数为（　　）。

A. 8   B. 16   C. 32   D. 64

（3）路由表中的 0.0.0.0 代表的是（   ）。

    A. 默认路由   B. 动态路由   C. RIP   D. OSPF

（4）华为设备中，定义 RIP 网络的默认管理距离为（   ）。

    A. 1   B. 60   C. 100   D. 120

（5）RIP 网络中，每个路由器会周期性地向邻居路由器通告自己的整张路由表中的路由信息，默认周期为（   ）秒。

    A. 30   B. 60   C. 120   D. 150

（6）RIP 网络中，为防止产生路由环路，路由器不会把从邻居路由器处学到的路由再发回去，这种技术被称为（   ）。

    A. 定义最大值   B. 水平分割   C. 控制更新时间   D. 触发更新

（7）路由器在转发数据包时，依靠数据包的（   ）寻找下一跳地址。

    A. 数据帧中的目的 MAC 地址   B. UDP 头中的目的地址

    C. TCP 头中的目的地址   D. IP 头中的目的 IP 地址

（8）网络中有 6 台路由器，可以最多形成邻接关系的数量为（   ）。

    A. 8   B. 10   C. 15   D. 30

（9）OSPF 协议号为（   ）。

    A. 68   B. 69   C. 88   D. 89

（10）属于路由表产生的方式是（   ）。

    A. 通过运行动态路由协议自动学习产生   B. 路由器的直连网段自动生成

    C. 通过手动配置产生   D. 以上都是

2. 简答题

（1）简述路由器的工作原理。

（2）简述静态路由、默认路由的特点及应用场合。

（3）简述 RIP 的工作原理。

（4）简述 RIP 的局限性、RIP 路由环路及 RIP 防止路由环路机制。

（5）简述 OSPF 的工作原理。

（6）简述 OSPF 的路由区域报文类型。

（7）简述 DR 与 BDR 选择过程。

（8）为什么要进行 OSPF 区域划分？

项目5
网络安全配置与管理

教学目标：

掌握交换机端口隔离的配置方法；

了解交换机端口安全功能；

掌握交换机端口安全的配置方法；

了解基本ACL、高级ACL及基于时间的ACL的特性；

掌握基本ACL、高级ACL及基于时间的ACL的配置方法。

任务 5.1　交换机端口隔离配置

任务陈述

小李是公司的网络工程师，随着公司规模不断扩大，公司网络的子网数量也在增加。因此，公司网络的安全性与可靠性越来越重要，于是，公司领导安排小李对公司的网络进行优化，要求既要考虑到公司不同部门需要相互隔离，同时也要满足不同用户的访问需求。小李根据公司的要求制定了一份合理的网络实施方案，那么他该如何完成网络设备的相应配置呢？

知识准备

5.1.1　端口隔离基本概念

端口隔离分为二层隔离三层互通和二层三层都隔离两种模式。

如果用户希望隔离同一VLAN内的广播报文，但是不同端口下的用户还可以进行三层通信，则可以将隔离模式设置为二层隔离三层互通。

如果用户希望同一VLAN不同端口下的用户彻底无法通信，则可以将隔离模式设置为二层三层都隔离。

如果不是特殊情况，建议用户不要将上行口和下行口加入同一端口隔离组中，否则上行口和下行口之间不能相互通信。

同一端口隔离组内的用户不能进行二层通信，但是不同端口隔离组内的用户可以正常通信；未划分端口隔离的用户也能与端口隔离组内的用户正常通信，如图5.1所示。

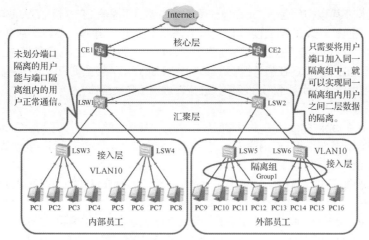

图 5.1　二层端口隔离应用场景

5.1.2　端口隔离应用场景

　　端口隔离是为了实现报文之间的二层隔离，可以将不同的端口加入不同的 VLAN，但会浪费有限的 VLAN 资源。应用端口隔离特性，可以实现同一 VLAN 内端口之间的隔离，用户只需要将端口加入隔离组中，就可以实现隔离组内端口之间二层数据的隔离，端口隔离功能为用户提供了更安全、更灵活的组网方案，如图 5.2 所示。

V5-1　二层端口
隔离应用场景

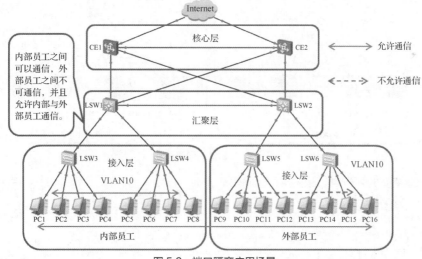

图 5.2　端口隔离应用场景

任务实施

5.1.3　二层端口隔离配置

　　同一项目组的员工都被划分到 VLAN 10 中，其中属于企业内部的员工间可以相互通信，属于企业外部的员工间不可以相互通信，允许外部员工与内部员工通信。交换机 LSW1 与交换机 LSW2 为二层交换机，交换机 LSW3 与交换机 LSW4 为三层交换机，交换机 LSW3 中的 VLAN 10 的 IP 地址为 192.168.10.100/24；主机 PC1 至主机 PC4 为内部员工，主机 PC5 至主机 PC8 为外部员工，主机 PC5 与主机 PC6 在隔离组 Group1 中，主机 PC7 与主机 PC8 在隔离组 Group2 中，相关端口与 IP 地址对应关系如图 5.3 所示，进行二层端口隔离配置。

（1）配置命令。

port-isolate enable 命令用来使用端口隔离功能，默认将端口划入隔离组 Group 1。

如果希望创建新的隔离组，使用命令 port-isolate enable group，后面接要创建的隔离组组号，port isolate group-id 范围为 1~64。

可以在系统视图下执行 port-isolate mode all 命令设置隔离模式为二层三层都隔离。

（2）查看命令。

执行 display port-isolate group all 命令可以查看创建的所有隔离组的情况。

执行 display port-isolate group X（组号）命令可以查看具体的某一个隔离组端口情况。

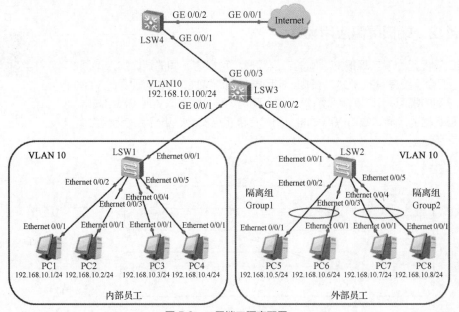

图 5.3　二层端口隔离配置

（3）配置交换机 LSW1，相关实例代码如下。

```
<Huawei>system-view
[Huawei]sysname LSW1
[LSW1]vlan 10
[LSW1-vlan10]quit
[LSW1]interface Ethernet 0/0/1
[LSW1-Ethernet0/0/1]port link-type trunk          //配置端口类型为干道端口
[LSW1-Ethernet0/0/1]port trunk allow-pass vlan all   //允许所有数据通过
[LSW1-Ethernet0/0/1]quit
[LSW1]interface Ethernet 0/0/2
[LSW1-Ethernet0/0/2]port link-type access
[LSW1-Ethernet0/0/2]port default vlan 10
[LSW1-Ethernet0/0/2]quit
```

V5-2　二层端口隔离配置——LSW1

V5-3　二层端口隔离配置——LSW2

```
[LSW1]interface Ethernet 0/0/3
[LSW1-Ethernet0/0/3]port link-type access
[LSW1-Ethernet0/0/3]port default vlan 10
[LSW1-Ethernet0/0/3]quit
[LSW1]interface Ethernet 0/0/4
[LSW1-Ethernet0/0/4]port link-type access
[LSW1-Ethernet0/0/4]port default vlan 10
[LSW1-Ethernet0/0/4]quit
[LSW1]interface Ethernet 0/0/5
[LSW1-Ethernet0/0/5]port link-type access
[LSW1-Ethernet0/0/5]port default vlan 10
[LSW1-Ethernet0/0/5]quit
[LSW1]
```

（4）配置交换机 LSW2，相关实例代码如下。

```
<Huawei>system-view
[Huawei]sysname LSW2
[LSW2]vlan 10
[LSW2-vlan10]quit
[LSW2]interface Ethernet 0/0/1
[LSW2-Ethernet0/0/1]port link-type trunk
[LSW2-Ethernet0/0/1]port trunk allow-pass vlan all
[LSW2-Ethernet0/0/1]quit
[LSW2]interface Ethernet 0/0/2
[LSW2-Ethernet0/0/2]port link-type access
[LSW2-Ethernet0/0/2]port default vlan 10
[LSW2-Ethernet0/0/2]port-isolate enable //配置隔离端口，将端口划入隔离组 Group 1 中
[LSW2-Ethernet0/0/2]quit
[LSW2]interface Ethernet 0/0/3
[LSW2-Ethernet0/0/3]port link-type access
[LSW2-Ethernet0/0/3]port default vlan 10
[LSW2-Ethernet0/0/3]port-isolate enable
[LSW2-Ethernet0/0/3]quit
[LSW2]interface Ethernet 0/0/4
[LSW2-Ethernet0/0/4]port link-type access
[LSW2-Ethernet0/0/4]port default vlan 10
[LSW2-Ethernet0/0/4]port-isolate enable group 2 //配置隔离端口，并划入隔离组 Group 2 中
[LSW2-Ethernet0/0/4]quit
[LSW2]interface Ethernet 0/0/5
[LSW2-Ethernet0/0/5]port link-type access
[LSW2-Ethernet0/0/5]port default vlan 10
[LSW2-Ethernet0/0/5]port-isolate enable group 2
[LSW2-Ethernet0/0/5]quit
[LSW2]
```

（5）显示交换机 LSW2 的配置信息，主要相关实例代码如下。

```
[LSW2]display current-configuration
#
sysname LSW2
```

```
#
vlan batch 10
#
interface Ethernet0/0/1
 port link-type trunk
 port trunk allow-pass vlan 2 to 4094
#
interface Ethernet0/0/2
 port link-type access
 port default vlan 10
 port-isolate enable group 1
#
interface Ethernet0/0/3
 port link-type access
 port default vlan 10
 port-isolate enable group 1
#
interface Ethernet0/0/4
 port link-type access
 port default vlan 10
 port-isolate enable group 2
#
interface Ethernet0/0/5
 port link-type access
 port default vlan 10
 port-isolate enable group 2
#
user-interface con 0
user-interface vty 0 4
#
return
[LSW2]
```

（6）配置交换机 LSW3，相关实例代码如下。

```
<Huawei>system-view
[Huawei]sysname LSW3
[LSW3]vlan 10
[LSW3]interface Vlanif 10
[LSW3-Vlanif10]ip address 192.168.10.100 255.255.255.0   //配置 VLAN 10 的 IP 地址
[LSW3-Vlanif10]quit
[LSW3]interface GigabitEthernet 0/0/1
[LSW3-GigabitEthernet0/0/1]port link-type trunk
[LSW3-GigabitEthernet0/0/1]port trunk allow-pass vlan all
[LSW3-GigabitEthernet0/0/1]quit
[LSW3]interface GigabitEthernet 0/0/2
[LSW3-GigabitEthernet0/0/2]port link-type trunk
[LSW3-GigabitEthernet0/0/2]port trunk allow-pass vlan all
[LSW3-GigabitEthernet0/0/2]quit
[LSW3]interface GigabitEthernet 0/0/3
```

```
[LSW3-GigabitEthernet0/0/3]port link-type trunk
[LSW3-GigabitEthernet0/0/3]port trunk allow-pass vlan all
[LSW3-GigabitEthernet0/0/3]quit
[LSW3]
```

（7）测试相关结果。配置主机 PC1 的 IP 地址为 192.168.10.1，主机 PC2 的 IP 地址为 192.168.10.2，如图 5.4 所示。

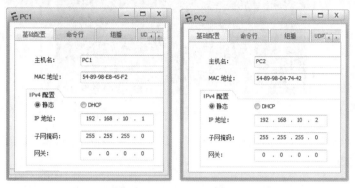

图 5.4　配置主机 PC1 与主机 PC2 的 IP 地址

用主机 PC1 访问主机 PC2，VLAN 10 的内部员工之间可以相互访问，结果如图 5.5 所示。

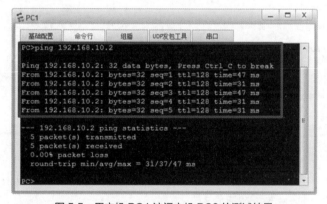

图 5.5　用主机 PC1 访问主机 PC2 的测试结果

（8）测试相关结果。配置主机 PC5 的 IP 地址为 192.168.10.5，主机 PC6 的 IP 地址为 192.168.10.6，如图 5.6 所示。

图 5.6　配置主机 PC5 与主机 PC6 的 IP 地址

用主机 PC5 访问主机 PC6，VLAN 10 的外部员工之间不可以相互访问，主机 PC5 与主机 PC6 属于隔离组 Group 1，结果如图 5.7 所示。

图 5.7　用主机 PC5 访问主机 PC6 的测试结果

（9）测试相关结果。配置主机 PC7 的 IP 地址为 192.168.10.7，主机 PC8 的 IP 地址为 192.168.10.8，如图 5.8 所示。

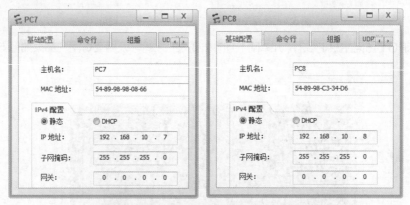

图 5.8　配置主机 PC7 与主机 PC8 的 IP 地址

用主机 PC7 访问主机 PC8，VLAN 10 的外部员工之间不可以相互访问，主机 PC7 与主机 PC8 属于隔离组 Group 2，结果如图 5.9 所示。

图 5.9　用主机 PC7 访问主机 PC8 的测试结果

（10）测试相关结果。主机 PC1 的 IP 地址为 192.168.10.1，主机 PC5 的 IP 地址为 192.168.10.5，用主机 PC1 访问主机 PC5，属于内部员工访问外部员工，且同属于 VLAN 10，可以相互访问，如图 5.10 所示。

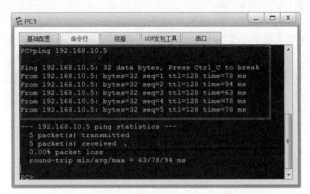

图 5.10　用主机 PC1 访问主机 PC5 的测试结果

（11）测试相关结果。主机 PC5 的 IP 地址为 192.168.10.5，主机 PC7 的 IP 地址为 192.168.10.7，用主机 PC5 访问主机 PC7，属于不同隔离组（隔离组 Group1 与隔离组 Group2）外部员工之间相互访问，如图 5.11 所示。

图 5.11　用主机 PC5 访问主机 PC7 的测试结果

（12）执行 display port-isolate group all 命令可以查看交换机 LSW2 创建的所有隔离组的情况，执行 display port-isolate group X（组号）命令可以查看交换机 LSW2 具体的某一个隔离组端口情况，如图 5.12 所示。

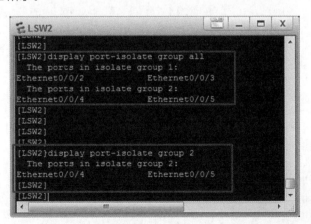

图 5.12　查看交换机 LSW2 创建的隔离组的情况

5.1.4 三层端口隔离配置

同一项目组的内部员工被划分到 VLAN 20 中,外部员工被划分到 VLAN 10 中,交换机 LSW1 为三层交换机,交换机 LSW1 中的 VLAN 10 的 IP 地址为 192.168.10.100/24, VLAN 20 的 IP 地址为 192.168.20.100/24; 主机 PC3 与主机 PC4 为内部员工, 主机 PC1 与主机 PC2 为外部员工, 在隔离组 Group1 中, 主机 PC5 与主机 PC6 为外部员工, 在隔离组 Group2 中, 相关端口与 IP 地址对应关系如图 5.13 所示,进行三层端口隔离配置。

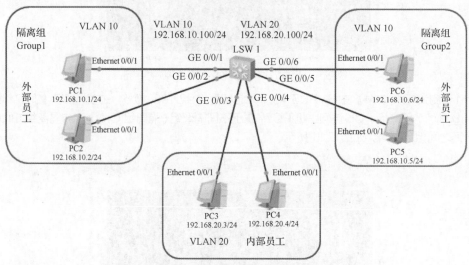

图 5.13 三层端口隔离配置

（1）配置交换机 LSW1, 相关实例代码如下。

```
<Huawei>system-view
[Huawei]sysname LSW1
[LSW1]vlan batch 10 20                              //创建 VLAN 10、VLAN 20
[LSW1]interface Vlanif 10
[LSW1-Vlanif10]ip address 192.168.10.100 24        //配置 VLAN 10 的 IP 地址
[LSW1-Vlanif10]quit
[LSW1]interface Vlanif 20
[LSW1-Vlanif20]ip address 192.168.20.100 24        //配置 VLAN 20 的 IP 地址
[LSW1-Vlanif20]quit
[LSW1]port-isolate mode all                         //配置隔离模式为二层三层都隔离
[LSW1]interface GigabitEthernet 0/0/1
[LSW1-GigabitEthernet0/0/1]port link-type access
[LSW1-GigabitEthernet0/0/1]port default vlan 10
[LSW1-GigabitEthernet0/0/1]port-isolate enable
//配置为隔离端口,默认将端口划入隔离组 Group 1 中
[LSW1-GigabitEthernet0/0/1]quit
[LSW1]interface GigabitEthernet 0/0/2
[LSW1-GigabitEthernet0/0/2]port link-type access
[LSW1-GigabitEthernet0/0/2]port default vlan 10
[LSW1-GigabitEthernet0/0/2]port-isolate enable
//配置为隔离端口,默认将端口划入隔离组 Group 1 中
```

V5-5 三层端口
隔离配置

V5-6 三层端口隔
离配置——结果测试

```
[LSW1-GigabitEthernet0/0/2]quit
[LSW1]interface GigabitEthernet 0/0/3
[LSW1-GigabitEthernet0/0/3]port link-type access
[LSW1-GigabitEthernet0/0/3]port default vlan 20
[LSW1-GigabitEthernet0/0/3]quit
[LSW1]interface GigabitEthernet 0/0/4
[LSW1-GigabitEthernet0/0/4]port link-type access
[LSW1-GigabitEthernet0/0/4]port default vlan 20
[LSW1-GigabitEthernet0/0/4]quit
[LSW1]interface GigabitEthernet 0/0/5
[LSW1-GigabitEthernet0/0/5]port link-type access
[LSW1-GigabitEthernet0/0/5]port default vlan 10
[LSW1-GigabitEthernet0/0/5]port-isolate enable group 2
//配置为隔离端口，将端口划入隔离组 Group2
[LSW1-GigabitEthernet0/0/5]quit
[LSW1]interface GigabitEthernet 0/0/6
[LSW1-GigabitEthernet0/0/6]port link-type access
[LSW1-GigabitEthernet0/0/6]port default vlan 10
[LSW1-GigabitEthernet0/0/6]port-isolate enable group 2
//配置为隔离端口，将端口划入隔离组 Group2
[LSW1-GigabitEthernet0/0/6]quit
[LSW1]
```

（2）显示交换机 LSW1 的配置信息，主要相关实例代码如下。

```
[LSW1]display current-configuration
#
sysname LSW1
#
vlan batch 10 20
#
port-isolate mode all
#
interface Vlanif10
 ip address 192.168.10.100 255.255.255.0
#
interface Vlanif20
 ip address 192.168.20.100 255.255.255.0
#
interface GigabitEthernet0/0/1
 port link-type access
 port default vlan 10
 port-isolate enable group 1
#
interface GigabitEthernet0/0/2
 port link-type access
 port default vlan 10
 port-isolate enable group 1
#
interface GigabitEthernet0/0/3
```

```
    port link-type access
    port default vlan 20
 #
 interface GigabitEthernet0/0/4
   port link-type access
   port default vlan 20
 #
 interface GigabitEthernet0/0/5
   port link-type access
   port default vlan 10
   port-isolate enable group 2
 #
 interface GigabitEthernet0/0/6
   port link-type access
   port default vlan 10
   port-isolate enable group 2
 #
 user-interface con 0
 user-interface vty 0 4
 #
 return
[LSW1]
```

（3）测试相关结果。配置主机 PC1 的 IP 地址为 192.168.10.1，主机 PC2 的 IP 地址为 192.168.10.2，网关均为 192.168.10.100/24，如图 5.14 所示。

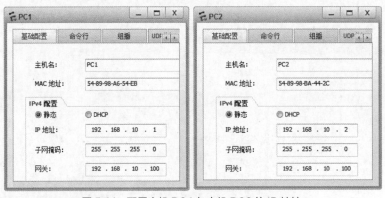

图 5.14　配置主机 PC1 与主机 PC2 的 IP 地址

用主机 PC1 访问主机 PC2，主机 PC1 与主机 PC2 为 VLAN 10 的外部员工，属于隔离组 Group 1，并且配置隔离模式为二层三层都隔离，主机 PC1 与主机 PC2 之间不可以相互访问，结果如图 5.15 所示。

（4）测试相关结果。配置主机 PC3 的 IP 地址为 192.168.20.3，主机 PC4 的 IP 地址为 192.168.20.4，网关均为 192.168.20.100/24，如图 5.16 所示。

用主机 PC1 访问主机 PC3，主机 PC1 为 VLAN 10 的外部员工，属于隔离组 Group 1，主机 PC3 为 VLAN 20 的内部员工，主机 PC1 与主机 PC3 之间可以相互访问，结果如图 5.17 所示。

配置主机 PC5 的 IP 地址为 192.168.10.5，用主机 PC1 访问主机 PC5，主机 PC1 为 VLAN 10 的外部员工，属于隔离组 Group 1，主机 PC5 为 VLAN 10 的外部员工，属于隔离组 Group 2，主机 PC1 与主机 PC5 之间可以相互访问，结果如图 5.18 所示。

图 5.15　用主机 PC1 访问主机 PC2 的测试结果

图 5.16　配置主机 PC3 与主机 PC4 的 IP 地址

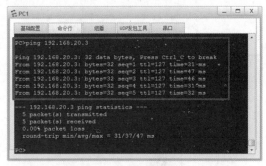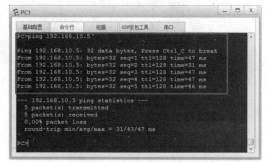

图 5.17　用主机 PC1 访问主机 PC3 的测试结果　　　图 5.18　用主机 PC1 访问主机 PC5 的测试结果

任务 5.2　交换机端口接入安全配置

任务陈述

　　小李是某公司的网络工程师，随着该公司规模不断扩大，公司网络的子网数量也在增加。因此，公司网络的安全性与可靠性越来越重要，于是，公司领导安排小李对公司的网络进行优化，要求既要对接入终端进行相应的端口安全管理与配置，同时也要满足不同用户的访问需求。小李根据公司的要求制定了一份合理的网络实施方案，那么他该如何完成网络设备的相应配置呢？

📖 知识准备

5.2.1　交换机安全端口概述

交换机端口是连接网络终端设备的重要关口，加强交换机端口的安全管理工作是提高整个网络安全性的关键。默认情况下，交换机的所有端口都是完全开放的，不提供任何安全检查措施，允许所有数据流通过，因此，交换机安全端口技术是网络安全防范中常用的接入安全技术之一。对交换机的端口增加安全访问功能，可以有效保护网络内用户的安全。通常交换机的端口安全保护是工作在交换机二层端口上的安全特性。

5.2.2　安全端口地址绑定

网络中的不安全因素非常多，大部分网络攻击都采用欺骗源 IP 地址或源 MAC 地址的方法，对网络核心设备进行连续数据包的攻击，从而消耗网络核心设备的资源。常见的网络攻击有 MAC 地址攻击、ARP 攻击、DHCP 攻击等，这些针对交换机端口的攻击行为，可以启用交换机端口的安全功能来进行防范。为了避免这些攻击，可以采取如下措施。

1. 绑定交换机安全端口地址

端口安全功能通过报文的源 MAC 地址、源 MAC 地址+源 IP 地址或者仅源 IP 地址来限定报文是否可以进入交换机的端口，用户可以静态设置特定的 MAC 地址、静态 IP 地址+MAC 地址绑定或者仅 IP 地址绑定，也可以动态学习限定个数的 MAC 地址来控制报文是否可以进入端口，使用端口安全功能的端口称为安全端口。只有源 MAC 地址为端口安全地址表中配置或者配置绑定的 IP+MAC 地址、配置的仅 IP 绑定地址、学习到的 MAC 地址的报文才可以进入交换机进行通信，其他报文将被丢弃，如图 5.19 所示。

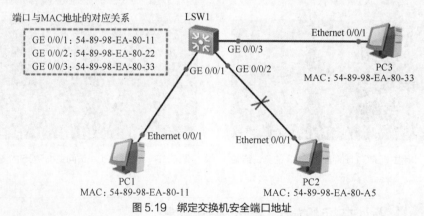

图 5.19　绑定交换机安全端口地址

2. 安全端口连接个数

交换机的端口安全功能还表现在可以限制一个端口上安全地址的连接个数，如果一个端口被配置为安全端口，并且配置了最大连接数量，则当连接的安全地址的数目达到允许的最大个数时，或者当该端口收到的源地址不属于该端口的安全地址时，交换机将产生一个安全违例通知，并会按照事先定义的违例处理方式进行操作。

为安全端口设置最大连接数是为了防止过多用户接入网络，如果将交换机上某个端口只配置一个安全地址，则连接到这个端口的计算机将独享该端口的全部带宽。

3. 安全端口违例处理方式

当产生安全违例时，可以针对不同的网络安全需要，采用不同的安全违例处理方式，如表 5.1 所示。

表 5.1 端口安全的保护动作

动作	功能描述
restrict	丢弃源 MAC 地址不存在的报文并上报告警
protect	只丢弃源 MAC 地址不存在的报文，不上报告警
shutdown	端口状态被置为 Error-down，并上报告警。 默认情况下，端口关闭后不会自动恢复，只能由网络管理人员在端口视图下执行 restart 命令重启端口进行恢复。 如果用户希望被关闭的端口可以自动恢复，则可在端口进入 Error-down 状态前通过在系统视图下执行 error-down auto-recovery cause auto-defend interval interval-value 命令使端口状态自动恢复为 Up，并设置端口自动恢复为 Up 状态的延迟时间，使被关闭的端口经过延迟时间后能够自动恢复

配置安全端口存在以下限制。

（1）一个安全端口必须是接入端口及连接终端设备端口，而不能是干道端口。

（2）一个安全端口不能是一个聚合端口。

任务实施

在网络中 MAC 地址是设备中不变的物理地址，控制了 MAC 地址接入就控制了交换机的端口接入，所以，端口安全也就是 MAC 地址的安全。在交换机中，内容可寻址内存（Content Addressable Memory，CAM）表又叫 MAC 地址表，其中记录了与交换机相连的设备的 MAC 地址、端口号、所属 VLAN 等对应关系。

配置交换机安全端口，交换机 LSW1 连接主机 PC1 和主机 PC2，交换机 LSW2 连接主机 PC3 和主机 PC4，其端口连接状态如图 5.20 所示，其主机的 IP 地址、MAC 地址如图 5.21 所示。

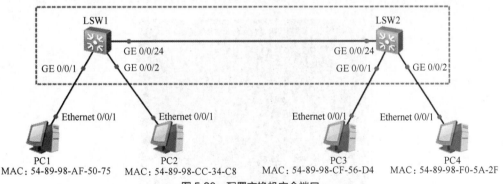

图 5.20　配置交换机安全端口

1. MAC 地址表

（1）静态 MAC 地址表：手动绑定，优先级高于动态 MAC 地址表。

（2）动态 MAC 地址表：交换机收到数据帧后会将源 MAC 地址学习到 MAC 地址表中。

（3）黑洞 MAC 地址表：手动绑定或自动学习，用于丢弃指定 MAC 地址。

图 5.21　主机 PC1 和主机 PC2 的 IP 地址和 MAC 地址

2. 配置静态 MAC 地址表

```
[Huawei]sysname LSW1
[LSW1]mac-address static ?
  H-H-H   MAC address        //绑定 MAC 地址格式：H-H-H
[LSW1]mac-address static 5489-98AF-5075 GigabitEthernet 0/0/1 vlan 1
                      //将 MAC 地址绑定到端口 GigabitEthernet 0/0/1，在 VLAN 1 中有效
[LSW1]mac-address static 5489-98CC-34C8GigabitEthernet 0/0/2 vlan 1
                      //将 MAC 地址绑定到端口 GigabitEthernet 0/0/2，在 VLAN 1 中有效
```

3. 配置黑洞 MAC 地址表

```
[Huawei]sysname LSW2
[LSW2]mac-address blackhole 5489-98CF-56D4 vlan 1
                  //将主机 PC3 的 MAC 地址设置为黑洞 MAC 地址，在 VLAN 1 中有效
```

　　测试主机 PC1 与主机 PC3 和 PC4 的联通性，如图 5.22 所示。从图中可以看出，主机 PC1 可以访问主机 PC4，但不能访问主机 PC3，这是因为主机 PC3 的 MAC 地址被配置为黑洞 MAC 地址，交换机 LSW2 将丢弃指定 MAC 地址，所以主机 PC1 无法访问主机 PC3，而可以访问主机 PC4。

图 5.22　测试主机 PC1 与主机 PC3 和主机 PC4 的联通性

4. 禁止端口学习 MAC 地址

```
[LSW1]interface GigabitEthernet 0/0/2
[LSW1-GigabitEthernet0/0/2]mac-address learning disable action discard
                                  //禁止学习 MAC 地址，并将收到的所有帧丢弃
[LSW1-GigabitEthernet0/0/2]mac-address learning disable action forward
    //禁止学习 MAC 地址，但是将收到的帧以泛洪方式转发
[LSW1-GigabitEthernet0/0/2]quit
[LSW1]
```

测试主机 PC1 与主机 PC2 的联通性，如图 5.23 所示。由于交换机 LSW1 的端口 GigabitEthernet 0/0/2 被配置为禁止学习 MAC 地址，所以主机 PC1 无法访问主机 PC2。

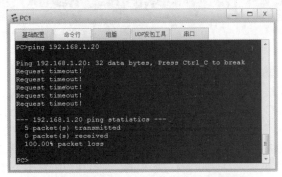

图 5.23　测试主机 PC1 与主机 PC2 的联通性

5. 配置端口安全动态 MAC 地址

```
[LSW1]interface GigabitEthernet0/0/10
[LSW1-GigabitEthernet0/0/10]mac-limit maximum 5 alarm enable
```
//交换机限制 MAC 地址学习数量为 5 个，并在超出数量时发出告警，超出的 MAC 地址将无法被端口学习到，但是可以通过泛洪方式被转发出去
```
[LSW1]interface GigabitEthernet0/0/11
[LSW1-GigabitEthernet0/0/11]port-security enable            //打开端口安全功能
[LSW1-GigabitEthernet0/0/11]port-security max-mac-num 1
```
//限制安全 MAC 地址最大数量为 1 个，默认值为 1
```
[LSW1-GigabitEthernet0/0/11]port-security protect-action ?
    protect    Discard packets
    restrict   Discard packets and warning
    shutdown    Shutdown
[LSW1-GigabitEthernet0/0/11]port-security aging-time 300
                              //配置安全 MAC 地址的老化时间为 300 秒，默认不老化
```

6. 配置端口安全粘贴 MAC 地址

此功能与配置端口安全动态 MAC 地址一致，唯一不同的是粘贴 MAC 地址不会老化，且交换机重启后依然存在，动态 MAC 地址只能动态学习，而粘贴 MAC 地址既可以动态学习也可以手动配置。

```
[LSW2]int GigabitEthernet 0/0/2
[LSW2-GigabitEthernet0/0/2]port-security enable
[LSW2-GigabitEthernet0/0/2]port-security mac-address sticky //开启粘贴 MAC 地址功能
[LSW2-GigabitEthernet0/0/2]port-security mac-address sticky 5489-98F0-5A2F vlan 1
[LSW2-GigabitEthernet0/0/2]port-security protect-action restrict
[LSW2-GigabitEthernet0/0/2]quit
```

7. 查看 MAC 地址状态

执行命令 display mac-address 查看 MAC 地址状态，如图 5.24 所示。

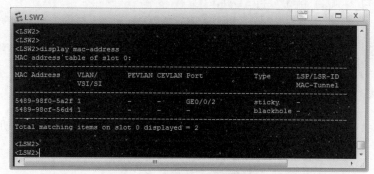

图 5.24　查看 MAC 地址状态

8. 配置 MAC 地址防漂移功能

MAC 地址漂移就是指在一个端口学习到的 MAC 地址在同一个 VLAN 中的其他端口上也被学习到，这样后学到的 MAC 地址信息就会覆盖先学到的 MAC 地址信息（出端口频繁变动），这种情况多在出现环路的时候发生，所以这个功能也可以用来排查和解决环路问题。

MAC 地址防漂移功能的原理：在端口上配置优先级，从优先级高的端口学习到的 MAC 地址不会优先级低的其他端口上被学习到，如果优先级相同，那么可以配置不允许相同优先级的端口学习到同一个 MAC 地址。

```
[LSW1]mac-address flapping detection        //全局开启 MAC 地址漂移检测
[LSW1]interface GigabitEthernet 0/0/1
[LSW1-GigabitEthernet 0/0/1]mac-learning priority 3
                                    //配置 GE 0/0/1 端口的优先级为 3，默认为 0
[LSW1-GigabitEthernet 0/0/1]mac-address flapping trigger error-down
                                    //端口发生 MAC 地址漂移后关闭
[LSW1-GigabitEthernet 0/0/1]quit
[LSW1]interface GigabitEthernet 0/0/2
[LSW1-GigabitEthernet 0/0/2]mac-address flapping trigger error-down
        //配置完成后，当 GE 0/0/1 的 MAC 地址漂移到 GE 0/0/2 后，GE 0/0/2 端口将被关闭
[LSW1-GigabitEthernet 0/0/2]quit
[LSW1]error-down auto-recovery cause mac-address-flapping interval 300
            //配置端口状态自动恢复为 Up 的时间是 300 秒
```

查看 MAC 地址漂移记录的命令为：display mac-address flapping record。

9. 配置丢弃全 0 的 MAC 地址报文功能

在网络中一些主机或者设备在发生故障时，会发送全源和目的 MAC 地址为全 0 的帧，可以为交换机配置丢弃这些错误报文的功能。

```
[LSW1]drop illegal-mac enable                //打开丢弃全 0 MAC 地址功能
[LSW1]snmp-agent trap enable feature-name lldptrap    //开启 snmp 的 lldptrap 告警功能
[LSW1]drop illegal-mac alarm
//打开收到全 0 报文告警功能的前提是必须开启 snmp 的 lldptrap 告警功能
```

10. 配置 MAC 地址刷新 ARP 功能

MAC 信息更新后（如用户更换接入端口）自动刷新 ARP 表项。

```
[LSW1] mac-address update arp                //配置自动刷新 ARP 表项功能
```

11. 配置端口桥接功能

正常情况下，交换机在收到源 MAC 地址和目的 MAC 地址的出端口为同一个端口的报文时，就认为该报文为非法报文，并将其丢弃。但是有些情况下数据帧的源 MAC 地址和目的 MAC 地址又确实是同一个出端口。为了让交换机能够不丢弃这些特殊情况下的帧，需要启用交换机的端口桥接功能，例如，交换机下挂了不具备二层转发能力的 Hub 设备，或者下挂了一台启用了多个虚拟机的服务器，这样这些下挂设备下面的主机通信都是通过交换机的同一个端口收发的，所以这些帧是正常的帧，不能丢弃。

```
[LSW1]interface GigabitEthernet 0/0/24
[LSW1-GigabitEthernet 0/0/24] port bridge enable          // 为端口开启桥接功能
[LSW1-GigabitEthernet 0/0/24] quit
```

12. 配置端口转发模式

```
[LSW1]interface GigabitEthernet 0/0/24
[LSW1-GigabitEthernet 0/0/24]undo negotiation auto        //取消自动协商模式
[LSW1-GigabitEthernet 0/0/24]duplex full                  //设置为全双工模式
[LSW1-GigabitEthernet 0/0/24]speed 1000                   //转发速率为 1000Mbit/s
```

13. 端口恢复默认配置与端口自动恢复命令

```
[LSW1] clear configuration interface GigabitEthernet 0/0/24     //端口恢复默认配置命令
[LSW1] error-down auto-recovery cause bpdu-protection interval 300
```
//在运行 STP 的网络中，边缘端口使用 BPDU 保护功能后，配置端口状态自动恢复为 Up 需要的时间是 300 秒

任务 5.3　配置 ACL

任务陈述

小李是公司的网络工程师，随着公司规模不断扩大，公司网络的安全性与可靠性越来越重要，公司领导安排小李对公司的网络进行优化，要求既要针对不同部门的业务流量制定相应的访问策略，同时也要满足不同用户的访问需求。小李根据公司的要求制定了一份合理的网络实施方案，那么他该如何完成网络设备的相应配置呢？

知识准备

5.3.1　ACL 概述

访问控制列表（Access Control List，ACL）是由一条或多条规则组成的集合。所谓的规则是指描述报文匹配条件的判断语句，这些条件可以是报文的源地址、目的地址、端口号等。ACL 本质上是一种报文过滤器，规则则是过滤器的滤芯。设备基于这些规则进行报文匹配，可以过滤出特定的报文，并根据应用 ACL 的业务模块的处理策略来允许或阻止该报文通过。

ACL 是一种基于包过滤的访问控制技术，它可以根据设定的条件对端口上的数据包进行过滤，允许其通过或将其丢弃。ACL 被广泛地应用于路由器和三层交换机中，借助 ACL，可以有效地控制用户对网络的访问，告诉路由器哪些数据可以接收，哪些数据需要被拒绝并丢弃，从而实现最大限度地保障网络安全。

ACL 的定义是基于协议的，它适用于所有路由协议，如 IP、IPX 等。它在路由器上读取数据包

头中的信息，如源地址、目的地址、使用的协议、源端口、目的端口等，并根据预先定义好的规则对包进行过滤，从而达到对网络访问的精确、灵活控制。

ACL 由一系列包过滤规则组成，每条规则都明确地定义了对指定类型数据进行的操作（允许、拒绝等），ACL 可关联作用于三层端口、VLAN，并且具有方向性。当设备收到一个需要 ACL 处理的数据分组时，会按照 ACL 的列表项自上向下进行顺序处理。一旦找到匹配项，就不再处理列表中的后续语句；如果列表中没有匹配项，则将此分组丢弃。

ACL 可以应用于诸多业务模块，其中最基本的 ACL 应用就是在简化流策略中应用 ACL，使设备能够基于全局、VLAN 或端口下发 ACL，实现对转发报文的过滤。此外，ACL 还可以应用于 Telnet、FTP 和路由等模块。

1. 匹配过程

路由器端口的访问控制取决于应用在其上的 ACL。数据在进（出）网络前，路由器会根据 ACL 对其进行匹配，若匹配成功，则对数据进行过滤或转发；若匹配失败，则丢弃数据。

ACL 实质上是一系列带有自上向下逻辑顺序的判断语句。当数据到达路由器端口时，ACL 首先将数据与第 1 条语句进行比较，如果条件符合，则直接进入控制策略，后面的语句将被忽略不再检查；如果条件不符合，则将数据交给第 2 条语句进行比较，若符合条件则直接进入控制策略，若条件不符合则继续交给下一条语句。以此类推，如果数据到达最后一条语句仍然不匹配，即所有判断语句条件都不符合，则拒绝并丢弃该数据，如图 5.25 所示。

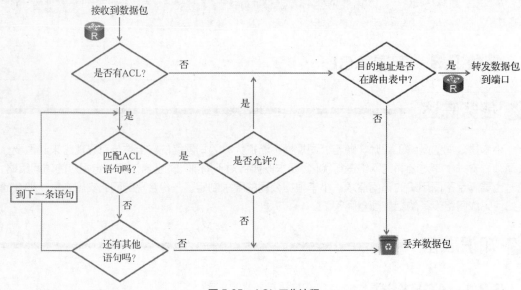

图 5.25　ACL 工作流程

2. ACL 的作用

ACL 的主要作用如下。

（1）允许或拒绝特定的数据流通过网络设备，如防止攻击、访问控制、节省带宽等。

（2）对特定的数据流、报文和路由条目等进行匹配和标识，以用于其他目的的路由过滤，如 QoS、Route-map 等。

3. ACL 分类

（1）按照 ACL 规则功能的不同，ACL 被划分为基本 ACL、高级 ACL、二层 ACL、用户自定义 ACL 和用户 ACL 这 5 种类型。每种类型的 ACL 对应的编号范围是不同的，如表 5.2 所示。ACL 2000 属于基本 ACL，ACL 3998 属于高级 ACL。高级 ACL 可以定义比基本 ACL 更准确、更丰富、更灵活的规则，所以高级 ACL 的功能更加强大。

表 5.2　ACL 类别

ACL 类别	规则定义描述	编号范围
基本 ACL	仅使用报文的源 IP 地址、分片标记和时间段信息来定义规则	2000～2999
高级 ACL	既可使用报文的源 IP 地址，也可使用目的地址、IP 优先级、ToS、DSCP、IP 类型、ICMP 类型、TCP 源端口/目的端口、UDP 源端口/目的端口号等来定义规则	3000～3999
二层 ACL	可根据报文的以太网帧头信息来定义规则，如根据源 MAC 地址、目的 MAC 地址、以太帧协议类型等	4000～4999
用户自定义 ACL	可根据报文偏移位置和偏移量来定义规则	5000～5999
用户 ACL	既可使用 IPv4 报文的源 IP 地址或源 UCL（User Control List）组，也可使用目的地址或目的 UCL 组、IP 类型、ICMP 类型、TCP 源端口/目的端口、UDP 源端口/目的端口号等来定义规则	6000～9999

（2）基于 ACL 标识方法，可以将 ACL 划分为以下两类。

① 数字型 ACL：使用传统的 ACL 标识方法，创建 ACL 时，指定唯一的数字标识该 ACL。

② 命名型 ACL：通过名称代替编号来标识 ACL。

用户在创建 ACL 时可以为其指定编号，不同的编号对应不同类型的 ACL；同时，为了便于记忆和识别，用户还可以创建命名型 ACL，即在创建 ACL 时为其设置名称。命名型 ACL 也可以是"名称 数字"的形式，即在定义命名型 ACL 时，同时指定 ACL 编号。如果不指定编号，系统则会自动为其分配一个数字型 ACL 的编号。

4．应用规则

ACL 规则称为 rule；其中的"deny|permit"称为 ACL 动作，表示拒绝/允许。

每条规则都拥有自己的规则编号，如 rule5、rule10、rule200。这些编号可以自行配置，也可以由系统自动分配，系统自动分配编号的规则如下。

ACL 规则的编号范围是 0～4294967294，所有规则均按照编号从小到大进行排序。所以，我们可以看到 rule 5 排在首位，而编号最大的 rule 4294967294 排在末位。系统按照规则编号从小到大的顺序将规则依次与报文匹配，一旦匹配到一条规则即停止匹配。

除了包含 ACL 动作和规则编号，ACL 规则中还定义了源地址、生效时间段等字段。这些字段称为匹配项，它是 ACL 规则的重要组成部分。

其实，ACL 提供了极其丰富的匹配项。用户可以选择二层以太网帧头信息（如源 MAC 地址、目的 MAC 地址、以太帧协议类型）作为匹配项，也可以选择三层报文信息（如源地址、目的地址、协议类型）作为匹配项，还可以选择四层报文信息（如 TCP/UDP 端口号）等。

（1）"3P"原则。

在路由器上应用 ACL 时，可以为每种协议（Per Protocol）、每个方向（Per Direction）和每个端口（Per Interface）配置一个 ACL，一般称为"3P 原则"。

① 一个 ACL 只能基于一种协议，因此每种协议都需要配置单独的 ACL。

② 经过路由器端口的数据有进（In）和出（Out）两个方向，因此在端口上配置 ACL 时也有进和出两个方向。每个端口可以配置进方向的 ACL，也可以配置出方向的 ACL，或者两者都配置，但是一个 ACL 只能控制一个方向。

③ 一个 ACL 只能控制一个端口上的数据流量，无法同时控制多个端口上的数据流量。

（2）语句顺序决定了对数据的控制顺序。

ACL 的语句是一种自上向下的逻辑排列关系。数据匹配过程中会依次对语句进行比较，一旦匹配成功则按照当前语句控制策略处理，不再与之后的语句进行比较。因此，只有正确的语句顺序才能得到所需的控制效果。

（3）至少有一条允许（permit）语句。

所有 ACL 的最后一条语句都是隐式拒绝语句，表示当所有语句都无法匹配时，将拒绝数据通过并自动丢弃数据，以防数据意外进入网络。因此，在写"拒绝（deny）"的 ACL 时，一定至少要有一条允许语句，否则配置 ACL 的端口将拒绝任何数据通过，从而影响正常的网络通信。

（4）最有限制性的语句应该放在 ACL 中的靠前位置。

将最有限制性的语句放在 ACL 中的靠前位置，可以首先过滤掉很多不符合条件的数据，节省后面语句的比较时间，从而提高路由器的工作效率。

5. ACL 匹配顺序

一条 ACL 可以由多条"deny | permit"语句组成，每一条语句描述一条规则，这些规则可能存在重复或矛盾的地方。例如，在一条 ACL 中先后配置以下两条规则。

```
rule deny ip destination 192.168.10.0 0.0.0.255
    //表示拒绝目的 IP 地址为 192.168.10.0/24 网段地址的报文通过
rule permit ip destination 192.168.20.0 0.0.0.255
    //表示允许目的 IP 地址为 192.168.20.0/24 网段地址的报文通过
```

其中，permit 规则与 deny 规则是相互矛盾的。对于目的 IP 地址为 192.168.20.1 的报文，如果系统先将 deny 规则与其匹配，则该报文会被拒绝通过。相反，如果系统先将 permit 规则与其匹配，则该报文会被允许通过。因此，对于规则之间存在重复或矛盾的情形，报文的匹配结果与 ACL 的匹配顺序是息息相关的。

设备支持两种 ACL 匹配顺序：配置顺序（config 模式）和自动排序（auto 模式）。默认的 ACL 匹配顺序是配置顺序。

（1）配置顺序。系统按照 ACL 规则编号从小到大的顺序进行报文匹配，规则编号越小越容易被匹配。

如果配置规则时指定了规则编号，则规则编号越小，规则插入位置越靠前，该规则越先被匹配。

如果配置规则时未指定规则编号，则由系统自动为其分配一个编号，该编号是一个大于当前 ACL 内最大规则编号且是步长整数倍的最小整数，因此该规则会被最后匹配。

（2）自动排序。系统使用"深度优先"的原则，将规则按照精确度从高到低进行排序，并按照精确度从高到低的顺序进行报文匹配。规则中定义的匹配项的限制越严格，规则的精确度就越高，即优先级越高，系统越先匹配。各类 ACL 的"深度优先"匹配原则如表 5.3 所示。

表 5.3 "深度优先"匹配原则

ACL 类型	匹配原则
基本 ACL&ACL6	先看规则中是否带 VPN 实例，带 VPN 实例的规则优先。 再比较源 IP 地址范围，源 IP 地址范围小（IP 地址通配符掩码中"0"位的数量多）的规则优先。 如果源 IP 地址范围相同，则编号小的规则优先
高级 ACL&ACL6	先看规则中是否带 VPN 实例，带 VPN 实例的规则优先。 再比较协议范围，指定了 IP 承载的协议类型的规则优先。 如果协议范围相同，则比较源 IP 地址范围，源 IP 地址范围小的规则优先。 如果协议范围、源 IP 地址范围相同，则比较目的 IP 地址范围，目的 IP 地址范围小（IP 地址通配符掩码中"0"位的数量多）的规则优先。 如果协议范围、源 IP 地址范围、目的 IP 地址范围都相同，则比较四层端口号（TCP/UDP 端口号）范围，四层端口号范围小的规则优先。 如果上述范围都相同，则编号小的规则优先

续表

ACL 类型	匹配原则
二层 ACL	先比较二层协议类型通配符掩码，通配符掩码大（协议类型通配符掩码中"1"位的数量多）的规则优先。 如果二层协议类型通配符掩码相同，则比较源 MAC 地址范围，源 MAC 地址范围小（MAC 地址通配符掩码中"1"位的数量多）的规则优先。 如果源 MAC 地址范围相同，则比较目的 MAC 地址范围，目的 MAC 地址范围小（MAC 地址通配符掩码中"1"位的数量多）的规则优先。 如果源 MAC 地址范围、目的 MAC 地址范围都相同，则编号小的规则优先
用户自定义 ACL	用户自定义 ACL 规则的匹配顺序只支持配置顺序，即按规则编号从小到大的顺序进行匹配
用户 ACL	先比较协议范围，指定了 IP 承载的协议类型的规则优先。 如果协议范围相同，则比较源 IP 地址范围。如果规则的源 IP 地址均为 IP 网段，则源 IP 地址范围小的规则优先，否则，源 IP 地址为 IP 网段的规则优先于源 IP 地址为 UCL 组的规则。 如果协议范围、源 IP 地址范围都相同，则比较目的 IP 地址范围。如果规则的目的 IP 地址均为 IP 网段，则目的 IP 地址范围小的规则优先，否则，目的 IP 地址为 IP 网段的规则优先于目的 IP 地址为 UCL 组的规则。 如果协议范围、源 IP 地址范围、目的 IP 地址范围都相同，则比较四层端口号范围，四层端口号范围小的规则优先。 如果上述范围都相同，则编号小的规则优先

在自动排序的 ACL 中配置规则时，不允许自行指定规则编号。系统能自动识别出该规则在这条 ACL 中对应的优先级，并为其分配一个适当的规则编号。

例如，在 auto 模式的高级 ACL 3001 中，先后配置以下两条规则。

```
rule deny ip destination 192.168.0.0   0.0.255.255
    //表示拒绝目的 IP 地址为 192.168.0.0/16 网段地址的报文通过
rule permit ip destination 192.168.1.0   0.0.0.255
    //表示允许目的 IP 地址为 192.168.1.0/24 网段地址的报文通过，该网段地址范围小于
    //192.168.0.0/16 网段范围
```

两条规则均没有带 VPN 实例，且协议范围、源 IP 地址范围相同，所以根据表 5.3 所示的高级 ACL 的深度优先匹配原则，接下来需要进一步比较规则的目的 IP 地址范围。由于 permit 规则指定的目的地址范围小于 deny 规则，所以 permit 规则的精确度更高，系统为其分配的规则编号更小。配置完上述两条规则后，ACL 3001 的规则排序如下。

```
#
acl number 3021 match-order auto
rule 5 permit ip destination 192.168.1.0 0.0.0.255
rule 10 deny ip destination 192.168.0.0 0.0.255.255
#
```

此时，如果再插入一条新的规则 rule deny ip destination 192.168.1.1 0（目的 IP 地址范围是主机地址，优先级高于以上两条规则），则系统将按照规则的优先级关系，重新为各规则分配编号。插入新规则后，ACL 3001 新的规则排序如下。

```
#
acl number 3021 match-order auto
rule 5 deny ip destination 192.168.1.1 0
rule 10 permit ip destination 192.168.1.0 0.0.0.255
```

rule 15 deny ip destination 192.168.0.0 0.0.255.255
#

相比 config 模式的 ACL，auto 模式 ACL 的规则匹配顺序更为复杂，但是 auto 模式的 ACL 有其独特的应用场景。例如，在网络部署初始阶段，为了保证网络的安全性，管理员定义了较大的 ACL 匹配范围，用于丢弃不可信网段范围内的所有 IP 报文。随着时间的推移，实际应用中需要允许这个大范围中某些特征的报文通过。此时，如果管理员采用的是 auto 模式，则只需要定义新的 ACL 规则，无须再考虑如何对这些规则进行排序以避免报文被误丢弃。

6. 步长

步长是指系统自动为 ACL 规则分配编号时，每个相邻规则编号之间的差值。也就是说，系统是根据步长值自动为 ACL 规则分配编号的。

ACL 2000 的步长就是 5。系统按照 5、10、15……这样的规律为 ACL 规则分配编号。如果将步长调整为 2，那么规则编号会自动从步长值开始重新排列，变成 2、4、6……

ACL 的默认步长值是 5。执行 display aclacl-number 命令可以查看 ACL 规则、步长等配置信息。执行 step 命令可以修改 ACL 的步长值。

实际上，设置步长的目的是方便用户在 ACL 规则之间插入新的规则。

试想一下，如果 ACL 规则之间的间隔不是 5，而是 1（rule 1、rule 2、rule 3……），这时想插入新的规则，该怎么办呢？只能先删除已有的规则，然后配置新规则，最后将之前删除的规则重新配置回来。如果这样做，那付出的代价可真是太大了。所以，设置 ACL 步长，为规则之间留下一定的空间，后续再想插入新的规则就非常轻松了。

5.3.2 基本 ACL

基本 ACL 的重要特征：一是通过 2000～2999 的编号来区别不同的 ACL；二是通过检查 IP 数据包中的源地址信息，对匹配成功的数据包采取允许或拒绝的操作。

基本 ACL 通过检查收到的 IP 数据包中的源 IP 地址信息，来控制网络中数据包的流向。在实施 ACL 的过程中，如果要允许或拒绝来自某一特定网络的数据包，可以使用基本 ACL 来实现，基本 ACL 只能过滤 IP 数据包头中的源 IP 地址，如图 5.26 所示。

图 5.26　基本 ACL

1. ACL 的常用配置原则

配置 ACL 规则时，可以遵循以下原则。

（1）如果配置的 ACL 规则存在包含关系，排序时应注意条件严格的规则编号需要靠前，条件宽松的规则编号需要靠后，以避免报文因命中条件宽松的规则而停止往下继续匹配，从而无法命中条件严格的规则。

（2）根据各业务模块 ACL 默认动作的不同，ACL 的配置原则也不同。例如，在默认动作为 permit 的业务模块中，如果只希望过滤掉 deny 部分 IP 地址的报文，只需配置具体 IP 地址的 deny 规则，无须在结尾处添加任意 IP 地址的 permit 规则；而默认动作为 deny 的业务模块恰好与其相反。详细的 ACL 常用配置原则如表 5.4 所示。

表 5.4　ACL 的常用配置原则

ACL 默认动作	permit 所有报文	deny 所有报文	permit 少部分报文,deny 大部分报文	deny 少部分报文,permit 大部分报文
permit	无须应用 ACL	配置 rule deny	需先配置 rule permit xxx,再配置 rule deny xxxx 或 rule deny。 说明: 以上原则适用于报文过滤的情形。当 ACL 应用于流策略中进行流量监管或者流量统计时,如果仅希望对指定的报文进行限速或统计,则只需配置 rule permit xxx	只需配置 rule deny xxx,无须再配置 rule permit xxxx 或 rule permit。 说明: 如果配置 rule permit 并在流策略中应用 ACL,且将该流策略的流行为 behavior 配置为 deny,则设备会拒绝所有报文通过,导致全部业务中断
deny	路由和组播模块需配置 rule permit,其他模块无须应用 ACL	路由和组播模块无须应用 ACL,其他模块需配置 rule deny	只需配置 rule permit xxx,无须再配置 rule deny xxxx 或 rule deny	需先配置 rule deny xxx,再配置 rule permit xxxx 或 rule permit

知识点

以下ACL规则的表达方式仅是示意形式,实际配置方法请参考各类ACL规则的命令行格式。

rule permit ×××/rule permit ××××表示允许指定的报文通过,×××/××××表示指定报文的标识,可以是源IP地址、源MAC地址、生效时间段等;××××表示的范围与×××表示的范围是包含关系,例如,×××是某一个IP地址,××××可以是该IP地址所在的网段地址或any(表示任意IP地址);再如×××是周六的某一个时段,××××可以是双休日的全天时间或一周7天的全部时间。

rule deny ×××/rule deny ××××表示拒绝指定的报文通过。

rule permit表示允许所有报文通过。

rule deny表示拒绝所有报文通过。

2. 实例应用

实例 1: 在流策略中应用 ACL,使设备对 192.168.1.0/24 网段的报文进行过滤,拒绝 192.168.1.1 和 192.168.1.2 主机地址的报文通过,允许 192.168.1.0/24 网段的其他地址的报文通过。

流策略的 ACL 默认动作为 permit,此例属于"deny 少部分报文,permit 大部分报文"的情况,所以只需配置 rule deny xxx。

```
#
acl number 2021
 rule 5 deny source 192.168.1.1 0
 rule 10 deny source 192.168.1.2 0
#
```

实例 2: 在流策略中应用 ACL,使设备对 192.168.1.0/24 网段的报文进行过滤,允许 192.168.1.1 和 192.168.1.2 主机地址的报文通过,拒绝 192.168.1.0/24 网段的其他地址的报文通过。

流策略的 ACL 默认动作为 permit,此例属于"permit 少部分报文,deny 大部分报文"的情况,所以需先配置 rule permit xxx,再配置 rule deny xxxx。

```
#
```

```
acl number 2021
 rule 5 permit source 192.168.1.1 0
 rule 10 permit source 192.168.1.2 0
 rule 15 deny source 192.168.1.0 0.0.0.255
 #
```

实例 3：在 Telnet 中应用 ACL，仅允许管理员主机（IP 地址为 192.168.1.10）能够 Telnet 登录设备，不允许其他用户 Telnet 登录设备。

Telnet 的 ACL 默认动作为 deny，此例属于"permit 少部分报文，deny 大部分报文"的情况，所以只需配置 rule permit xxx。

```
 #
acl number 2021
 rule 5 permit source 192.168.1.10 0
 #
```

实例 4：在 Telnet 中应用 ACL，不允许某两台主机（IP 地址为 192.168.1.10 和 192.168.1.20）Telnet 登录设备，允许其他用户 Telnet 登录设备。

Telnet 的 ACL 默认动作为 deny，此例属于"deny 少部分报文，permit 大部分报文"的情况，所以需先配置 rule deny xxx，再配置 rule permit。

```
 #
acl number 2021
 rule 5 deny source 192.168.1.10 0
 rule 10 deny source 192.168.1.20 0
 rule 15 permit
 #
```

实例 5：在 FTP 中应用 ACL，不允许用户(192.168.1.10)在周六的 00:00～8:00 访问 FTP 服务器，允许用户在其他任意时间访问 FTP 服务器。

FTP 的 ACL 默认动作为 deny，此例属于"deny 少部分报文，permit 大部分报文"的情况，所以需先配置 rule deny xxx，再配置 rule permit xxxx。

```
 #
time-range time-down 00:00 to 08:00 Sat
time-range time-up 00:00 to 23:59 daily
 #
acl number 2021
rule 5 deny source 192.168.1.10 0 time-range time-down
rule 10 permit source 192.168.1.10 0 time-range time-up
 #
```

3．应用规则

在网络设备上配置好 ACL 规则后，还需要把配置好的规则应用在相应的端口上，只有当这个端口激活后，规则才能起作用。

配置 ACL 需要 3 个步骤如下。

（1）定义好 ACL 规则。

（2）指定 ACL 将应用的端口。

（3）定义 ACL 作用于端口上的方向。

将 ACL 规则应用到某一端口上的语法指令如下。

```
[AR1]interface GigabitEthernet 0/0/1
[AR1-GigabitEthernet0/0/1]traffic-filter ?          //在 GE 0/0/1 端口上应用规则
```

> inbound   Apply ACL to the inbound direction of the interface
> outbound   Apply ACL to the outbound direction of the interface
> [AR1-GigabitEthernet0/0/1]traffic-filter inbound acl 2021   //在 GE 0/0/1 端口入口方向上应用
> [AR1-GigabitEthernet0/0/1]quit
> [AR1]

上述命令中的参数"inbound"和"outbound"表示控制端口不同方向上的数据包,当数据经端口流入设备时,就是入口方向(inbound);当数据经端口流出设备时,就是出口方向(outbound)。

5.3.3 高级 ACL

高级 ACL 的重要特征:一是通过 3000～3999 的编号来区别不同的 ACL;二是不仅要检查 IP 数据包中的源地址信息,还要检查数据包中的目的 IP 地址、源端口、目的端口、网络连接和 IP 优先级等数据包特征信息,对匹配成功的数据包采取允许或拒绝的操作。

高级 ACL 通过检查收到的 IP 数据包特征信息,来控制网络中数据包的流向,如图 5.27 所示。

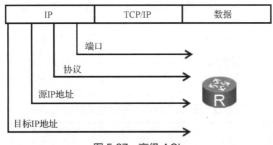

图 5.27 高级 ACL

高级 ACL 根据源 IP 地址、目的 IP 地址、IP 类型、TCP 源/目的端口、UDP 源/目的端口号、分片信息和生效时间段等信息来定义规则,对 IPv4 报文进行过滤。

高级 ACL 提供了比基本 ACL 更准确、丰富、灵活的规则定义方法。例如,如果希望同时根据源 IP 地址和目的 IP 地址对报文进行过滤,则需要配置高级 ACL。

1. 高级 ACL 的常用匹配项

设备支持的 ACL 匹配项种类非常丰富,其中最常用的匹配项包括以下几种。

(1)源/目的 IP 地址及其通配符掩码。

源 IP 地址及其通配符掩码格式: source { source-address source-wildcard | any }。

目的 IP 地址及其通配符掩码格式: destination { destination-address destination-wildcard | any }。

基本 ACL 支持根据源 IP 地址过滤报文,高级 ACL 不仅支持根据源 IP 地址过滤报文,还支持根据目的 IP 地址过滤报文。

将源/目的 IP 地址定义为规则匹配项时,需要在源/目的 IP 地址字段后面同时指定通配符掩码,用来与源/目的 IP 地址字段共同确定一个地址范围。

IP 地址通配符掩码与 IP 地址的反向子网掩码类似,是一个 32 位的数字字符串,用于指示 IP 地址中的哪些位将被检查。其中,"0"表示"检查相应的位","1"表示"不检查相应的位",概括为一句话就是"检查 0,忽略 1"。但与 IP 地址子网掩码不同的是,子网掩码中的"0"和"1"必须连续,而通配符掩码中的"0"和"1"可以不连续。

通配符掩码可以为 0,相当于 0.0.0.0,表示源/目的地址为主机地址;也可以为 255.255.255.255,表示任意 IP 地址,相当于 any 参数。

举一个 IP 地址通配符掩码的示例,当希望来自 192.168.1.0/24 网段的所有 IP 报文都能够通过，可以配置如下规则：rule 5 permit ip source 192.168.1.0 0.0.0.255。规则中的通配符掩码为 0.0.0.255，表示只需检查 IP 地址的前 3 组二进制八位数对应的位。因此，如果报文源 IP 地址的前 24 位与参照地址的前 24 位（192.168.1）相同，即报文的源 IP 地址等于 192.168.1.0/24 网段的地址，则允许该报文通过。

（2）TCP/UDP 端口号。

源端口号格式：source-port { eq port | gt port | lt port | range port-start port-end }。

目的端口号格式：destination-port { eq port | gt port | lt port | range port-start port-end }。

在高级 ACL 中，当协议类型指定为 TCP 或 UDP 时，设备支持基于 TCP/UDP 的源/目的端口号过滤报文。

其中，TCP/UDP 端口号的比较符含义如下。

eq port：指定等于源/目的端口。

gt port：指定大于源/目的端口。

lt port：指定小于源/目的端口。

range port-start port-end：指定源/目的端口的范围；port-start 是端口范围的起始，port-end 是端口范围的结束。

TCP/UDP 端口号可以用数字表示，也可以用字符串（助记符）表示。例如，rule deny tcp destination-port eq 80，可以用 rule deny tcp destination-port eq www 代替。常见的 UDP 端口号及对应的协议如表 5.5 所示，常见的 TCP 端口号及对应的协议如表 5.6 所示。

表 5.5　常见的 UDP 端口号及对应的协议

端口号	协议	功能描述
7	echo	Echo 服务
9	discard	用于连接测试的空服务
37	time	时间协议
42	nameserver	主机名服务
53	dns	域名服务
69	tftp	小文件传输协议
137	netbios-ns	NETBIOS 名称服务
138	netbios-dgm	NETBIOS 数据报服务
139	netbios-ssn	NETBIOS 会话服务
161	snmp	简单网络管理协议
434	mobilip-ag	移动 IP 代理
435	mobilip-mn	移动 IP 管理
513	who	登录的用户列表
517	talk	远程对话服务器和客户端
520	rip	RIP

表 5.6　常见的 TCP 端口号及对应的协议

端口号	协议	功能描述
7	echo	Echo 服务
9	discard	用于连接测试的空服务
20	ftp-data	FTP 数据端口
21	ftp	FTP 端口

续表

端口号	协议	功能描述
23	telnet	Telnet 服务
25	smtp	简单邮件传输协议
37	time	时间协议
43	whois	目录服务
53	dns	域名服务
80	http	万维网（World Wide Web，WWW）服务的 HTTP，用于网页浏览
109	pop2	邮件协议-版本 2
110	pop3	邮件协议-版本 3
179	bgp	边界网关协议
513	login	远程登录
514	cmd	远程命令，不必登录的远程 shell（rshell）和远程复制（rcp）
517	talk	远程对话服务和用户
543	klogin	Kerberos 版本 5（v5）远程登录
544	kshell	Kerberos 版本 5（v5）远程 shell

（3）IP 承载的协议类型。

格式：protocol-number | icmp | tcp | udp | gre | igmp | ip | ipinip | ospf。

高级 ACL 支持基于协议类型过滤报文。常用的协议类型包括 ICMP（协议号 1）、TCP（协议号 6）、UDP（协议号 17）、GRE（协议号 47）、IGMP（协议号 2）、IP（任何 IP 层协议）、IPinIP（协议号 4）、OSPF（协议号 89）。协议号的取值范围为 1～255。

例如，当设备某个端口下的用户存在大量的攻击者时，如果希望能够禁止这个端口下的所有用户接入网络，则可以通过指定协议类型为 IP 来屏蔽这些用户的 IP 流量，从而达到目的。配置如下：rule deny ip，表示拒绝 IP 报文通过。

（4）基于时间的 ACL。

ACL 定义了丰富的匹配项，可以满足大部分报文过滤需求。但需求是不断变化和发展的，新的需求总会不断涌现。例如，某公司只允许员工在上班时间浏览与工作相关的几个网站，员工在下班或周末时间才可以访问其他互联网网站；再如，在每天 20:00～22:00 的网络流量高峰期，为防止 P2P、下载类业务占用大量带宽对其他数据业务的正常使用造成影响，需要对 P2P、下载类业务的带宽进行限制。

基于时间的 ACL 过滤就是用来解决上述问题的。管理员可以根据网络访问行为的要求和网络的拥塞情况，配置一个或多个 ACL 生效时间段，然后在 ACL 规则中引用该时间段，从而实现在不同的时间段设置不同的策略，达到网络优化的目的。

在 ACL 规则中引用的生效时间段存在以下两种模式。

① 周期时间段：以星期为参数来定义时间范围，表示规则以一周为周期（如每周一的 8:00～12:00）循环生效。

格式：time-range time-name start-time to end-time { days } &<1-7>。

time-name：时间段名称，以英文字母开头的字符串。

start-time to end-time：开始时间和结束时间，格式为[小时:分钟] to [小时:分钟]。

days：有多种表示方式。

Mon、Tue、Wed、Thu、Fri、Sat、Sun 中的一个或者几个的组合，也可以用数字表示，0 表示星期日，1 表示星期一，……，6 表示星期六。

working-day：包括从星期一到星期五 5 天。

daily：包括一周 7 天。

off-day：包括星期六和星期日两天。

② 绝对时间段：从某年某月某日的某一时间开始，到某年某月某日的某一时间结束，表示规则在这段时间范围内生效。

格式：time-range time-name from time1 date1 [to time2 date2]。

time-name：时间段名称，以英文字母开头的字符串。

time1/time2：格式为[小时:分钟]。

date1/date2：格式为[YYYY/MM/DD]，表示年/月/日。

可以使用同一名称（time-name）配置内容不同的多个时间段，配置的各周期时间段之间和各绝对时间段之间的交集将成为最终生效的时间范围。

例如，在 ACL 3021 中引用了时间段"workup-1"，"workup-1"包含了 3 个生效时间段。

```
#
time-range workup-1 9:00 to 17:00 working-day
time-range workup-1 13:00 to 20:00 off-day
time-range workup-1 from 00:00 2021/01/01 to 23:59 2021/12/31
#
acl number 3021
rule 5 permit ip source 192.168.1.0 0.0.0.255 time-range workup-1
#
```

第一个时间段：表示在周一到周五每天 9:00～17:00 生效，这是一个周期时间段。

第二个时间段：表示在周六、周日下午 13:00～20:00 生效，这是一个周期时间段。

第三个时间段：表示从 2021 年 1 月 1 日 00:00～2021 年 12 月 31 日 23:59 生效，这是一个绝对时间段。

时间段"workup-1"最终描述的时间范围为：2021 年的周一到周五每天 9:00～17:00 及周六和周日下午 13:00～20:00。

2. 实例应用

实例 1：配置基于 ICMP 类型、源 IP 地址（主机地址）和目的 IP 地址（网段地址）过滤报文的规则。

在 ACL 3021 中配置规则，允许源 IP 地址是 192.168.1.1、主机地址且目的 IP 地址是 192.168.2.0/24 网段地址的 ICMP 报文通过。

```
<HUAWEI> system-view
[HUAWEI]sysname LSW1
[LSW1] acl 3021
[LSW1-acl-adv-3021] rule permit icmp source 192.168.1.1 0 destination 192.168.2.0 0.0.0.255
```

实例 2：配置基于 TCP 类型、TCP 目的端口号、源 IP 地址和目的 IP 地址过滤报文的规则。

在名称为 deny-telnet 的高级 ACL 中配置规则，拒绝 IP 地址是 192.168.1.1 的主机与 192.168.2.0/24 网段的主机建立 Telnet 连接。

```
[HUAWEI]sysname LSW1
[LSW1] acl name deny-telnet
[LSW1-acl-adv-deny-telnet] rule deny tcp destination-port eq telnet source 192.168.1.1 0
                          destination 192.168.2.0 0.0.0.255
```

实例 3：配置基于 TCP 类型、TCP 目的端口号、源 IP 地址和目的 IP 地址过滤报文的规则。

在名称为 not-web 的高级 ACL 中配置规则，禁止 192.168.1.1 和 192.168.1.2 两台主机访

问 Web 网页（HTTP 用于网页浏览，对应 TCP 端口号是 80），并配置 ACL 描述信息为 Web-access-restrictions。

```
[HUAWEI]sysname LSW1
[LSW1] acl name not-web
[LSW1-acl-adv-not-web] description Web-access-restrictions
[LSW1-acl-adv-not-web] rule deny tcp destination-port eq 80 source 192.168.1.1 0
[LSW1-acl-adv-not-web] rule deny tcp destination-port eq 80 source 192.168.1.2 0
```

任务实施

5.3.4 配置基本 ACL

（1）配置基本 ACL，相关端口与 IP 地址配置如图 5.28 所示，进行网络拓扑连接。

配置网段 192.168.1.0 中的主机，只允许访问 FTP 服务器，不可以访问 Web 服务器；配置网段 192.168.2.0 中的主机，既可以访问 FTP 服务器，也可以访问 Web 服务器；上班时间（周一至周五 8：00：00～18：00：00）可以访问 Web 服务器、FTP 服务器，其他时间不可以访问；全网使用 RIP。

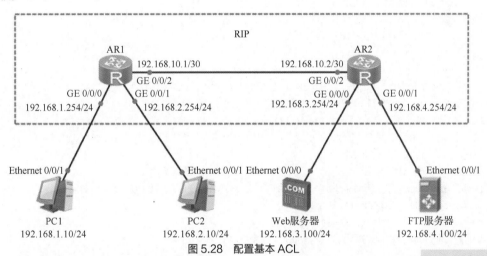

图 5.28　配置基本 ACL

（2）配置路由器 AR1，相关实例代码如下。

```
<Huawei>system-view
[Huawei]sysname AR1
[AR1]interface GigabitEthernet 0/0/0
[AR1-GigabitEthernet0/0/0]ip address 192.168.1.254 24
[AR1-GigabitEthernet0/0/0]quit
[AR1]interface GigabitEthernet 0/0/1
[AR1-GigabitEthernet0/0/1]ip address 192.168.2.254 24
[AR1-GigabitEthernet0/0/1]quit
[AR1]interface GigabitEthernet 0/0/2
[AR1-GigabitEthernet0/0/2]ip address 192.168.10.130
[AR1]rip
[AR1-rip-1]network 192.168.1.0
```

V5-7　配置
基本 ACL

V5-8　配置基本
ACL——结果测试

```
[AR1-rip-1]network 192.168.2.0
[AR1-rip-1]network 192.168.10.0
[AR1-rip-1]quit
[AR1]quit
<AR1>clock datetime 09:15:10 2021-05-02                  //配置当前时间
```

（3）配置路由器 AR2，相关实例代码如下。

```
<Huawei>system-view
[Huawei]sysname AR2
[AR2]interface GigabitEthernet 0/0/0
[AR2-GigabitEthernet0/0/0]ip address 192.168.3.254 24
[AR2-GigabitEthernet0/0/0]quit
[AR2]interface GigabitEthernet 0/0/1
[AR2-GigabitEthernet0/0/1]ip address 192.168.4.254 24
[AR2-GigabitEthernet0/0/1]quit
[AR2]interface GigabitEthernet 0/0/2
[AR2-GigabitEthernet0/0/2]ip address 192.168.10.2 30
[AR2-GigabitEthernet0/0/2]quit
[AR2]rip
[AR2-rip-1]network 192.168.3.0
[AR2-rip-1]network 192.168.4.0
[AR2-rip-1]network 192.168.10.0
[AR2-rip-1]quit
[AR2]time-range workup-1 8:00 to 18:00 working-day
[AR2]time-range workup-1 from 00:00 2021/01/01 to 23:59 2021/12/31
[AR2]acl number 2021                                //配置基本 ACL
[AR2-acl-basic-2001]rule permit source 192.168.1.0 0.0.0.255 time-range workup-1
[AR2-acl-basic-2001]rule permit source 192.168.2.0 0.0.0.255 time-range workup-1
[AR2-acl-basic-2001]quit
[AR2]acl number 2022                                //配置基本 ACL
[AR2-acl-basic-2022]rule deny source 192.168.1.0 0.0.0.255 time-range workup-1
[AR2-acl-basic-2022]quit
[AR2]interface GigabitEthernet 0/0/2
[AR2-GigabitEthernet0/0/2]traffic-filter inbound acl 2021
                                        //应用 ACL 在 GE 0/0/0 端口入口方向
[AR2-GigabitEthernet0/0/2]quit
[AR2]interface GigabitEthernet 0/0/0
[AR2-GigabitEthernet0/0/0]traffic-filter outbound acl 2022
                                        //应用 ACL 在 GE 0/0/2 端口出口方向
[AR2-GigabitEthernet0/0/0]quit
[AR2]quit
<AR2>clock datetime 09:15:30 2021-05-02             //配置当前时间
```

（4）显示路由器 AR1、AR2 的配置信息，以路由器 AR2 为例，主要相关实例代码如下。

```
<AR2>display current-configuration
#
 sysname AR2
#
 clock timezone China-Standard-Time minus 08:00:00
```

```
#
 time-range workup-1 08:00 to 18:00 working-day
 time-range workup-1 from 00:00 2021/1/1 to 23:59 2021/12/31
#
acl number 2021
 rule 5 permit source 192.168.1.0 0.0.0.255 time-range workup-1
 rule 10 permit source 192.168.2.0 0.0.0.255 time-range workup-1
acl number 2022
 rule 5 permit source 192.168.2.0 0.0.0.255 time-range workup-1
 rule 10 deny source 192.168.1.0 0.0.0.255 time-range workup-1
#
interface GigabitEthernet0/0/0
 ip address 192.168.3.254 255.255.255.0
 traffic-filter outbound acl 2022
#
interface GigabitEthernet0/0/1
 ip address 192.168.4.254 255.255.255.0
#
interface GigabitEthernet0/0/2
 ip address 192.168.10.2 255.255.255.252
 traffic-filter inbound acl 2021
#
rip 1
 network 192.168.3.0
 network 192.168.4.0
 network 192.168.10.0
#
return
<AR2>
```

（5）查看路由器 AR1、AR2 的路由表信息，以路由器 AR2 为例，如图 5.29 所示。

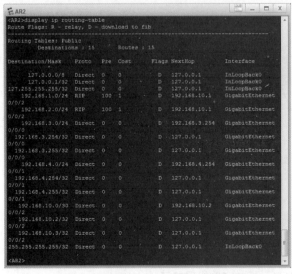

图 5.29　路由器 AR2 的路由表信息

（6）测试主机 PC1 的联通性，当主机 PC1（192.168.1.10）访问 Web 服务器（192.168.3.100）时，可以看到主机 PC1 无法访问 Web 服务器，当主机 PC1 访问 FTP 服务器（192.168.4.100）时，可以看到主机 PC1 可以访问 FTP 服务器，如图 5.30 所示。

（7）测试主机 PC2 的联通性，当主机 PC2（192.168.2.10）访问 Web 服务器（192.168.3.100）时，可以看到主机 PC2 访问 Web 服务器，当主机 PC2 访问 FTP 服务器（192.168.4.100）时，可以看到主机 PC2 访问 FTP 服务器，如图 5.31 所示。

图 5.30 测试主机 PC1 的联通性

图 5.31 测试主机 PC2 的联通性

5.3.5 配置高级 ACL

（1）配置高级 ACL，相关端口与 IP 地址配置如图 5.32 所示，进行网络拓扑连接。

配置网段 192.168.1.0 中的主机，只允许访问 FTP 服务器，不可以访问 Web 服务器；配置网段 192.168.2.0 中的主机，既可以访问 FTP 服务器，也可以访问 Web 服务器；全网使用 OSPF 路由协议。

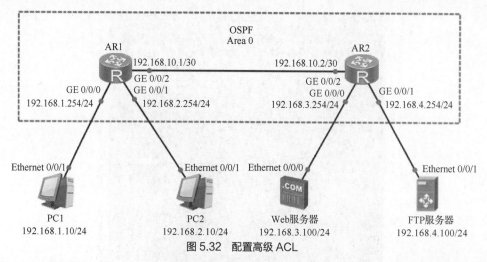

图 5.32 配置高级 ACL

（2）配置路由器 AR1，相关实例代码如下。

```
<Huawei>system-view
[Huawei]sysname AR1
[AR1]interface GigabitEthernet 0/0/0
[AR1-GigabitEthernet0/0/0]ip address 192.168.1.254 24
[AR1-GigabitEthernet0/0/0]quit
[AR1]interface GigabitEthernet 0/0/1
[AR1-GigabitEthernet0/0/1]ip address 192.168.2.254 24
[AR1-GigabitEthernet0/0/1]quit
[AR1]interface GigabitEthernet 0/0/2
[AR1-GigabitEthernet0/0/2]ip address 192.168.10.1 30
[AR1-GigabitEthernet0/0/2]quit
[AR1]router id 1.1.1.1
[AR1]ospf
[AR1-ospf-1]area 0
[AR1-ospf-1-area-0.0.0.0]network 192.168.1.0 0.0.0.255
[AR1-ospf-1-area-0.0.0.0]network 192.168.2.0 0.0.0.255
[AR1-ospf-1-area-0.0.0.0]network 192.168.10.0 0.0.0.3
[AR1-ospf-1-area-0.0.0.0]quit
[AR1-ospf-1]quit
[AR1]
```

V5-9 配置
高级 ACL

V5-10 配置高级
ACL——结果测试

（3）配置路由器 AR2，相关实例代码如下。

```
<Huawei>system-view
[Huawei]sysname AR2
[AR2]interface GigabitEthernet 0/0/0
[AR2-GigabitEthernet0/0/0]ip address 192.168.3.254 24
[AR2-GigabitEthernet0/0/0]quit
[AR2]interface GigabitEthernet 0/0/1
[AR2-GigabitEthernet0/0/1]ip address 192.168.4.254 24
[AR2-GigabitEthernet0/0/1]quit
[AR2]interface GigabitEthernet 0/0/2
[AR2-GigabitEthernet0/0/2]ip address 192.168.10.2 30
[AR2-GigabitEthernet0/0/2]quit
[AR2]router id 1.1.1.1
[AR2]ospf
[AR2-ospf-1]area 0
[AR2-ospf-1-area-0.0.0.0]network 192.168.3.0 0.0.0.255
[AR2-ospf-1-area-0.0.0.0]network 192.168.4.0 0.0.0.255
[AR2-ospf-1-area-0.0.0.0]network 192.168.10.0 0.0.0.3
[AR2-ospf-1-area-0.0.0.0]quit
[AR2-ospf-1]quit
[AR2]acl number 3021
[AR2-acl-adv-3021]rule denyip source 192.168.1. 0 0.0.0.255 source-port eq 80
destination 192.168.3.100 0 destination-port eq 80
[AR2-acl-adv-3021]rule permitip source 192.168.2. 0 0.0.0.255 source-port eq 80
destination 192.168.3.100 0 destination-port eq 80
[AR2-acl-adv-3021]rule permittcp source 192.168.2.0 0.0.0.255 source-port eq 21
destination 192.168.3.100 0 destination-port eq 21
[AR2-acl-adv-3021]rule permittcp source 192.168.2.0 0.0.0.255 source-port eq 20
```

```
    destination 192.168.3.100 0 destination-port eq 20
[AR2-acl-adv-3021]quit
[AR2]interface GigabitEthernet 0/0/2
[AR2-GigabitEthernet0/0/2]traffic-filter inbound acl3021
[AR2-GigabitEthernet0/0/2]quit
[AR2]
```

（4）显示路由器 AR1、AR2 的配置信息，以路由器 AR2 为例，主要相关实例代码如下。

```
<AR2>display current-configuration
#
 sysname AR2
#
router id 2.2.2.2
#
acl number 3021
 rule 5 permit tcp source 192.168.1.0 0.0.0.255 source-port eq ftp destination 1
92.168.4.100 0 destination-port eq ftp
 rule 10 permit tcp source 192.168.1.0 0.0.0.255 source-port eq ftp-data destina
tion 192.168.4.100 0 destination-port eq ftp-data
 rule 15 deny ip source 192.168.1.0 0.0.0.255 source-port eq www destination 19
2.168.3.100 0 destination-port eq www
 rule 20 permit ip source 192.168.2.0 0.0.0.255 source-port eq www destination
192.168.3.100 0 destination-port eq www
 rule 25 permit tcp source 192.168.2.0 0.0.0.255 source-port eq ftp destination
192.168.4.100 0 destination-port eq ftp
 rule 30 permit tcp source 192.168.2.0 0.0.0.255 source-port eq ftp-data destina
tion 192.168.4.100 0 destination-port eq ftp-data
#
interface GigabitEthernet0/0/0
 ip address 192.168.3.254 255.255.255.0
#
interface GigabitEthernet0/0/1
 ip address 192.168.4.254 255.255.255.0
#
interface GigabitEthernet0/0/2
 ip address 192.168.10.2 255.255.255.252
 traffic-filter inbound acl 3021
#
ospf 1
 area 0.0.0.0
  network 192.168.3.0 0.0.0.255
  network 192.168.4.0 0.0.0.255
  network 192.168.10.0 0.0.0.3
#
return
<AR2>
```

（5）查看路由器 AR1、AR2 的路由表信息，以路由器 AR2 为例，如图 5.33 所示。

（6）测试主机 PC1 和主机 PC2 的联通性，结果如图 5.30、图 5.31 所示。

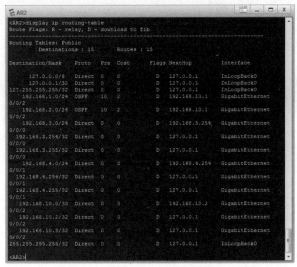

图 5.33　路由器 AR2 的路由表信息

项目练习题

1. 选择题

（1）下列关于二层隔离端口描述正确的是（　　　）（多选）。

　　A. 划分到相同 VLAN 中的相同隔离组之间的主机可以相互访问

　　B. 划分到相同 VLAN 中的相同隔离组之间的主机不可以相互访问

　　C. 划分到相同 VLAN 中的不相同隔离组之间的主机可以相互访问

　　D. 划分到相同 VLAN 中的不相同隔离组之间的主机不可以相互访问

（2）下列关于三层隔离端口描述错误的是（　　　）。

　　A. 划分到相同 VLAN 中的内部员工之间的主机可以相互访问

　　B. 划分到相同 VLAN 中的外部员工不同隔离组之间的主机可以相互访问

　　C. 划分到相同 VLAN 中的外部员工相同隔离组之间的主机可以相互访问

　　D. 划分到不相同 VLAN 中的内部员工与外部员工隔离组之间的主机可以相互访问

（3）基本 ACL 的编号范围为（　　　）。

　　A. 2000～2999　　　B. 3000～3999　　　C. 4000～4999　　　D. 5000～5999

（4）高级 ACL 的编号范围为（　　　）。

　　A. 2000～2999　　　B. 3000～3999　　　C. 4000～4999　　　D. 5000～5999

2. 简答题

（1）简述端口隔离的功能及应用场景。

（2）简述端口隔离的配置步骤与配置命令。

（3）如何进行交换机端口安全配置？

（4）简述如何配置基本 ACL 与高级 ACL。

项目6
广域网接入配置

06

教学目标：

了解常见的广域网接入技术及广域网中的数据链路层协议；

掌握广域网技术的配置方法；

理解NAT技术基本概念及NAT技术实现方式；

掌握静态NAT技术、动态NAT技术和端口多路复用PAT技术的配置方法；

了解IPv6基本概念、IPv6报头结构与格式及地址类型；

理解IPv6配置协议及IPv6路由协议；

掌握IPv6的RIPng配置方法、OSPFv3的配置方法；

掌握DHCPv4、DHCPv6的配置方法；

掌握无线网络的配置方法；

掌握防火墙的配置方法。

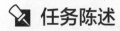

任务 6.1　广域网技术

任务陈述

小李是公司的网络工程师。随着公司规模不断扩大，公司下设了多个子公司，并且总公司与分公司不在同一城市。为了顺利开展公司业务，总公司与分公司之间通过路由器相连，保持网络联通，同时需要在链路上配置相应的认证方式。小李根据公司的要求制定了一份合理的网络实施方案。那么他该如何完成网络设备的相应配置呢？

知识准备

6.1.1　常见的广域网接入技术

1. 点对点链路

点对点链路提供的是一条预先建立的从客户端经过运营商网络到达远端目标网络的广域网通信路径。一条点对点链路就是一条租用的专线，可以在数据收发双方之间建立起永久性的固定连接。网络运营商负责点对点链路的维护和管理。点对点链路可以提供两种数据传送方式：一种是数据报传送方式，该方式主要将数据分割成一个个小的数据帧进行传送，其中每一个数据帧都带有自己的地址信息，都需要进行地址校验；另外一种是数据流传送方式，该方式与数据报传送方式不同，用数据流取代一个个数据帧作为数据传送单位，整个数据流具有一个地址信息，只需要进行一次地址验证。

2. 电路交换

电路交换是广域网使用的一种交换方式。它可以通过运营商网络为每一次会话过程建立、维持和终止一条专用的物理电路。电路交换也可以提供数据报和数据流两种传送方式。电路交换在电信运营商的网络中被广泛使用，其操作过程与普通的电话拨叫过程非常相似。综合业务数字网（Integrated Services Digital Network，ISDN）就是一种采用电路交换技术的广域网技术。

3. 包交换

包交换也是一种广域网上经常使用的交换技术。通过包交换，网络设备可以共享一条点对点链路，设备间通过运营商网络进行数据包的传递。包交换主要采用统计复用技术在多台设备之间实现电路共享。ATM、帧中继、交换多兆位数据服务（Switched Multimegabit Data Service，SMDS）及 X.25 等都是采用包交换技术的广域网技术。

4. 虚拟电路

虚拟电路是一种逻辑电路，可以在两台网络设备之间实现可靠通信。虚拟电路有两种不同形式，分别是交换虚拟电路（Switching Virtual Circuit，SVC）和永久性虚拟电路（Permanent Virtual Circuit，PVC）。

SVC 是一种按照需求动态建立的虚拟电路。当数据传送结束时，该电路将会被自动终止。SVC 上的通信过程包括 3 个阶段：电路创建、数据传输和电路终止。电路创建阶段主要是在通信双方设备之间建立起虚拟电路；数据传输阶段通过虚拟电路在设备之间传送数据；电路终止阶段则是撤销在通信设备之间已经建立起来的虚拟电路。SVC 主要适用于非经常性的数据传送网络，这是因为在电路创建和终止阶段 SVC 需要占用较多的网络带宽。不过相对于永久性虚拟电路来说，SVC 的成本较低。

PVC 是一种永久性建立的虚拟电路，只具有数据传输一种模式。PVC 可以应用于数据传送频繁的网络环境，这是因为 PVC 不需要因创建或终止电路而使用额外的带宽，所以它的带宽利用率更高。不过 PVC 的成本较高。

报文在数据链路层进行数据传输时，网络设备必须用第二层的帧格式进行数据封装，广域网第二层接入技术主要有：HDLC、PPP、LAPB、Frame-Relay、SDLC、SMDS 等。不同协议使用的帧格式也不相同，常用的广域网封装类型如图 6.1 所示。

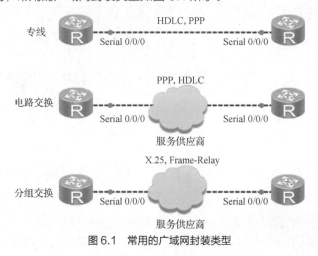

图 6.1　常用的广域网封装类型

6.1.2 广域网数据链路层协议

串行链路普遍用于广域网中，串行链路中定义了两种数据传输方式：异步传输和同步传输。

异步传输是以字节为单位来传输数据的，并且需要采用额外的起始位和停止位来标记每个字节的开始和结束。起始位为二进制值 0，停止位为二进制值 1。在这种传输方式下，起始位和停止位在发送数据中占据相当大的比例，每个字节的发送都需要额外的开销。

同步传输是以帧为单位来传输数据的，在通信时需要使用时钟来同步本端和对端设备的通信。数据通信设备（Data Communication Equipment，DCE）提供了一个用于同步 DCE 和 DTE 之间数据传输的时钟信号。数据终端设备（Data Terminal Equipment，DTE）通常使用 DCE 产生的时钟信号。

1. 点对点协议

点对点协议（Point to Point Protocol，PPP）为在点对点连接上传输多协议数据包提供了一个标准方法。PPP 最初是为两个对等节点之间的 IP 流量传输提供一种封装协议而设计的，PPP 是面向字符类型的协议。PPP 是为在同等单元之间传输数据包这样的简单链路设计的链路层协议，这种链路提供全双工操作，并按照顺序传递数据包，通过拨号或专线方式建立点对点连接发送数据，使其成为各种主机、网桥和路由器之间简单连接的一种共通的解决方案。

（1）PPP 组件。

PPP 包含两个组件：链路控制协议（Link Control Protocol，LCP）和网络层控制协议（Network Control Protocol，NCP）。

为了能适应多种多样的链路类型，PPP 定义了 LCP。LCP 可以自动检测链路环境，如是否存在环路；还可以协商链路参数，如最大数据包长度、使用何种认证协议等。与其他数据链路层协议相比，PPP 的一个重要特点是可以提供认证功能，链路两端可以协商使用何种认证协议来实施认证过程，只有认证成功之后才会建立连接。

PPP 定义了一组 NCP，每一个 NCP 都对应了一种网络层协议，用于协商网络层地址等参数，例如 IPCP 用于协商控制 IP，IPXCP 用于协商控制 IPX 等。

（2）PPP 帧格式。

PPP 采用了与 HDLC 协议类似的帧格式，如图 6.2 所示。

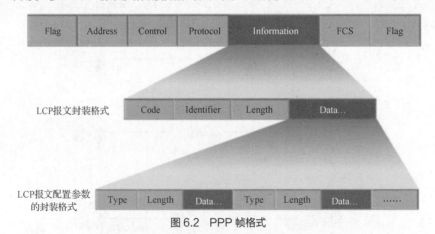

图 6.2　PPP 帧格式

① Flag 域标识一个物理帧的起始和结束，该字节为二进制序列 01111110（0X7E）。

② PPP 帧的地址域跟 HDLC 帧的地址域有差异，PPP 帧的地址域字节固定为 11111111（0XFF），是一个广播地址。

③ PPP 数据帧的控制域默认为 00000011（0X03），表示为无序号帧。

④ 帧校验序列（FCS）是个 16 位的校验和，用于检查 PPP 帧的完整性。

⑤ 协议字段用来说明 PPP 封装的协议报文类型，典型的字段值有：0XC021 代表 LCP 报文，0XC023 代表 PAP 报文，0XC223 代表 CHAP 报文。

⑥ 信息字段包含协议字段中指定协议的数据包。数据字段的默认最大长度（不包括协议字段）称为最大接收单元（Maximum Receive Unit，MRU），MRU 的默认值为 1500 字节。

如果协议字段被设为 0XC021，则说明通信双方正通过 LCP 报文进行 PPP 链路的协商和建立，LCP 报文有以下参数。

① Code 字段主要用来标识 LCP 数据报文的类型。典型的报文类型有：配置信息报文（Configure-Packets，0x01）、配置成功信息报文（Configure-Ack，0x02）、终止请求报文（Terminate-Request，0x05）。

② Identifier 域为 1 字节，用来匹配请求和响应。

③ Length 域的值就是该 LCP 报文的总字节数据。

④ 数据字段则承载各种 TLV（Type/Length/Value）参数，用于协商配置选项，包括最大接收单元、认证协议等。

（3）PPP 的功能和特点。

① PPP 具有动态分配 IP 地址的能力，允许在连接时刻协商 IP 地址。

② PPP 支持多种网络协议，如 TCP/IP、NetBEUI、NWLink 等。

③ PPP 具有错误检测能力，但不具备纠错能力，所以 PPP 是不可靠传输协议。

④ PPP 无重传的机制，网络开销小，速度快。

⑤ PPP 具有身份验证功能。

⑥ PPP 可以用于多种类型的物理介质，包括串口线、电话线、移动电话和光纤（例如 SDH），PPP 也可用于 Internet 接入。

2. 高级数据链路控制协议

高级数据链路控制（High-level Data Link Control，HDLC）协议是一组用于在网络节点间传送数据的协议，它是由 ISO 颁布的一种具有高可靠性、高效率的数据链路控制规程，其特点是各项数据和控制信息都以位为单位，采用"帧"的格式传输。

在 HDLC 协议中，数据被组成一个个单元（称为帧）再通过网络发送，并由接收方确认收到。HDLC 协议也管理数据流和数据发送的间隔时间。HDLC 协议是数据链路层中使用最广泛的协议之一，数据链路层是 OSI 网络标准模型中的第二层；第一层是物理层，负责产生与收发物理电子信号；第三层是网络层，其功能包括通过访问路由表来确定路由。在传送数据时，网络层的数据帧中包含了源节点与目的节点的网络地址，在第二层通过 HDLC 协议将网络层的数据帧进行封装，增加数据链路控制信息。

按照 ISO 的标准，HDLC 协议是基于 IBM 的同步数据链路控制（Synchronous Data Link Control，SDLC）协议的，SDLC 协议被广泛用于 IBM 的大型机环境中。在 HDLC 中，属于 SDLC 的被称为普通响应模式（Normal Response Mode，NRM）。在 NRM 中，基站（通常是大型机）通过专线在多路或多点网络中发送数据给本地或远程的二级站。这种网络并不是我们平时所说的那种，它是一个非公众的封闭网络，网络间采取半双工模式通信。

（1）HDLC 的特点。

① 透明传输。HDLC 对任意位组合的数据均能实现透明传输。"透明"是一个很重要的术语，它表示某一个实际存在的事物看起来好像不存在一样。"透明传输"表示经实际电路传送后的数据信息没有发生变化。对所传送的数据信息来说，由于这个电路并没有对其产生什么影响，因此可以说数据信息"看不见"这个电路，或者可以说这个电路对该数据信息来说是透明的。这样任意组合的数据信息都可以在这个电路上传送。

② 可靠性高。所有帧均采用循环冗余校验（Cyclic Redundancy Check，CRC），在 HDLC 中，差错控制的范围是除了 F 标志的整个帧，而基本型传输控制规程中不包括前缀和部分控制字符。另外 HDLC 对 I 帧进行编号传输，有效地防止了帧的重收和漏收。

③ 传输效率高。它使用全双工方式通信，遵循面向位的通信规则，同步数据控制协议；HDLC 中额外的开销少，允许高效的差错控制和流量控制。

④ 适应性强。HDLC 协议不依赖于任何一种字符编码集，它能适应各种类型的工作站和链路。

⑤ 结构灵活。在 HDLC 中，传输控制功能和处理功能分离，层次清楚，应用非常灵活。

（2）HDLC 帧。

完整的 HDLC 帧由标志字段（F）、地址字段（A）、控制字段（C）、信息字段（I）、FCS 字段等组成。

① 标志字段为 01111110，用以标志帧的开始与结束，也可以作为帧与帧之间的填充字符。

② 地址字段携带的是地址信息。

③ 控制字段用于构成各种命令及响应，以便对链路进行监视与控制。发送方利用控制字段来通知接收方执行约定的操作；相反，接收方将该字段作为对命令的响应，并报告已经完成的操作或状态的变化。

④ 信息字段可以包含任意长度的二进制数，其上限由 FCS 字段或通信节点的缓存容量决定，目前用得较多的是 1000～2000 位，而下限可以是 0，即无信息字段。监控帧中不能有信息字段。

⑤ FCS 字段可以使用 16 位 CRC 对两个标志字段之间的内容进行校验。

HDLC 有 3 种类型的帧，如图 6.3 所示。

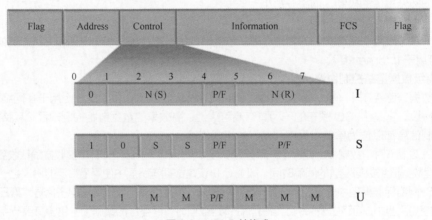

图 6.3　HDLC 帧格式

① 信息帧用于传送有效信息或数据，通常简称为 I 帧。

② 监控帧用于实现差错控制和流量控制，通常简称为 S 帧。S 帧的标志是控制字段前两位为 10。S 帧不带信息字段，只有 6 个字节，即 48 位。

③ 无编号帧简称为 U 帧，U 帧用于提供对链路的建立、拆除及多种控制功能。

3. 帧中继

帧中继是于 1992 年兴起的一种新的公用数据网通信协议，1994 年开始迅速发展。帧中继是一种有效的数据传输技术，它可以在一对一或者一对多的应用中快速而低廉地传输数字信息。它用于语音、数据通信，既可用于局域网的通信，也可用于广域网的通信。帧中继网络对终端用户来说，它通过一条经常改变且对用户不可见的信道来处理与其他用户间的数据传输。

帧中继的主要特点：用户信息以帧（Frame）为单位进行传送，网络在传送过程中对帧结构、传送差错等进行检查，并将出错帧直接丢弃；同时，通过对帧中地址段数据链路连接标识符（Data Link Connection Identifier，DLCI）的识别，实现用户信息的统计复用。

帧中继是一种数据包交换通信网络，一般用在数据链路层中。PVC 是通过物理网络交换式虚拟电路（SVCs）构成端到端逻辑链接的，类似于公共电话交换网中的电路交换，它也是帧中继描述中的一部分，只是现在已经很少在实际中使用。另外，帧中继最初是为紧凑格式版 X.25 协议而设计的。

DLCI 是用来标识各端点的一个具有局部意义的数值。多个 PVC 可以连接到同一个物理终端，PVC 一般都会指定 CIR 和额外信息速率（Excessive Information Rate，EIR）。

帧中继被设计为可以更有效地利用现有的物理资源，由于绝大多数用户不可能百分之百地利用数据服务，因此允许给电信运营商的用户提供超过供应的数据服务。

帧中继正逐渐被 ATM、IP 等（包括 IP 虚拟专用网）替代。

6.1.3 PPP 认证模式

建立 PPP 链路之前，必须先在串行端口上配置链路层协议。华为系列路由器默认在串行端口上使用 PPP。如果端口上运行的不是 PPP，则需要执行 link-protocol ppp 命令来使用数据链路层的 PPP。

PPP 有两种认证模式，一是密码认证协议（Password Authentication Protocol，PAP）模式，二是挑战握手认证协议（Challenge Handshake Authentication Protocol，CHAP）模式。

（1）PAP 的工作原理较为简单。PAP 为挑战两次握手认证协议，密码以明文方式在链路上发送。LCP 协商完成后，认证方要求被认证方使用 PAP 进行认证。被认证方将配置的用户名和密码信息通过 Authenticate-Request 报文以明文方式发送给认证方。

认证方收到被认证方发送的用户名和密码信息之后，根据本地配置的用户名和密码数据库检查用户名和密码信息是否匹配，如果匹配，则返回 Authenticate-Ack 报文，表示认证成功；否则，返回 Authenticate-Nak 报文，表示认证失败。

（2）CHAP 认证过程需要进行 3 次报文的交互。为了匹配请求报文和回应报文，报文中含有 Identifier 字段，一次认证过程所使用的报文均为相同的 Identifier 信息。

① LCP 协商完成后，认证方发送一个 Challenge 报文给被认证方，报文中含有 Identifier 信息和一个随机产生的 Challenge 字符串，此 Identifier 即为后续报文使用的 Identifier。

② 被认证方收到此 Challenge 报文之后，进行一次加密运算，运算公式为 MD5（Identifier+密码+Challenge），意思是将 Identifier、密码和 Challenge 这 3 个部分连成一个字符串；然后对此字符串做 MD5 运算，得到一个 16 字节长的摘要信息，再将此摘要信息和端口上配置的 CHAP 用户名一起封装在 Response 报文中发给认证方。

③ 认证方接收到被认证方发送的 Response 报文之后，按照其中的用户名信息在本地查找相应的密码信息，得到密码信息之后，进行一次加密运算，运算方式和被认证方的加密运算方式相同；然后将加密运算得到的摘要信息和 Response 报文中封装的摘要信息做比较，若相同则认证成功，若不相同则认证失败。

使用 CHAP 模式时，被认证方的密码是被加密后才进行传输的，这样就极大地提高了网络安全性。

任务实施

6.1.4 配置 HDLC

用户只需要在串行端口视图下执行 link-protocol hdlc 命令就可以使用端口的 HDLC 协议。华为设备的串行端口上默认运行 PPP。用户必须在串行链路两端的端口上配置相同的链路协议，才能使双方通信。

（1）进行 HDLC 配置，相关端口与 IP 地址配置如图 6.4 所示，进行网络拓扑连接。

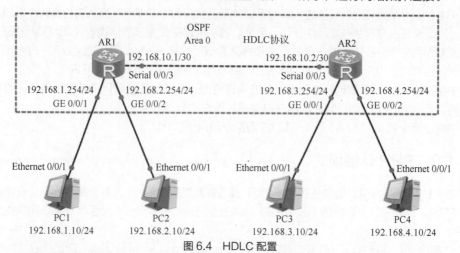

图 6.4　HDLC 配置

（2）配置主机 PC1 和主机 PC3 的 IP 地址，如图 6.5 所示。

图 6.5　配置主机 PC1 和主机 PC3 的 IP 地址

V6-1　HDLC 配置

（3）配置路由器 AR1，相关实例代码如下。

```
<Huawei>system-view
[Huawei]sysname AR1
[AR1]interface GigabitEthernet 0/0/1
[AR1-GigabitEthernet0/0/1]ip address 192.168.1.254 24
[AR1-GigabitEthernet0/0/1]quit
[AR1]interface GigabitEthernet 0/0/2
[AR1-GigabitEthernet0/0/2]ip address 192.168.2.254 24
[AR1-GigabitEthernet0/0/2]quit
[AR1]interface Serial 0/0/3
[AR1-Serial0/0/3]ip address 192.168.10.1 30
[AR1-Serial0/0/3]link-protocol hdlc                //封装 HDLC 协议
[AR1-Serial0/0/3]quit
[AR1]router id 1.1.1.1
```

```
[AR1]ospf1
[AR1-ospf-1]area 0
[AR1-ospf-1-area-0.0.0.0]network 192.168.1.0 0.0.0.255
[AR1-ospf-1-area-0.0.0.0]network 192.168.2.0 0.0.0.255
[AR1-ospf-1-area-0.0.0.0]network 192.168.10.0 0.0.0.3
[AR1-ospf-1-area-0.0.0.0]quit
[AR1-ospf-1]quit
[AR1]
```

（4）配置路由器 AR2，相关实例代码如下。

```
<Huawei>system-view
[Huawei]sysname AR2
[AR2]interface GigabitEthernet 0/0/1
[AR2-GigabitEthernet0/0/1]ip address 192.168.3.254 24
[AR2-GigabitEthernet0/0/1]quit
[AR2]interface GigabitEthernet 0/0/2
[AR2-GigabitEthernet0/0/2]ip address 192.168.4.254 24
[AR2-GigabitEthernet0/0/2]quit
[AR2]interface Serial 0/0/3
[AR2-Serial0/0/3]ip address 192.168.10.2 30
[AR2-Serial0/0/3]link-protocol hdlc                //封装 HDLC 协议
[AR2-Serial0/0/3]quit
[AR2]router id 2.2.2.2
[AR2]ospf1
[AR2-ospf-1]area 0
[AR2-ospf-1-area-0.0.0.0]network 192.168.3.0 0.0.0.255
[AR2-ospf-1-area-0.0.0.0]network 192.168.4.0 0.0.0.255
[AR2-ospf-1-area-0.0.0.0]network 192.168.10.0 0.0.0.3
[AR2-ospf-1-area-0.0.0.0]quit
[AR2-ospf-1]quit
[AR2]
```

（5）显示路由器 AR1、AR2 的配置信息，以路由器 AR1 为例，主要相关实例代码如下。

```
<AR1>display current-configuration
#
sysname AR1
#
router id 1.1.1.1
#
interface Serial0/0/2
 link-protocol ppp
#
interface Serial0/0/3
 link-protocol hdlc
 ip address 192.168.10.1 255.255.255.252
#
interface GigabitEthernet0/0/0
#
interface GigabitEthernet0/0/1
```

```
 ip address 192.168.1.254 255.255.255.0
#
interface GigabitEthernet0/0/2
 ip address 192.168.2.254 255.255.255.0
#
interface GigabitEthernet0/0/3
#
ospf 1
 area 0.0.0.0
  network 192.168.1.0 0.0.0.255
  network 192.168.2.0 0.0.0.255
  network 192.168.10.0 0.0.0.3
#
return
<AR1>
```

（6）显示路由器 AR1 的端口 IP 信息，执行 display ip interface brief 命令，如图 6.6 所示。

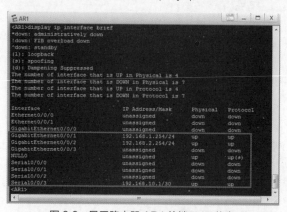

图 6.6　显示路由器 AR1 的端口 IP 信息

（7）测试主机 PC1 的访问联通性，主机 PC1 访问主机 PC3 和主机 PC4 的结果如图 6.7 所示。

图 6.7　测试主机 PC1 的访问联通性

6.1.5　配置 PAP 模式

（1）进行 PAP 模式配置，相关端口与 IP 地址配置如图 6.8 所示，进行网络拓扑连接。

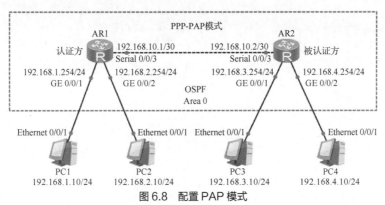

图 6.8　配置 PAP 模式

（2）配置路由器 AR1，相关实例代码如下。

V6-2　配置
PAP 模式

```
<Huawei>system-view
[Huawei]sysname AR1
[AR1]interface GigabitEthernet 0/0/1
[AR1-GigabitEthernet0/0/1]ip address 192.168.1.254 24
[AR1-GigabitEthernet0/0/1]quit
[AR1]interface GigabitEthernet 0/0/2
[AR1-GigabitEthernet0/0/2]ip address 192.168.2.254 24
[AR1-GigabitEthernet0/0/2]quit
[AR1]interface Serial 0/0/3
[AR1-Serial0/0/3]ip address 192.168.10.1 30
[AR1-Serial0/0/3]link-protocol ppp                //封装 PPP
[AR1-Serial0/0/3]ppp authentication-mode pap      //开启 PAP 模式
[AR1-Serial0/0/3]quit
[AR1]aaa                                           //配置 AAA 认证方式
[AR1-aaa]local-user user01 password cipher admin123
                                                  //配置本地用户为 user01，密码为 admin123
[AR1-aaa]local-user user01 service-type ppp        //服务类型为 PPP
[AR1-aaa]quit
[AR1]router id 1.1.1.1
[AR1]ospf 1
[AR1-ospf-1]area 0
[AR1-ospf-1-area-0.0.0.0]network 192.168.1.0 0.0.0.255
[AR1-ospf-1-area-0.0.0.0]network 192.168.2.0 0.0.0.255
[AR1-ospf-1-area-0.0.0.0]network 192.168.10.0 0.0.0.3
[AR1-ospf-1-area-0.0.0.0]quit
[AR1-ospf-1]quit
[AR1]
```

（3）显示路由器 AR1 的配置信息，主要相关实例代码如下。

```
<AR1>display current-configuration
#
```

```
sysname AR1
#
router id 1.1.1.1
#
aaa
 local-user admin password cipher OOCM4m($F4ajUn1vMEIBNUw#
 local-user user01 password cipher BW'Q+rXOKR:z9:%F`[a=wTY#
 local-user user01 service-type ppp
#
interface Serial0/0/2
 link-protocol ppp
#
interface Serial0/0/3
 link-protocol ppp
 ppp authentication-mode pap
 ip address 192.168.10.1 255.255.255.252
#
interface GigabitEthernet0/0/1
 ip address 192.168.1.254 255.255.255.0
#
interface GigabitEthernet0/0/2
 ip address 192.168.2.254 255.255.255.0
#
ospf 1
 area 0.0.0.0
  network 192.168.1.0 0.0.0.255
  network 192.168.2.0 0.0.0.255
  network 192.168.10.0 0.0.0.3
#
return
<AR1>
```

（4）配置路由器 AR2，相关实例代码如下。

```
<Huawei>system-view
[Huawei]sysname AR2
[AR2]interface GigabitEthernet 0/0/1
[AR2-GigabitEthernet0/0/1]ip address 192.168.3.254 24
[AR2-GigabitEthernet0/0/1]quit
[AR2]interface GigabitEthernet 0/0/2
[AR2-GigabitEthernet0/0/2]ip address 192.168.4.254 24
[AR2-GigabitEthernet0/0/2]quit
[AR2]interface Serial 0/0/3
[AR2-Serial0/0/3]ip address 192.168.10.2 30
[AR2-Serial0/0/3]link-protocol ppp                 //封装 PPP
[AR2-Serial0/0/3]ppp pap local-user user01 password cipher admin123
[AR2-Serial0/0/3]quit
[AR2]router id 2.2.2.2
[AR2]ospf 1
[AR2-ospf-1]area 0
```

```
[AR2-ospf-1-area-0.0.0.0]network 192.168.3.0 0.0.0.255
[AR2-ospf-1-area-0.0.0.0]network 192.168.4.0 0.0.0.255
[AR2-ospf-1-area-0.0.0.0]network 192.168.10.0 0.0.0.3
[AR2-ospf-1-area-0.0.0.0]quit
[AR2-ospf-1]quit
[AR2]
```

（5）显示路由器 AR2 的配置信息，主要相关实例代码如下。

```
<AR2>display current-configuration
#
sysname AR2
#
router id 2.2.2.2
#
interface Serial0/0/2
 link-protocol ppp
#
interface Serial0/0/3
 link-protocol ppp
 ppp pap local-user user01 password cipher ^VL!HLV]BSCQ=^Q`MAF4<1!!
 ip address 192.168.10.2 255.255.255.252
#
interface GigabitEthernet0/0/1
 ip address 192.168.3.254 255.255.255.0
#
interface GigabitEthernet0/0/2
 ip address 192.168.4.254 255.255.255.0
#
ospf 1
 area 0.0.0.0
  network 192.168.3.0 0.0.0.255
  network 192.168.4.0 0.0.0.255
  network 192.168.10.0 0.0.0.3
#
return
<AR2>
```

（6）测试主机 PC1 的访问联通性，主机 PC1 访问主机 PC3 的结果如图 6.9 所示。

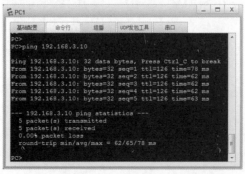

图 6.9　主机 PC1 访问主机 PC3 的结果

6.1.6 配置 CHAP 模式

（1）进行 CHAP 模式配置，相关端口与 IP 地址配置如图 6.10 所示，进行网络拓扑连接。

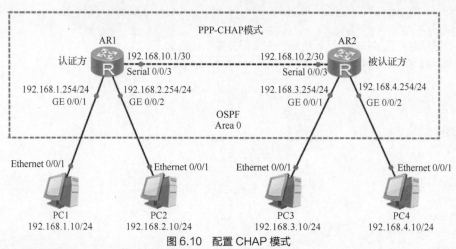

图 6.10 配置 CHAP 模式

（2）配置路由器 AR1，相关实例代码如下。

V6-3 配置
CHAP 模式

```
<Huawei>system-view
[Huawei]sysname AR1
[AR1]interface GigabitEthernet 0/0/1
[AR1-GigabitEthernet0/0/1]ip address 192.168.1.254 24
[AR1-GigabitEthernet0/0/1]quit
[AR1]interface GigabitEthernet 0/0/2
[AR1-GigabitEthernet0/0/2]ip address 192.168.2.254 24
[AR1-GigabitEthernet0/0/2]quit
[AR1]interface Serial 0/0/3
[AR1-Serial0/0/3]ip address 192.168.10.1 30
[AR1-Serial0/0/3]link-protocol ppp                //封装 PPP
[AR1-Serial0/0/3]ppp authentication-mode chap      //开启 CHAP 模式
[AR1-Serial0/0/3]quit
[AR1]aaa                                            //配置 AAA 认证方式
[AR1-aaa]local-user user01 password cipher admin123
                                                   //配置本地用户为 user01，密码为 admin123
[AR1-aaa]local-user user01 service-type ppp        //服务类型为 PPP
[AR1-aaa]quit
[AR1]router id 1.1.1.1
[AR1]ospf
[AR1-ospf-1]area 0
[AR1-ospf-1-area-0.0.0.0]network 192.168.1.0 0.0.0.255
[AR1-ospf-1-area-0.0.0.0]network 192.168.2.0 0.0.0.255
[AR1-ospf-1-area-0.0.0.0]network 192.168.10.0 0.0.0.3
[AR1-ospf-1-area-0.0.0.0]quit
[AR1-ospf-1]quit
[AR1]
```

（3）显示路由器 AR1 的配置信息，主要相关实例代码如下。

```
<AR1>display current-configuration
#
sysname AR1
#
router id 1.1.1.1
#
aaa
 local-user admin password cipher OOCM4m($F4ajUn1vMEIBNUw#
 local-user user01 password cipher j}~/F[)kpU]@I3D+mKgU*#k#
 local-user user01 service-type ppp
#
interface Serial0/0/2
 link-protocol ppp
#
interface Serial0/0/3
 link-protocol ppp
 ppp authentication-mode chap
 ip address 192.168.10.1 255.255.255.252
#
interface GigabitEthernet0/0/0
#
interface GigabitEthernet0/0/1
 ip address 192.168.1.254 255.255.255.0
#
interface GigabitEthernet0/0/2
 ip address 192.168.2.254 255.255.255.0
#
interface GigabitEthernet0/0/3
#
ospf 1
 area 0.0.0.0
  network 192.168.1.0 0.0.0.255
  network 192.168.2.0 0.0.0.255
  network 192.168.10.0 0.0.0.3
#
return
<AR1>
```

（4）配置路由器 AR2，相关实例代码如下。

```
<Huawei>system-view
[Huawei]sysname AR2
[AR2]interface GigabitEthernet 0/0/1
[AR2-GigabitEthernet0/0/1]ip address 192.168.3.254 24
[AR2-GigabitEthernet0/0/1]quit
[AR2]interface GigabitEthernet 0/0/2
[AR2-GigabitEthernet0/0/2]ip address 192.168.4.254 24
[AR2-GigabitEthernet0/0/2]quit
```

```
[AR2]interface Serial 0/0/3
[AR2-Serial0/0/3]ip address 192.168.10.2 30
[AR2-Serial0/0/3]link-protocol ppp                    //封装 PPP
[AR2-Serial0/0/3]ppp chap user user01
                                          //配置被认证方 CHAP 用户名为 user01
[AR2-Serial0/0/3]ppp chap password   cipher admin123
                                          //配置被认证方 CHAP 密码为 admin123
[AR2-Serial0/0/3]quit
[AR2]router id 2.2.2.2
[AR2]ospf
[AR2-ospf-1]area 0
[AR2-ospf-1-area-0.0.0.0]network 192.168.3.0 0.0.0.255
[AR2-ospf-1-area-0.0.0.0]network 192.168.4.0 0.0.0.255
[AR2-ospf-1-area-0.0.0.0]network 192.168.10.0 0.0.0.3
[AR2-ospf-1-area-0.0.0.0]quit
[AR2-ospf-1]quit
[AR2]
```

（5）显示路由器 AR2 的配置信息，主要相关实例代码如下。

```
<AR2>display current-configuration
#
sysname AR2
#
router id 2.2.2.2
#
interface Serial0/0/2
link-protocol ppp
#
interface Serial0/0/3
 link-protocol ppp
 ppp chap user user01
 ppp chap password cipher ^VL!HLV]BSCQ=^Q`MAF4<1!!
 ip address 192.168.10.2 255.255.255.252
#
interface GigabitEthernet0/0/1
 ip address 192.168.3.254 255.255.255.0
#
interface GigabitEthernet0/0/2
 ip address 192.168.4.254 255.255.255.0
#
interface GigabitEthernet0/0/3
#
ospf 1
 area 0.0.0.0
  network 192.168.3.0 0.0.0.255
  network 192.168.4.0 0.0.0.255
  network 192.168.10.0 0.0.0.3
#
```

```
return
<AR2>
```

（6）测试主机 PC2 的访问联通性，主机 PC2 访问主机 PC4 的结果如图 6.11 所示。

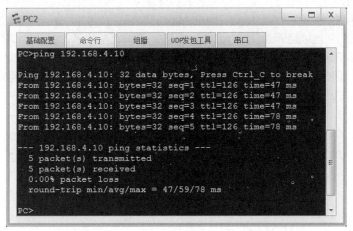

图 6.11　主机 PC2 访问主机 PC4 的结果

任务 6.2　NAT 技术

任务陈述

　　小李是公司的网络工程师。公司业务不断发展，越来越离不开网络。Internet 中的任何两台主机通信都需要全球唯一的 IP 地址，而且越来越多的用户加入 Internet 中，使得 IP 地址资源越来越紧张。公司申请了一段公网的 C 类 IP 地址，但由于申请的 IP 地址较少，无法满足公司员工的需求。小李考虑到公司的实际困难，决定使用 NAT 技术来解决公司员工上网的问题。小李根据公司的要求制定了一份合理的网络实施方案，那么他该如何完成网络设备的相应配置呢？

知识准备

6.2.1　NAT 技术概述

　　随着网络技术的发展、接入 Internet 的计算机数量不断增加，Internet 中空闲的 IP 地址越来越少，IP 地址资源也就越来越紧张。事实上，除了中国教育和科研计算机网（China Education and Research Network，CERNET）外，一般用户几乎申请不到整段的 C 类 IP 地址。在其他互联网服务提供商（Internet Service Provider，ISP）那里，即使是拥有几百台计算机的大型局域网用户，当他们申请 IP 地址时，所分配到的地址也不过只有几个或十几个 IP 地址。显然，这么少的 IP 地址根本无法满足网络用户的需求，于是产生了 NAT 技术。目前 NAT 技术有限地解决了此问题，使得私有网络 IP 可以访问外网。虽然 NAT 技术可以借助某些代理服务器来实现，但考虑到运算成本和网络性能，很多时候都是在路由器上来实现的。

6.2.2 NAT 概述

1. NAT 简介

网络地址转换（Network Address Translation，NAT）技术是 1994 年被提出的。简单来说，它就是把内部私有 IP 地址翻译成合法有效的网络公有 IP 地址的技术，如图 6.12 所示。若专用网内部的一些主机本来已经分配到了本地 IP 地址（即仅在本专用网内使用的专用地址），但现在又想和 Internet 上的主机通信（并不需要加密），可使用 NAT 技术，这种技术需要在专用网连接到 Internet 的路由器上安装 NAT 软件。装有 NAT 软件的路由器叫作 NAT 路由器，它至少有一个有效的外部全球 IP 地址。这样，所有使用本地 IP 地址的主机在和外界通信时，都要在 NAT 路由器上将其本地 IP 地址转换成全球 IP 地址，才能和 Internet 连接。

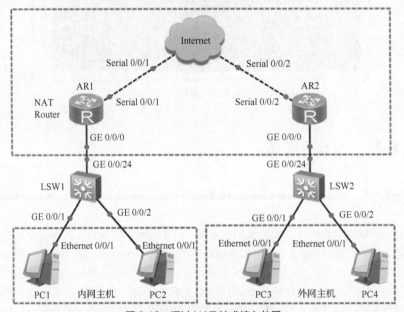

图 6.12　通过 NAT 技术接入外网

NAT 技术不仅能解决 IP 地址不足的问题，而且还能够有效地避免来自外部网络的攻击，隐藏并保护内部网络的计算机。

（1）作用：通过将内部网络的私有 IP 地址翻译成全球唯一的公有 IP 地址，使内部网络可以连接到互联网等外部网络上。

（2）优点：节省公共合法 IP 地址；处理地址重叠；增强了灵活性与安全性。

（3）缺点：延迟增加；增加了配置和维护的复杂性；不支持某些应用，但可以通过静态 NAT 映射来避免。

要真正了解 NAT 就必须先了解现在 IP 地址的使用情况，私有 IP 地址是指内部网络或主机的 IP 地址，公有 IP 地址是指在 Internet 上全球唯一的 IP 地址。RFC 1918 为私有网络预留出了 3 个 IP 地址块，如下所示。

A 类：10.0.0.0～10.255.255.255。

B 类：172.16.0.0～172.31.255.255。

C 类：192.168.0.0～192.168.255.255。

上述 3 个范围内的地址不会在 Internet 上被分配，因此可以不必向 ISP 或注册中心申请并在公司或企业内部自由使用。

2. NAT 术语

内部本地地址（Inside Local Address）：一个内部网络中的设备在内部的 IP 地址，即分配给内部网络中主机的 IP 地址；这种地址通常来自 RFC 1918 指定的私有地址空间，即内部主机的实际地址。

内部全局地址（Inside Global Address）：一个内部网络中的设备在外部的 IP 地址，即内部全局 IP 地址对外代表一个或多个内部 IP 地址，这种地址来自全局唯一的地址空间，通常是 ISP 提供的，即内部主机经 NAT 转换后去往外部的地址。

外部本地地址（Outside Local Address）：一个外部网络中的设备在内部的 IP 地址，即在内部网络中看到的外部主机 IP 地址；它通常来自 RFC 1918 定义的私有地址空间，即外部主机由 NAT 设备转换后的地址。

外部全局地址（Outside Global Address）：一个外部网络中的设备在外部的 IP 地址，即外部网络中的主机 IP 地址；它通常来自全局可路由的地址空间，即外部主机的真实地址，如图 6.13 所示。

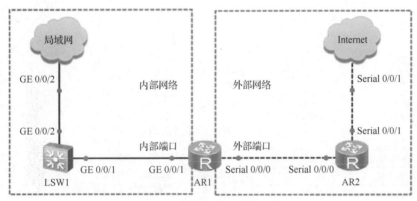

图 6.13　内部网络与外部网络

6.2.3　静态 NAT

1. 静态转换

静态转换（Static NAT）是指将内部网络的私有 IP 地址转换为公有 IP 地址。IP 地址对是一对一的永久对应关系，某个私有 IP 地址只能转换为某个公有 IP 地址。借助静态转换，可以实现外部网络对内部网络中某些特定设备（如服务器）的访问。

2. 静态 NAT 的工作过程

静态 NAT 的转换条目需要预先手动配置，建立内部本地地址和内部全局地址的一对一永久对应关系，即将一个内部本地地址和一个内部全局地址进行绑定。借助静态转换，可以隐藏内部服务器的地址信息，提高网络安全性。

当内部主机 PC1 访问外部主机 PC3 的资源时，内部主机静态 NAT 的工作过程如图 6.14 所示。

（1）主机 PC1 以私有 IP 地址 192.168.1.10 为源地址向主机 PC3 发送报文，路由器 AR1 在接收到主机 PC1 发来的报文时，检查 NAT 转换表，若该地址配置有静态 NAT 映射，就进入下一步；若没有配置静态 NAT 映射，则转换不成功。

（2）当路由器 AR1 配置有静态 NAT 时，则把源地址（192.168.1.10）替换成对应的转换地址（202.199.184.10），经转换后，数据包的源地址变为 202.199.184.10，然后转发该数据包。

（3）当主机 PC3（200.100.3.10）接收到数据包后，将向源地址 202.199.184.10 发送响应报文，如图 6.15 所示。

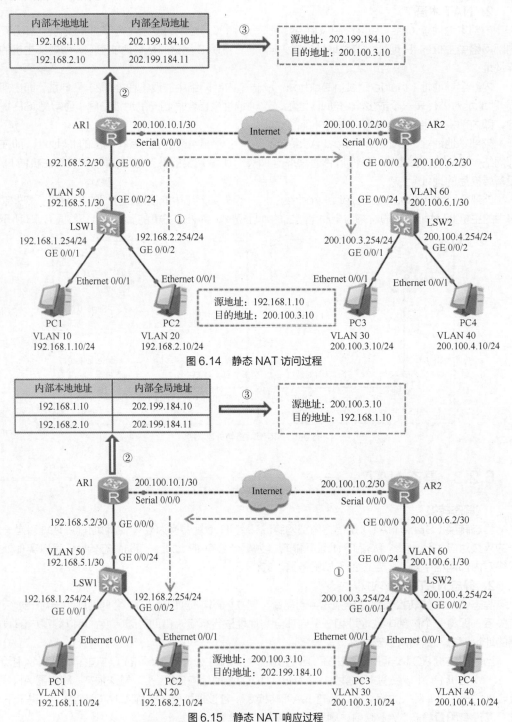

图 6.14　静态 NAT 访问过程

图 6.15　静态 NAT 响应过程

（4）当路由器 AR1 接收到内部全局地址的数据包时，将以内部全局地址 202.199.184.10 为关键字查找 NAT 转换表，再将数据包的目的地址转换成 192.168.1.10，同时转发给主机 PC1。

（5）主机 PC1 接收到响应报文，继续保持会话，直至会话结束。

6.2.4 动态 NAT

1. 动态转换

动态转换（Dynamic NAT）是指将内部网络的私有 IP 地址转换为公有 IP 地址时，IP 地址是不确定的、随机的，所有被授权访问 Internet 的私有 IP 地址都可随机转换为任何指定的合法 IP 地址。也就是说，只要指定哪些内部地址可以进行转换，以及用哪些合法地址作为外部地址，就可以进行动态转换。动态转换可以使用多个合法外部地址集，当 ISP 提供的合法 IP 地址略少于网络内部的计算机数量时，可以采用动态转换的方式。

静态 NAT 是在路由器上手动配置内部本地地址与内部全局地址一对一地进行转换映射，配置完成后，该全局地址不允许其他主机使用，在一定程度上造成了 IP 地址资源的浪费。动态 NAT 也是将内部本地地址与内部全局地址一对一地进行转换映射，但是动态 NAT 是从内部全局地址池中动态选择一个未被使用的地址对内部本地地址进行转换映射的，动态地址转换条目是动态创建的，无须预先手动创建。

2. 动态 NAT 工作过程

动态 NAT 在路由器中建立一个地址池来放置可用的内部全局地址，当有内部本地地址需要转换时，查询地址池，取出内部全局地址建立地址映射关系，实现动态 NAT 地址转换。当使用完成后，释放该映射关系，将这个内部全局地址返回地址池中，以供其他用户使用。

当内部主机 PC1 访问外部主机 PC3 的资源时，内部主机动态 NAT 的工作过程如图 6.16 所示。

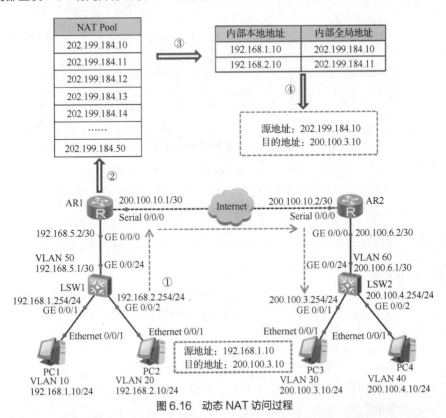

图 6.16 动态 NAT 访问过程

（1）主机 PC1 以私有 IP 地址 192.168.1.10 为源地址向主机 PC3 发送报文，路由器 AR1 在接收到主机 PC1 发来的报文时，检查 NAT 地址池，发现需要将该报文的源地址进行转换，并从路由器 AR1 的地址池中选择一个未被使用的全局地址 202.199.184.10 用于转换。

（2）路由器 AR1 将内部本地地址 192.168.1.10 替换成对应的转换地址 202.199.184.10，经转换后，数据包的源地址变为 202.199.184.10，然后转发该数据包，并创建一个动态 NAT 表项。

（3）当主机 PC3 收到报文后，使用 200.100.3.10 作为源地址、内部全局地址 202.199.184.10 作为目的地址来进行应答，如图 6.17 所示。

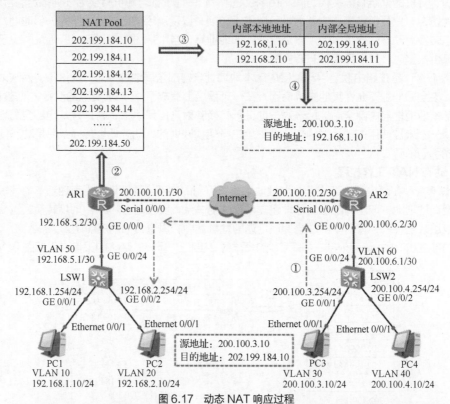

图 6.17　动态 NAT 响应过程

（4）当路由器 AR1 接收到内部全局地址的数据包时，将以内部全局地址 202.199.184.10 为关键字查找 NAT 转换表，再将数据包的目的地址转换成 192.168.1.10，同时转发给主机 PC1。

（5）主机 PC1 接收到响应报文，继续保持会话，直至会话结束。

6.2.5　PAT

1. 端口多路复用

端口多路复用是指改变外出数据包的源端口并进行端口转换。端口地址转换（Port Address Translation，PAT）采用端口多路复用方式。内部网络的所有主机均可共享一个合法外部 IP 地址实现对 Internet 的访问，从而可以最大限度地节约 IP 地址资源；同时，又可隐藏网络内部的所有主机，有效避免来自 Internet 的攻击。因此，目前网络中应用最多的就是 PAT。

静态 NAT 与动态 NAT 技术实现了内网访问外网的目的，动态 NAT 虽然解决了内部全局地址灵活使用的难题，但是并没有从根本上解决 IP 地址不足的问题，那么如何实现多个主机使用一个公有 IP 地址访问外网呢？PAT 技术可以解决这个问题。

PAT 是动态 NAT 的一种实现形式，PAT 利用不同的端口号将多个内部私有 IP 地址转换为一个外部 IP 地址，实现了多台主机访问外网而且只用一个 IP 地址。

2. PAT 的工作过程

PAT 和动态 NAT 的区别在于 PAT 只需要一个内部全局地址就可以映射多个内部本地地址，通过端口号来区分不同的主机；与动态 NAT 一样，PAT 的地址池中也存放了很多的内部全局地址，转换时从地址池中获取一个内部全局地址，在转换表中建立内部本地地址及端口号与内部全局地址及端口号的映射关系。

当内部主机 PC1 访问外部主机 PC3 的资源时，内部主机使用 PAT 技术的工作过程如图 6.18 所示。

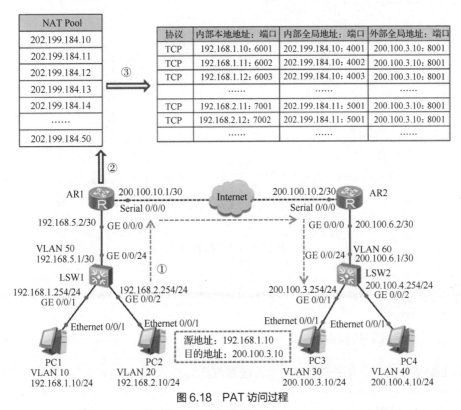

图 6.18　PAT 访问过程

（1）主机 PC1 以私有 IP 地址 192.168.1.10 为源地址且端口号为 6001，向主机 PC3 发送报文，路由器 AR1 在接收到主机 PC1 发来的报文时，检查 NAT 地址池，发现需要将该报文的源地址进行转换，并从路由器 AR1 的地址池中选择一个未被使用的全局地址 202.199.184.10、端口号 4001 用于转换。

（2）路由器 AR1 将内部本地地址 192.168.10.10:6001 替换成对应的转换地址 202.199.184.10:4001，经转换后，数据包的源地址变为 202.199.184.10:4001，然后转发该数据包，并创建一个动态 NAT 表项。

（3）当主机 PC3 收到报文后，使用 200.100.3.10 作为源地址且端口号为 8001，并以内部全局地址 202.199.184.10:4001 作为目的地址来进行应答，如图 6.19 所示。

（4）当路由器 AR1 接收到内部全局地址的数据包时，将以内部全局地址 202.199.184.10:4001 为关键字查找 NAT 转换表，再将数据包的目的地址转换成 192.168.1.10:6001，同时转发给主机 PC1。

（5）主机 PC1 接收到响应报文，继续保持会话，直至会话结束。

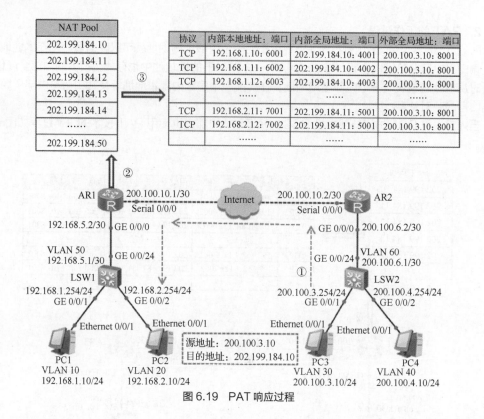

图 6.19　PAT 响应过程

任务实施

6.2.6　配置静态 NAT

（1）配置静态 NAT，相关端口与 IP 地址配置如图 6.20 所示，进行网络拓扑连接。

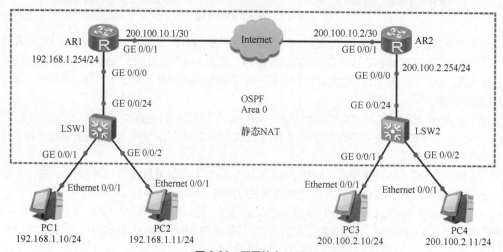

图 6.20　配置静态 NAT

（2）配置主机 PC1 和主机 PC3 的 IP 地址，如图 6.21 所示。

V6-4　配置
静态 NAT

V6-5　配置静态
NAT——结果测试

图 6.21　配置主机 PC1 和主机 PC3 的 IP 地址

（3）配置路由器 AR1，相关实例代码如下。

```
<Huawei>system-view
[Huawei]sysname AR1                                        //配置路由器名称
[AR1]interface GigabitEthernet 0/0/0
[AR1-GigabitEthernet0/0/0]ip address 192.168.1.254 24       //配置端口 IP 地址
[AR1-GigabitEthernet0/0/0]quit
[AR1]interface GigabitEthernet 0/0/1
[AR1-GigabitEthernet 0/0/1]ip address 200.100.10.1 30       //配置端口 IP 地址
[AR1-GigabitEthernet 0/0/1]nat static global 202.199.184.10 inside 192.168.1.10
[AR1-GigabitEthernet 0/0/1]nat static global 202.199.184.11 inside 192.168.1.11
                            //配置内部全局 IP 地址与内部本地 IP 地址的映射关系
[AR1-GigabitEthernet 0/0/1]quit
[AR1]router id 1.1.1.1
[AR1]ospf 1
[AR1-ospf-1]area 0
[AR1-ospf-1-area-0.0.0.0]network 200.100.10.0 0.0.0.3        //路由通告
[AR1-ospf-1-area-0.0.0.0]quit
[AR1-ospf-1]quit
[AR1]
```

（4）配置路由器 AR2，相关实例代码如下。

```
<Huawei>system-view
[Huawei]sysname AR2                                        //配置路由器名称
[AR2]interface GigabitEthernet 0/0/0
[AR2-GigabitEthernet0/0/0]ip address 200.100.2.254 24       //配置端口 IP 地址
[AR2-GigabitEthernet0/0/0]quit
[AR2]interface GigabitEthernet 0/0/1
[AR2-GigabitEthernet 0/0/1]ip address 200.100.10.2 30       //配置端口 IP 地址
[AR2-GigabitEthernet 0/0/1]quit
[AR2]router id 2.2.2.2
[AR2]ospf 1
[AR2-ospf-1]area 0
[AR2-ospf-1-area-0.0.0.0]network 200.100.10.0 0.0.0.3        //路由通告
[AR2-ospf-1-area-0.0.0.0]network 200.100.2.0 0.0.0.255       //路由通告
```

```
[AR2-ospf-1-area-0.0.0.0]quit
[AR2-ospf-1]quit
[AR2]ip route-static 202.199.184.0 255.255.255.0 200.100.10.1
        //配置静态路由，到达 NAT 转换后的内部全局地址 202.199.184.0 网段的路由
```

（5）显示路由器 AR1、AR2 的配置信息，以路由器 AR1 为例，主要相关实例代码如下。

```
<AR1>display current-configuration
#
sysname AR1
#
router id 1.1.1.1
#
interface GigabitEthernet0/0/0
 ip address 192.168.1.254 255.255.255.0
#
interface GigabitEthernet 0/0/1
 ip address 200.100.10.1 255.255.255.252
 nat static global 202.199.184.10 inside 192.168.1.10 netmask 255.255.255.255
 nat static global 202.199.184.11 inside 192.168.1.11 netmask 255.255.255.255
#
ospf 1
 area 0.0.0.0
  network 200.100.10.0 0.0.0.3
#
return
<AR1>
```

（6）验证主机 PC1 的访问联通性，主机 PC1 访问主机 PC3 的结果如图 6.22 所示。

图 6.22　验证主机 PC1 的访问联通性

（7）在主机 PC1 持续访问主机 PC3 时，查看路由器 AR1 的 NAT 信息，执行命令 display nat session all verbose 后，显示的各字段的含义如表 6.1 所示。

表 6.1　NAT 转换后显示的各字段的含义

字段	功能描述
NAT Session Table Information	显示 NAT 映射表项的信息
Protocol	显示协议类型
SrcAdd Port Vpn	显示转换前源地址、服务端口号和 VPN 实例名称
DestAdd Port Vpn	显示转换前目的地址、服务端口号和 VPN 实例名称
Time To Live	显示生存周期
NAT-Info	显示 NAT 信息
New SrcAdd	显示转换后的源地址
New SrcPort	显示转换后的源端口号
New DestAdd	显示转换后的目的地址
New DestPort	显示转换后的目的端口号
Total	显示 NAT 映射表项的个数

执行命令 display nat session all verbose，显示路由器 AR1 的配置信息，结果如图 6.23 所示。

（8）查看路由器 AR1 的静态 NAT 地址信息，执行命令 display nat static，如图 6.24 所示。

图 6.23　查看路由器 AR1 的 NAT 信息　　　图 6.24　查看路由器 AR1 的静态 NAT 地址信息

（9）显示路由器 AR1 的路由表信息，执行命令 display ip routing-table，如图 6.25 所示。可以看到两条直连路由（192.168.1.0 网段与 200.100.10.0 网段），OSPF 路由学习到一条路由（200.100.2.0 网段），而 202.199.184.0 网段作为回还地址段使用。

（10）显示路由器 AR2 的路由表信息，执行命令 display ip routing-table，如图 6.26 所示。可以看到两条直连路由（200.100.10.0 网段和 200.100.2.0 网段）、一条静态路由（202.199.184.0 网段），从路由器 AR2 中可以看出直连在路由器 AR1 上的网段地址 192.168.1.0 并没有学习到，这是因为在路由器 AR1 上并没有通告网段地址 192.168.1.0，所以没有学习到。在路由器 AR1 上做了静态 NAT 配置，所以主机 PC1 可以访问主机 PC3。

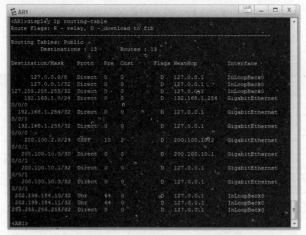

图 6.25　显示路由器 AR1 的路由表信息

图 6.26　显示路由器 AR2 的路由表信息

6.2.7　配置动态 NAT

（1）配置动态 NAT，相关端口与 IP 地址配置如图 6.27 所示，进行网络拓扑连接。

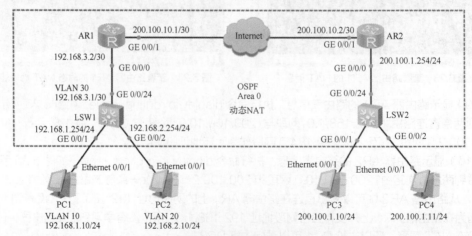

图 6.27　配置动态 NAT

（2）配置主机 PC1 和主机 PC3 的 IP 地址，如图 6.28 所示。

V6-6　配置
动态 NAT

V6-7　配置动态
NAT——结果测试

图 6.28　配置主机 PC1 和主机 PC3 的 IP 地址

（3）配置交换机 LSW1，相关实例代码如下。

```
<Huawei>system-view
[Huawei]sysname LSW1
[LSW1]vlan batch 10 20 30
[LSW1]interface GigabitEthernet 0/0/1
[LSW1-GigabitEthernet0/0/1]port link-type access
[LSW1-GigabitEthernet0/0/1]port default vlan 10
[LSW1-GigabitEthernet0/0/1]quit
[LSW1]interface GigabitEthernet 0/0/2
[LSW1-GigabitEthernet0/0/2]port link-type access
[LSW1-GigabitEthernet0/0/2]port default vlan 20
[LSW1-GigabitEthernet0/0/2]quit
[LSW1]interface GigabitEthernet 0/0/24
[LSW1-GigabitEthernet0/0/24]port link-type access
[LSW1-GigabitEthernet0/0/24]port default vlan 30
[LSW1-GigabitEthernet0/0/24]quit
[LSW1]interface Vlanif 10
[LSW1-Vlanif10]ip address 192.168.1.254 24
[LSW1-Vlanif10]quit
[LSW1]interface Vlanif 20
[LSW1-Vlanif20]ip address 192.168.2.254 24
[LSW1-Vlanif20]quit
[LSW1]interface Vlanif 30
[LSW1-Vlanif30]ip address 192.168.3.1 30
[LSW1-Vlanif30]quit
[LSW1]router id 1.1.1.1
[LSW1]ospf 1
[LSW1-ospf-1]area 0
[LSW1-ospf-1-area-0.0.0.0]network 192.168.3.0 0.0.0.3        //路由通告
[LSW1-ospf-1-area-0.0.0.0]network 192.168.1.0 0.0.0.255      //路由通告
[LSW1-ospf-1-area-0.0.0.0]network 192.168.2.0 0.0.0.255      //路由通告
[LSW1-ospf-1-area-0.0.0.0]quit
[LSW1-ospf-1]quit
[LSW1]
```

（4）显示交换机 LSW1 的配置信息，主要相关实例代码如下。

```
<LSW1>display current-configuration
#
sysname LSW1
#
router id 1.1.1.1
#
vlan batch 10 20 30
#
interface Vlanif10
 ip address 192.168.1.254 255.255.255.0
#
interface Vlanif20
 ip address 192.168.2.254 255.255.255.0
#
interface Vlanif30
 ip address 192.168.3.1 255.255.255.252
#
interface GigabitEthernet0/0/1
 port link-type access
 port default vlan 10
#
interface GigabitEthernet0/0/2
 port link-type access
 port default vlan 20
#
interface GigabitEthernet0/0/24
 port link-type access
 port default vlan 30
#
ospf 1
 area 0.0.0.0
  network 192.168.1.0 0.0.0.255
  network 192.168.2.0 0.0.0.255
  network 192.168.3.0 0.0.0.3
#
return
<LSW1>
```

（5）配置路由器 AR1，相关实例代码如下。

```
<Huawei>system-view
Enter system view, return user view with Ctrl+Z.
[Huawei]sysname AR1
[AR1]interface GigabitEthernet 0/0/0
[AR1-GigabitEthernet0/0/0]ip address 192.168.3.2 30
[AR1-GigabitEthernet0/0/0]quit
[AR1]interface GigabitEthernet 0/0/1
[AR1-GigabitEthernet0/0/1]ip address 200.100.10.1 30
```

```
[AR1-GigabitEthernet0/0/1]quit
[AR1]router id 2.2.2.2
[AR1]ospf 1
[AR1-ospf-1]area 0
[AR1-ospf-1-area-0.0.0.0]network 192.168.3.0 0.0.0.3          //路由通告
[AR1-ospf-1-area-0.0.0.0]network 200.100.10.0 0.0.0.3          //路由通告
[AR1-ospf-1-area-0.0.0.0]quit
[AR1-ospf-1]quit
[AR1]nat address-group 1 202.199.184.10 202.199.184.100        //为 VLAN 10 分配全局地址
[AR1]nat address-group 2 202.199.184.101 202.199.184.200       //为 VLAN 20 分配全局地址
[AR1]acl number 3021                                           //定义扩展访问列表 3021
[AR1-acl-adv-3021]rule 1 permit ip source 192.168.1.0 0.0.0.255   //允许 VLAN 10 数据通过
[AR1-acl-adv-3021]quit
[AR1]acl number 3022                                           //定义扩展访问列表 3022
[AR1-acl-adv-3022]rule 2 permit ip source 192.168.2.0 0.0.0.255   //允许 VLAN 20 数据通过
[AR1-acl-adv-3022]quit
[AR1]interface GigabitEthernet 0/0/1
[AR1-GigabitEthernet0/0/1]nat outbound 3021 address-group 1 no-pat
                                                              //动态 NAT 映射 VLAN 10
[AR1-GigabitEthernet0/0/1]nat outbound 3022 address-group 2 no-pat
                                                              //动态 NAT 映射 VLAN 20
[AR1-GigabitEthernet0/0/1]quit
[AR1]
```

（6）配置路由器 AR2，相关实例代码如下。

```
<Huawei>system-view
[Huawei]sysname AR2                                           //配置路由器名称
[AR2]interface GigabitEthernet 0/0/0
[AR2-GigabitEthernet0/0/0] ip address 200.100.1.254 24        //配置端口 IP 地址
[AR2-GigabitEthernet0/0/0]quit
[AR2]interface GigabitEthernet 0/0/1
[AR2-GigabitEthernet0/0/1] ip address 200.100.10.2 30         //配置端口 IP 地址
[AR2-GigabitEthernet0/0/1]quit
[AR2]router id 3.3.3.3
[AR2]ospf 1
[AR2-ospf-1]area 0
[AR2-ospf-1-area-0.0.0.0]network 200.100.1.0 0.0.0.255        //路由通告
[AR2-ospf-1-area-0.0.0.0]network 200.100.10.0 0.0.0.3         //路由通告
[AR2-ospf-1-area-0.0.0.0]quit
[AR2-ospf-1]quit
[AR2] ip route-static 202.199.184.0 255.255.255.0 200.100.10.1
        //配置静态路由，到达 NAT 转换后的内部全局地址 202.199.184.0 网段的路由
[AR2]
```

（7）显示路由器 AR1、AR2 的配置信息，以路由器 AR1 为例，主要相关实例代码如下。

```
<AR1>display current-configuration
#
sysname AR1
#
```

```
router id 2.2.2.2
#
acl number 3021
 rule 5 permit ip source 192.168.1.0 0.0.0.255
acl number 3022
 rule 5 permit ip source 192.168.2.0 0.0.0.255
#
 nat address-group 1 202.199.184.10 202.199.184.100
 nat address-group 2 202.199.184.101 202.199.184.200
#
interface GigabitEthernet0/0/0
 ip address 192.168.3.2 255.255.255.252
#
interface GigabitEthernet0/0/1
 ip address 200.100.10.1 255.255.255.252
 nat outbound 3021 address-group 1 no-pat
 nat outbound 3022 address-group 2 no-pat
#
ospf 1
 area 0.0.0.0
  network 192.168.3.0 0.0.0.3
  network 200.100.10.0 0.0.0.3
#
return
<AR1>
```

（8）验证主机 PC1 的访问联通性，主机 PC1 访问主机 PC3 的结果如图 6.29 所示。

图 6.29　验证主机 PC1 的访问联通性

（9）在主机 PC1 持续访问主机 PC3 时，执行命令 display nat session all verbose，显示路由器 AR1 的配置信息，结果如图 6.30 所示。

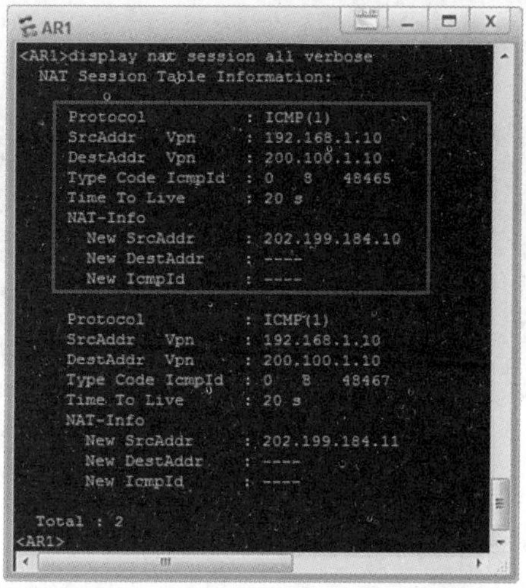

图 6.30　主机 PC1 持续访问时查看路由器 AR1 的 NAT 信息

可以看出 VLAN 10 中的主机被动态转换成 202.199.184.10 至 202.199.184.100 之间网段的地址，显示 NAT 映射表项的个数为 2。

（10）在主机 PC2 持续访问主机 PC4 时，执行命令 display nat session all verbose，显示路由器 AR1 的配置信息，结果如图 6.31 所示。

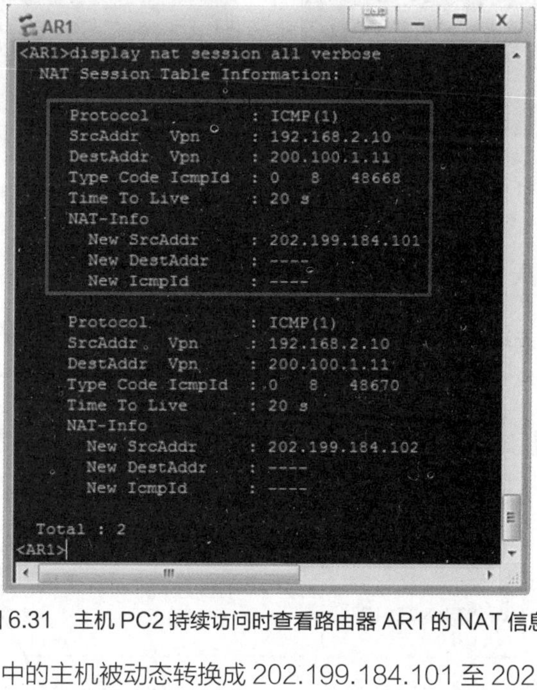

图 6.31　主机 PC2 持续访问时查看路由器 AR1 的 NAT 信息

可以看出 VLAN 10 中的主机被动态转换成 202.199.184.101 至 202.199.184.200 之间网段的地址，显示 NAT 映射表项的个数为 2。

（11）查看路由器 AR1 的动态 NAT 地址信息类型，执行命令 display nat outbound，如图 6.32 所示，可以看出 NAT 地址类型为动态转换：NO-PAT。

（12）查看路由器 AR1 的动态 NAT 地址组信息，执行命令 display nat address-group，如图 6.33 所示。

图 6.32　查看路由器 AR1 的动态 NAT 地址信息类型

（13）显示路由器 AR1 和 AR2、交换机 LSW1 的路由表信息，以路由器 AR1 为例，执行命令 display ip routing-table，如图 6.34 所示。

图 6.33　查看路由器 AR1 的动态 NAT 地址组信息

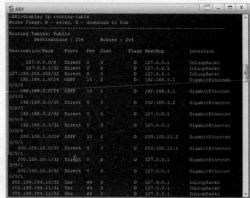

图 6.34　显示路由器 AR1 的路由表信息

6.2.8　配置 PAT

（1）配置 PAT，相关端口与 IP 地址配置如图 6.35 所示，进行网络拓扑连接。

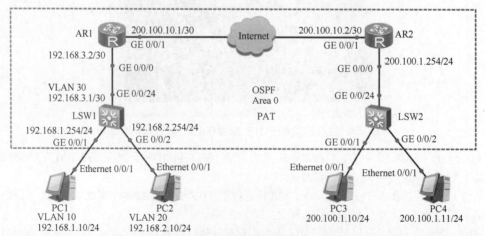

图 6.35　配置 PAT

（2）配置主机 PC2 和主机 PC4 的 IP 地址，如图 6.36 所示。

V6-8　配置 PAT

V6-9　配置 PAT——结果测试

图 6.36　配置主机 PC2 和主机 PC4 的 IP 地址

（3）配置交换机 LSW1，相关实例代码如下。

```
<Huawei>system-view
[Huawei]sysname LSW1
[LSW1]vlan batch 10 20 30
[LSW1]interface GigabitEthernet 0/0/1
[LSW1-GigabitEthernet0/0/1]port link-type access
[LSW1-GigabitEthernet0/0/1]port default vlan 10
[LSW1-GigabitEthernet0/0/1]quit
[LSW1]interface GigabitEthernet 0/0/2
[LSW1-GigabitEthernet0/0/2]port link-type access
[LSW1-GigabitEthernet0/0/2]port default vlan 20
[LSW1-GigabitEthernet0/0/2]quit
[LSW1]interface GigabitEthernet 0/0/24
[LSW1-GigabitEthernet0/0/24]port link-type access
[LSW1-GigabitEthernet0/0/24]port default vlan 30
[LSW1-GigabitEthernet0/0/24]quit
[LSW1]interface Vlanif 10
[LSW1-Vlanif10]ip address 192.168.1.254 24
[LSW1-Vlanif10]quit
[LSW1]interface Vlanif 20
[LSW1-Vlanif20]ip address 192.168.2.254 24
[LSW1-Vlanif20]quit
[LSW1]interface Vlanif 30
[LSW1-Vlanif30]ip address 192.168.3.1 30
[LSW1-Vlanif30]quit
[LSW1]router id 1.1.1.1
[LSW1]ospf 1
[LSW1-ospf-1]area 0
[LSW1-ospf-1-area-0.0.0.0]network 192.168.3.0 0.0.0.3        //路由通告
[LSW1-ospf-1-area-0.0.0.0]network 192.168.1.0 0.0.0.255      //路由通告
[LSW1-ospf-1-area-0.0.0.0]network 192.168.2.0 0.0.0.255      //路由通告
[LSW1-ospf-1-area-0.0.0.0]quit
[LSW1-ospf-1]quit
[LSW1]
```

（4）显示交换机 LSW1 的配置信息，主要相关实例代码如下。

```
<LSW1>display current-configuration
#
sysname LSW1
#
router id 1.1.1.1
#
vlan batch 10 20 30
#
interface Vlanif10
 ip address 192.168.1.254 255.255.255.0
#
interface Vlanif20
 ip address 192.168.2.254 255.255.255.0
#
interface Vlanif30
 ip address 192.168.3.1 255.255.255.252
#
interface GigabitEthernet0/0/1
 port link-type access
 port default vlan 10
#
interface GigabitEthernet0/0/2
 port link-type access
 port default vlan 20
#
interface GigabitEthernet0/0/24
 port link-type access
 port default vlan 30
#
ospf 1
 area 0.0.0.0
  network 192.168.1.0 0.0.0.255
  network 192.168.2.0 0.0.0.255
  network 192.168.3.0 0.0.0.3
#
return
<LSW1>
```

（5）配置路由器 AR1，相关实例代码如下。

```
<Huawei>system-view
Enter system view, return user view with Ctrl+Z.
[Huawei]sysname AR1
[AR1]interface GigabitEthernet 0/0/0
[AR1-GigabitEthernet0/0/0]ip address 192.168.3.2 30
[AR1-GigabitEthernet0/0/0]quit
[AR1]interface GigabitEthernet 0/0/1
[AR1-GigabitEthernet0/0/1]ip address 200.100.10.1 30
```

```
[AR1-GigabitEthernet0/0/1]quit
[AR1]router id 2.2.2.2
[AR1]ospf 1
[AR1-ospf-1]area 0
[AR1-ospf-1-area-0.0.0.0]network 192.168.3.0 0.0.0.3          //路由通告
[AR1-ospf-1-area-0.0.0.0]network 200.100.10.0 0.0.0.3         //路由通告
[AR1-ospf-1-area-0.0.0.0]quit
[AR1-ospf-1]quit
[AR1]nat address-group 1 202.199.184.10 202.199.184.15       //为 VLAN 10 分配全局地址
[AR1]nat address-group 2 202.199.184.20 202.199.184.25       //为 VLAN 20 分配全局地址
[AR1]acl number 3021                                         //定义扩展访问列表 3021
[AR1-acl-adv-3021]rule 1 permit ip source 192.168.1.0 0.0.0.255   //允许 VLAN 10 数据通过
[AR1-acl-adv-3021]quit
[AR1]acl number 3022                                         //定义扩展访问列表 3022
[AR1-acl-adv-3022]rule 2 permit ip source 192.168.2.0 0.0.0.255   //允许 VLAN 20 数据通过
[AR1-acl-adv-3022]quit
[AR1]interface GigabitEthernet 0/0/1
[AR1-GigabitEthernet0/0/1]nat outbound 3021 address-group 1
                              //配置 PAT 映射 VLAN 10
 [AR1-GigabitEthernet0/0/1]nat outbound 3022 address-group 2
                              //配置 PAT 映射 VLAN 20
[AR1-GigabitEthernet0/0/1]quit
[AR1]
```

（6）配置路由器 AR2，相关实例代码如下。

```
<Huawei>system-view
[Huawei]sysname AR2                                          //配置路由器名称
[AR2]interface GigabitEthernet 0/0/0
[AR2-GigabitEthernet0/0/0] ip address 200.100.1.254 24       //配置端口 IP 地址
[AR2-GigabitEthernet0/0/0]quit
[AR2]interface GigabitEthernet 0/0/1
[AR2-GigabitEthernet0/0/1] ip address 200.100.10.2 30        //配置端口 IP 地址
[AR2-GigabitEthernet0/0/1]quit
[AR2]router id 3.3.3.3
[AR2]ospf 1
[AR2-ospf-1]area 0
[AR2-ospf-1-area-0.0.0.0]network 200.100.1.0 0.0.0.255       //路由通告
[AR2-ospf-1-area-0.0.0.0]network 200.100.10.0 0.0.0.3        //路由通告
[AR2-ospf-1-area-0.0.0.0]quit
[AR2-ospf-1]quit
[AR2] ip route-static 202.199.184.0 255.255.255.0 200.100.10.1
        //配置静态路由，到达 NAT 转换后的内部全局地址 202.199.184.0 网段的路由
[AR2]
```

（7）显示路由器 AR1、AR2 的配置信息，以路由器 AR1 为例，主要相关实例代码如下。

```
<AR1>display current-configuration
#
 sysname AR1
#
```

```
router id 2.2.2.2
#
acl number 3021
 rule 5 permit ip source 192.168.1.0 0.0.0.255
acl number 3022
 rule 5 permit ip source 192.168.2.0 0.0.0.255
#
 nat address-group 1 202.199.184.10 202.199.184.15
 nat address-group 2 202.199.184.20 202.199.184.25
#
interface GigabitEthernet0/0/0
 ip address 192.168.3.2 255.255.255.252
#
interface GigabitEthernet0/0/1
 ip address 200.100.10.1 255.255.255.252
 nat outbound 3021 address-group 1
 nat outbound 3022 address-group 2
#
ospf 1
 area 0.0.0.0
  network 192.168.3.0 0.0.0.3
  network 200.100.10.0 0.0.0.3
#
return
<AR1>
```

（8）验证主机 PC2 的访问联通性，主机 PC2 访问主机 PC4 的结果如图 6.37 所示。

（9）在主机 PC1 持续访问主机 PC3 时，执行命令 display nat session all verbose，显示路由器 AR1 的配置信息，结果如图 6.38 所示。

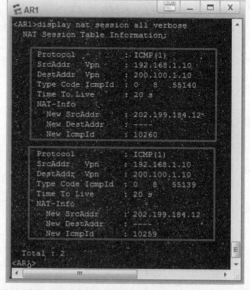

图 6.37　验证主机 PC2 的访问联通性　　图 6.38　主机 PC1 持续访问时查看路由器 AR1 的 NAT 信息

可以看出 VLAN 10 中的主机被动态转换成 202.199.184.10 至 202.199.184.15 之间网段的地址 202.199.184.12，New Icmpld 端口号为 10259、10260，显示 NAT 映射表项的个数为 2。

> **注意** NAT Session 中使用 ICMP 的 IDENTIFY ID 作为端口识别条件，所以 ICMP 本身没有端口，但是 NAT 的会话中是有端口信息的。

（10）在主机 PC2 持续访问主机 PC4 时，执行命令 display nat session all verbose，显示路由器 AR1 的配置信息，结果如图 6.39 所示。

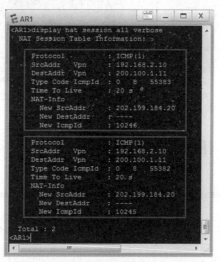

图 6.39　主机 PC2 持续访问时查看路由器 AR1 的 NAT 信息

可以看出 VLAN 10 中的主机被动态转换成 202.199.184.20 至 202.199.184.25 之间网段的地址 202.199.184.20，New Icmpld 端口号为 10245、10246，显示 NAT 映射表项的个数为 2。

（11）查看路由器 AR1 的动态 NAT 地址信息类型，执行命令 display nat outbound，如图 6.40 所示，可以看出 NAT 地址类型为 PAT。

图 6.40　查看路由器 AR1 的动态 NAT 地址信息类型

（12）查看路由器 AR1 的动态 NAT 地址组信息，执行命令 display nat address-group，如图 6.41 所示。

（13）路由器 AR1 和 AR2、交换机 LSW1 的路由表信息，以路由器 AR2 为例，执行命令 display ip routing-table，如图 6.42 所示。

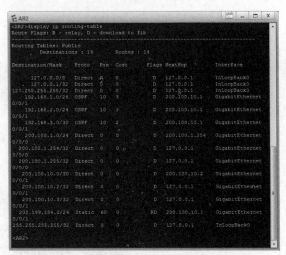

图 6.41　查看路由器 AR1 的动态 NAT 地址组信息　　　　图 6.42　显示路由器 AR2 的路由表信息

任务 6.3　配置 IPv6

任务陈述

小李是公司的网络工程师，公司业务不断发展，越来越离不开网络，Internet 中的任何两台主机通信都需要全球唯一的 IP 地址，而且越来越多的用户加入 Internet，使得 IP 地址资源越来越紧张，IPv4 地址空间已经消耗殆尽，2019 年 12 月 ISP 决定提供 IPv6 服务。由于公司业务的发展需要，公司决定启用 IPv6 服务，小李根据公司的要求制定了一份合理的网络实施方案，那么他该如何完成网络设备的相应配置呢？

知识准备

6.3.1　IPv6 概述

在 Internet 发展初期，IPv4（Internet Protocol version 4）以其简单、易于实现、互操作性好的优势得到快速发展。然而，随着 Internet 的迅猛发展，IPv4 地址不足等设计缺陷也日益明显。IPv4 理论上能够提供的地址数量是 43 亿，但是由于地址分配机制等，IPv4 中实际可使用的地址数量远远达不到 43 亿。Internet 的迅猛发展令人始料未及，同时也带来了地址短缺的问题。针对这一问题，先后出现过几种解决方案，如 CIDR 和 NAT，但是它们都有各自的弊端和不能解决的问题，在这样的情况下，IPv6 的应用和推广便显得越来越迫切。

随着 Internet 规模的不断扩大，IPv4 地址空间已经消耗殆尽。IPv4 网络地址资源有限，严重制约了 Internet 的应用和发展。另外网络的安全性、QoS、简便配置等要求也表明需要一个新的协议来彻底地解决目前 IPv4 面临的问题。IPv6（Internet Protocol version 6）不仅能解决网络地址资源短缺的问题，还能解决多种接入设备连入互联网的问题，使得配置更加简单、方便。IPv6 采用了全新的报文格式，提高了报文的处理效率，同时也提高了网络的安全性，还能更好地支持 QoS。

IPv6 是 IETF 设计的用于替代 IPv4 的下一代互联网络 IP，其地址数量号称"可以为全世界的每一粒沙子编上一个地址"。IPv6 是网络层协议的第二代标准协议，也是 IPv4 的升级版本。IPv6 与 IPv4 的最显著区别是，IPv4 地址采用 32 位标识，而 IPv6 地址采用 128 位标识。128 位的 IPv6 地址可以划分更多地址层级、拥有更广阔的地址分配空间，并支持地址自动配置。IPv4 与 IPv6 地址空间如表 6.2 所示。

表 6.2　IPv4 与 IPv6 地址空间

版本	长度	地址空间
IPv4	32 位	4294967296
IPv6	128 位	340282366920938463463374607431768211456

6.3.2　IPv6 报头结构与格式

1. IPv6 报头结构

IPv6 报文的整体结构分为 IPv6 报头、扩展报头和上层协议数据 3 个部分。IPv6 报头是必选报头，长度固定为 40 字节，包含该报文的基本信息；扩展报头是可选报头，可能存在 0 个、1 个或多个，IPv6 通过扩展报头实现各种丰富的功能；上层协议数据是该 IPv6 报文携带的上层数据，可能是 ICMPv6 报文、TCP 报文、UDP 报文或其他可能的报文。IPv6 报头结构如图 6.43 所示。

图 6.43　IPv6 报头结构

与 IPv4 相比，IPv6 报头去除了 IHL、Identifier、Flags、Fragment Offset、HeaderChecksum、Options、Padding 域，只增加了流标签，因此 IPv6 报头的处理较 IPv4 大大简化，提高了报文处理效率。另外，IPv6 为了更好地支持各种选项处理，提出了扩展报头的概念。IPv6 基本报头中各字段的功能如表 6.3 所示。

表 6.3　IPv6 基本报头中各字段的功能

字段	功能
版本号	长度为 4 位，表示协议版本，值为 6
流量等级	长度为 8 位，表示 IPv6 数据报文的类或优先级，主要用于 QoS
流标签	长度为 20 位，它用于区分实时流量，用来标识同一个流里面的报文
载荷长度	长度为 16 位，表明该 IPv6 报头后包含的字节数，包含扩展头部
下一报头	长度为 8 位，该字段用来指明报头后接的报文头部的类型，若存在扩展报头，则表示第一个扩展报头的类型，否则表示其上层协议的类型。它是 IPv6 各种功能的核心实现方法
跳数限制	长度为 8 位，该字段类似于 IPv4 中的 TTL，每转发一次跳数减一，该字段达到 0 时，包将会被丢弃
源地址	长度为 128 位，标识该报文的源地址
目的地址	长度为 128 位，标识该报文的目的地址

扩展头部：IPv6 报文中没有"选项"字段，而是通过"下一报头"字段配合 IPv6 扩展报头来实现选项的功能。使用扩展报头时，将在 IPv6 报文下一报头字段处表明首个扩展报头的类型，再根据该类型对扩展报头进行读取与处理。每个扩展报头同样包含下一报头字段，若接下来有其他扩展报头，即在该字段中继续标明接下来的扩展报头的类型，从而达到添加连续多个扩展报头的目的。在最后一个扩展报头的下一报头字段中，标明该报文上层协议的类型，用以读取上层协议数据及扩展头部报文，如图 6.44 所示。

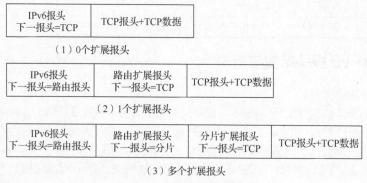

图 6.44　扩展头部报文示例

2. IPv6 地址格式

IPv6 地址长度为 128 位，用于标识一个或一组端口。IPv6 地址通常写作 xxxx:xxxx:xxxx:xxxx:xxxx:xxxx:xxxx:xxxx，其中 xxxx 是 4 个十六进制数，等同于 16 个二进制数；8 组 xxxx 共同组成了一个 128 位的 IPv6 地址。一个 IPv6 地址由 IPv6 地址前缀和端口 ID 组成，IPv6 地址前缀用来标识 IPv6 网络，端口 ID 用来标识端口。

IPv6 的地址长度为 128 位，是 IPv4 地址长度的 4 倍。于是 IPv4 的十进制格式不再适用，IPv6 地址采用十六进制表示。IPv6 地址有以下 3 种表示方法。

（1）冒分十六进制表示法。

格式为 X:X:X:X:X:X:X:X，其中每个 X 表示地址中的 16 位，以十六进制表示，例如，ABCD:EF01:2345:6789:ABCD:EF01:2345:6789。这种表示法中，每个 X 的前导 0 是可以省略的，例如，2001:0DB8:0000:0023:0008:0800:200C:417A 可以写为 2001:DB8:0:23:8:800:200C:417A。

（2）0 位压缩表示法。

在某些情况下，一个 IPv6 地址中间可能包含连续的一段 0，可以把连续的一段 0 压缩为"::"。但为保证地址解析的唯一性，地址中"::"只能出现一次，例如，FF01:0:0:0:0:0:0:1101 可以写为 FF01::1101，0:0:0:0:0:0:0:1 可以写为::1，0:0:0:0:0:0:0:0 可以写为::。

（3）内嵌 IPv4 地址表示法。

为了实现 IPv4 和 IPv6 互通，将 IPv4 地址嵌入 IPv6 地址中，此时地址常表示为 X:X:X:X:X:X:d.d.d.d，前 96 位地址采用冒分十六进制表示，而后 32 位地址则使用 IPv4 的点分十进制表示，例如，::192.168.11.1 与::FFFF:192.168.11.1 就是两个典型的例子。注意在前 96 位地址中，压缩 0 位的方法依旧适用。

6.3.3　IPv6 地址类型

IPv6 主要定义了 3 种地址类型：单播地址（Unicast Address）、组播地址（Multicast Address）

和任播地址（Anycast Address）。与 IPv4 地址相比，IPv6 中新增了"任播地址"类型，取消了 IPv4 地址中的广播地址，因为 IPv6 中的广播功能是通过组播来实现的。

目前，IPv6 地址空间中还有很多地址尚未分配，一方面是因为 IPv6 有着巨大的地址空间；另一方面是因为寻址方案还有待发展，同时关于地址类型的适用范围也多有值得商榷的地方，有一小部分全球单播地址已经由 IANA（ICANN 的一个分支）分配给了用户。单播地址的格式是 2000::/3，代表公共 IP 网络上任意可用的地址。IANA 负责将该段地址范围内的地址分配给多个区域互联网注册管理机构（Regional Internet Registry，RIR）。RIR 负责全球 5 个区域的地址分配。以下几个地址范围已经分配：2400::/12（APNIC）、2600::/12（ARIN）、2800::/12（LACNIC）、2A00::/12（RIPE NCC）和 2C00::/12（AfriNIC）。它们使用单一地址前缀标识特定区域中的所有地址。2000::/3 地址范围中还为文档示例预留了地址空间，例如，2001:0DB8::/32。

链路本地地址只能在连接到同一本地链路的节点之间使用。可以在地址自动分配、邻居发现和链路上没有路由器的情况下使用链路本地地址。以链路本地地址为源地址或目的地址的 IPv6 报文不会被路由器转发到其他链路中。链路本地地址的前缀是 FE80::/10。

组播地址的前缀是 FF00::/8。组播地址范围内的大部分地址都是为特定组播组保留的。跟 IPv4 一样，IPv6 组播地址还支持路由协议。IPv6 中没有广播地址。用组播地址替代广播地址可以确保报文只发送给特定的组播组而不是 IPv6 网络中的任意终端。

IPv6 还包括一些特殊地址，如未指定地址::/128。如果没有给一个端口分配 IP 地址，该端口的地址则为::/128。需要注意的是，不能将未指定地址跟默认 IP 地址::/0 混淆。默认 IP 地址::/0 跟 IPv4 中的默认地址 0.0.0.0/0 类似。环回地址 127.0.0.1 在 IPv6 中被定义为保留地址::1/128。

IPv6 地址类型是由地址前缀部分来确定的，主要地址类型与地址前缀的对应关系如表 6.4 所示。

表 6.4　IPv6 地址类型与地址前缀的对应关系

地址类型	IPv6 前缀标识
未指定地址	::/128
环回地址	::1/128
链路本地地址	FE80::/10
唯一本地地址	FC00::/7（包括 FD00::/8 和不常用的 FC00::/8）
站点本地地址（已弃用，被唯一本地地址代替）	FEC0::/10
全球单播地址	2000::/3
组播地址	FF00::/8
任播地址	从单播地址空间中分配，使用单播地址的格式

1. 单播地址

IPv6 单播地址与 IPv4 单播地址一样，都只标识了一个端口，发送到单播地址的数据报文将被传送给此地址标识的端口。为了适应负载平衡系统，RFC 3513 允许多个端口使用同一个地址，但这些端口要作为主机上实现 IPv6 的单个端口出现。单播地址包括 4 个类型：全局单播地址、本地单播地址、兼容性地址、特殊地址。

（1）全球单播地址。等同于 IPv4 中的公网地址，可以在 IPv6 网络上进行全局路由和访问。这种地址类型允许路由前缀的聚合，从而限制了全球路由表项的数量。全球单播地址（例如 2000::/3）带有固定的地址前缀，即前 3 位为固定值 001。其地址结构是 3 层结构，依次为全球路由前缀、子网标识和端口标识。全球路由前缀由 RIR 和 ISP 组成，RIR 为 ISP 分配 IP 地址前缀。子网标识定义了网络的管理子网。

（2）本地单播地址。链路本地地址和唯一本地地址都属于本地单播地址，在 IPv6 中，本地单播地址就是指本地网络使用的单播地址，也就是 IPV4 地址中局域网专用地址。每个端口至少要有一个链路本地单播地址，另外还可为端口分配任何类型（单播、任播和组播）或范围的 IPv6 地址。

① 链路本地地址（FE80::/10）。仅用于单条链路（链路层不能跨 VLAN），不能在不同子网中路由。节点使用链路本地地址与同一条链路上的相邻节点进行通信。例如，在没有路由器的单链路 IPv6 网络上，主机使用链路本地地址与该链路上的其他主机进行通信。链路本地单播地址的前缀为 FE80::/10，表示地址最高 10 位为 1111111010，前缀后面紧跟的 64 位是端口标识，这 64 位已足够主机端口使用，因而链路本地单播地址的剩余 54 位为 0。

② 唯一本地地址（FC00::/7）。唯一本地地址是本地全局的地址，它应用于本地通信，但不通过 Internet 路由，其范围被限制为组织的边界。

③ 站点本地地址（FEC0::/10）。新标准中已被唯一本地地址代替。

（3）兼容性地址。在 IPv6 的转换机制中还包括了一种通过 IPv4 路由端口以隧道方式动态传递 IPv6 包的技术。这样的 IPv6 节点会被分配一个在低 32 位中带有全球 IPv4 单播地址的 IPv6 全局单播地址。还有一种嵌入了 IPv4 地址的 IPv6 地址，这类地址用于局域网内部，把 IPv4 节点当作 IPv6 节点。此外，还有一种称为"6to4"的 IPv6 地址，用于在两个在 Internet 上同时运行 IPv4 和 IPv6 的节点之间进行通信。

（4）特殊地址。它包括未指定地址和环回地址。未指定地址（0:0:0:0:0:0:0:0 或::）仅用于表示某个地址不存在。它等价于 IPv4 未指定地址 0.0.0.0。未指定地址通常被用作尝试验证暂定地址唯一性数据包的源地址，并且永远不会指派给某个端口或被用作目的地址。环回地址（0:0:0:0:0:0:0:1 或::1）用于标识环回端口，允许节点将数据包发送给自己。它等价于 IPv4 环回地址 127.0.0.1。发送到环回地址的数据包永远不会发送给某个链接，也永远不会通过 IPv6 路由器转发。

2. 组播地址

IPv6 组播地址可识别多个端口，对应于一组端口的地址（通常分属不同节点），类似于 IPv4 中的组播地址，发送到组播地址的数据报文会被传送给此地址标识的所有端口。使用适当的组播路由拓扑，将向组播地址发送的数据包发送给该地址识别的所有端口，如表 6.5 所示。任意位置的 IPv6 节点可以侦听任意 IPv6 组播地址上的组播通信，IPv6 节点可以同时侦听多个组播地址，也可以随时加入或离开组播组。

表 6.5　IPv6 组播地址

地址范围	描述
FF02::1	链路本地范围内的所有节点
FF02::2	链路本地范围内的所有路由器

IPv6 组播地址的最明显特征就是最高的 8 位固定为 1111 1111。IPv6 地址很容易区分组播地址，因为它总是以 FF 开头，如图 6.45 所示。

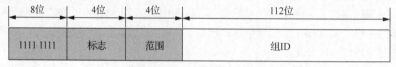

图 6.45　IPv6 组播地址结构

IPv6 的组播地址与 IPv4 相同，用来标识一组端口，一般这些端口属于不同的节点。一个节点可能属于 0 到多个组播组。目的地址为组播地址的报文会被该组播地址标识的所有端口接收。一个 IPv6 组播地址是由前缀、标志（Flag）字段、范围（Scope）字段及组播组 ID（Group ID）4 个部分组成。

（1）前缀：IPv6 组播地址的前缀是 FF00::/8（1111 1111）。

（2）标志字段：长度为 4 位，目前只使用了最后一位（前 3 位必须为 0），当该值为 0 时，表示当前的组播地址是由 IANA 分配的一个永久分配地址；当该值为 1 时，表示当前的组播地址是一个临时组播地址（非永久分配地址）。

（3）范围字段：长度为 4 位，用来限制组播数据流在网络中发送的范围。

（4）组播组 ID：长度为 112 位，用以标识组播组；目前，RFC 2373 并没有将所有的 112 位都定义成组标识，而是建议仅使用该 112 位的最低 32 位作为组播组 ID，将剩余的 80 位都置为 0，这样，每个组播组 ID 都可以映射到唯一的以太网组播 MAC 地址。

3. 任播地址

一个 IPv6 任播地址与组播地址一样也可以识别多个端口，对应一组端口的地址。大多数情况下，这些端口属于不同的节点。但是，与组播地址不同的是，发送到任播地址的数据包会被送到由该地址标识的其中一个端口；通过合适的路由拓扑，目的地址为任播地址的数据包将被发送到单个端口（该地址识别的最近端口，最近端口定义的根据是路由距离最近）。一个任播地址不能用作 IPv6 数据包的源地址，也不能分配给 IPv6 主机，仅可以分配给 IPv6 路由器。

任播过程涉及一个任播报文发送方和一个或多个响应方。任播报文的发起方通常为请求某一服务（DNS 查找）的主机或请求返回特定数据（例如 HTTP 网页信息）的主机。任播地址与单播地址在格式上无任何差异，唯一的区别是一台设备可以给多台具有相同地址的设备发送报文。企业网络中运用任播地址有很多优势，其中一个优势是实现业务冗余。例如，用户可以通过多台使用相同地址的服务器获取同一个服务（例如 HTTP）。这些服务器都是任播报文的响应方，如果不采用任播地址通信，当其中一台服务器发生故障时，用户需要获取另一台服务器的地址才能重新建立通信。如果采用任播地址通信，当一台服务器发生故障时，任播报文的发起方能够自动与使用相同地址的另一台服务器通信，从而实现业务冗余。

使用多服务器接入还能够提高工作效率。例如，用户（即任播地址的发起方）浏览公司网页时，与相同的单播地址建立一条链路，连接的对端是具有相同任播地址的多台服务器，用户就可以从不同的镜像服务器上分别下载 HTML 文件和图片。用户利用多个服务器的带宽同时下载网页文件，其效率远远高于使用单播地址进行下载。

6.3.4　IPv6 地址自动配置协议

IPv6 使用两种地址自动配置协议，分别为无状态地址自动配置协议（Stateless Address Autoconfiguration，SLAAC）和 IPv6 动态主机配置协议（Dynamic Host Configuration Protocol for IPv6，DHCPv6）。SLAAC 不需要服务器对地址进行管理，主机直接根据网络中的路由器通告信息与本机 MAC 地址结合计算出本机 IPv6 地址，实现地址自动配置；DHCPv6 由 DHCPv6 服务器管理地址池，用户主机向服务器请求并获取 IPv6 地址及其他信息，达到地址自动配置的目的。

1. SLAAC

SLAAC 的核心是不需要额外的服务器管理地址状态，主机可自行计算地址实现地址自动配置，包括 4 个基本步骤。

（1）配置链路本地地址，由主机计算本地地址。

（2）检测重复地址，确定当前地址唯一。

（3）获取全局前缀，由主机计算全局地址。

（4）重新编址前缀，由主机改变全局地址。

2. DHCPv6

DHCPv6 由 IPv4 场景下的 DHCP 发展而来。客户端通过向 DHCP 服务器发出申请来获取本机 IP 地址并进行自动配置，DHCP 服务器负责管理并维护地址池及地址与客户端的映射信息。

DHCPv6 在 DHCP 的基础上进行了一定的改进与扩充。其中包含 3 种角色：DHCPv6 客户端，用于动态获取 IPv6 地址、IPv6 前缀或其他网络配置参数；DHCPv6 服务器，负责为 DHCPv6 客户端分配 IPv6 地址、IPv6 前缀和其他配置参数；DHCPv6 中继，它是一个转发设备。通常情况下，DHCPv6 客户端可以通过本地链路范围内的组播地址与 DHCPv6 服务器进行通信，若服务器和客户端不在同一链路范围内，则需要 DHCPv6 中继进行转发。DHCPv6 中继的存在使得不必在每一个链路范围内都部署 DHCPv6 服务器，节省了成本，并便于集中管理。

6.3.5　IPv6 路由协议

IPv4 初期时对 IP 地址的规划不合理，路由表条目繁多，这使得网络变得非常复杂。尽管通过划分子网和路由聚集在一定程度上解决了这个问题，但这个问题依旧存在。因此 IPv6 设计之初就把地址从用户拥有改成了运营商拥有，并在此基础上改变了路由策略，加之 IPv6 地址长度发生了变化，因此路由协议发生了相应的改变。

与 IPv4 相同，IPv6 路由协议同样分成 IGP 与外部网关协议（Exterior Gateway Protocol，EGP），其中 IGP 包括由 RIP 变化而来的 RIPng、由 OSPF 变化而来的 OSPFv3，以及由 IS-IS 协议变化而来的 IS-ISv6。EGP 则主要包括由边界网关协议（Border Gateway Protocol，BGP）变化而来的 BGP4+。

（1）RIPng。下一代 RIP（RIPng）是对 RIPv2 的扩展，大多数 RIP 的概念都可以用于 RIPng。为了能应用于 IPv6 网络中，RIPng 对 RIP 进行了修改。

UDP 端口号：使用 UDP 的 521 端口发送和接收路由信息。

组播地址：使用 FF02::9 作为链路本地范围内的 RIPng 路由器组播地址。

路由前缀：使用 128 位的 IPv6 地址作为路由前缀。

下一跳地址：使用 128 位的 IPv6 地址。

（2）OSPFv3。RFC 2740 定义了 OSPFv3，用于支持 IPv6。OSPFv3 与 OSPFv2 的主要区别如下。

① 修改了 LSA 的种类和格式，使其支持发布 IPv6 路由信息。

② 修改了部分协议流程，主要的修改包括用 Router-ID 来标识邻居路由器，使用链路本地地址来发现邻居路由器等，使得网络拓扑本身独立于网络协议，以便将来扩展。

③ 进一步理顺了拓扑与路由的关系。OSPFv3 在 LSA 中将拓扑与路由信息分离，一、二类 LSA 中不再携带路由信息，而只有单纯的拓扑描述信息；另外增加了八、九类 LSA，结合原有的三、五、七类 LSA 来发布路由前缀信息。

④ 增强了协议适应性。通过引入 LSA 扩散范围的概念进一步明确了对未知 LSA 的处理流程，使得协议可以在不识别 LSA 的情况下根据需要做出恰当处理，增强了协议的可扩展性。

（3）BGP4+。传统的 BGP4 只能管理 IPv4 的路由信息，使用其他网络层协议（如 IPv6 等）的应用，在跨自治系统传播时会受到一定的限制。为了提供对多种网络层协议的支持，IETF 发布的 RFC2858 文档对 BGP4 进行了多协议扩展，形成了 BGP4+。

为了实现对 IPv6 的支持，BGP4+必须将 IPv6 网络层协议的信息反映到网络层可达信息（Network Layer Reachability Information，NLRI）及下一跳（Next Hop）属性中。因此，BGP4+中引入了下面两个 NLRI 属性。

MP_REACH_NLRI：多协议可到达 NLRI，用于发布可到达路由及下一跳信息。

MP_UNREACH_NLRI：多协议不可达 NLRI，用于撤销不可达路由。

BGP4+中的 Next Hop 属性用 IPv6 地址来表示，可以是 IPv6 全球单播地址或者下一跳的链路本地地址。BGP4 原有的消息机制和路由机制没有改变。

（4）ICMPv6。ICMPv6 用于报告 IPv6 节点在数据包处理过程中出现的错误消息，并实现简单的网络诊断功能。由于 ICMPv6 新增加的邻居发现功能代替了 ARP 的功能，因此 IPv6 体系结构中已经没有 ARP 了。除了支持 IPv6 地址格式之外，ICMPv6 还为支持 IPv6 中的路由优化、IP 组播、移动 IP 等增加了一些新的报文类型。

与 IPv4 相比，IPv6 具有以下几个优势。

（1）IPv6 具有更大的地址空间。IPv4 中规定 IP 地址长度为 32 位，最大地址个数为 2^{32}；而 IPv6 中 IP 地址的长度为 128 位，即最大地址个数为 2^{128}。与 32 位地址空间相比，其地址空间增加了 $2^{128}-2^{32}$ 个。

（2）IPv6 使用更小的路由表。IPv6 的地址分配一开始就遵循聚类（Aggregation）原则，这使得路由器能在路由表中用一条记录（Entry）表示一片子网，大大减小了路由器中路由表的长度，提高了路由器转发数据包的速度。

（3）IPv6 增加了增强的组播（Multicast）支持以及对流的控制（Flow Control），这使得网络上的多媒体应用有了长足发展的机会，为 QoS 控制提供了良好的网络平台。

（4）IPv6 加入了对自动配置（Auto Configuration）的支持。这是对 DHCP 的改进和扩展，使得对网络（尤其是局域网）的管理更加方便和快捷。

（5）IPv6 具有更高的安全性。在使用 IPv6 的网络中，用户可以对网络层的数据进行加密并对 IP 报文进行校验。IPv6 中的加密与鉴别选项保证了分组的保密性与完整性，极大地增强了网络的安全性。

（6）允许扩充。在新的技术或应用需要时，IPv6 允许协议进行扩充。

（7）更好的头部格式。IPv6 使用新的头部格式，其选项与基本头部分开，如果需要，可将选项插入基本头部与上层数据之间。这就简化和加速了路由选择过程，因为大多数的选项不需要由路由选择。

（8）新的选项。IPv6 增加了一些新的选项来实现附加的功能。

6.3.6　IPv6 地址生成

为了通过 IPv6 网络进行通信，各端口必须获取有效的 IPv6 地址，以下 3 种方式可以用来配置 IPv6 地址的端口 ID：网络管理员手动配置；通过系统软件生成；采用扩展唯一标识符（EUI-64）格式生成。就实用性而言，IEEE EUI-64 标准是 IPv6 生成端口 ID 最常用的方式，如图 6.46 所示。IEEE EUI-64 标准采用端口的 MAC 地址生成 IPv6 端口 ID。MAC 地址只有 48 位，而端口 ID 却要求有 64 位。MAC 地址的前 24 位代表厂商 ID，后 24 位代表制造商分配的唯一扩展标识。MAC 地址的第 7 位是一个 U/L 位，值为 1 时表示 MAC 地址全局唯一，值为 0 时表示 MAC 地址本地唯一。在 MAC 地址向 IEEE EUI-64 格式地址的转换过程中，在 MAC 地址的前 24 位和后 24 位之间插入了 16 位的 FFFE，并将 U/L 位的值从 0 变成了 1，这样就生成了一个 64 位的端口 ID，且端口 ID 的值全局唯一。端口 ID 和端口前缀一起组成端口地址。

48位以太网MAC地址

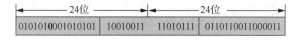

IEEE EUI-64生成的端口ID

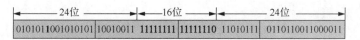

· 将FFFE插入MAC地址的前24位与后24位之间，并将第7位的0改为1，
　即可生成端口ID。

图 6.46　IEEE EUI-64 标准

227

任务实施

6.3.7 RIPng 配置

RIPng 是为 IPv6 网络设计的下一代距离矢量路由协议。与早期的 IPv4 版本的 RIP 类似，RIPng 同样遵循距离矢量原则。RIPng 保留了 RIP 的多个主要特性，例如，RIPng 规定每一跳的开销度量值也为 1，最大跳数也为 15，RIPng 通过 UDP 的 521 端口发送和接收路由信息。

RIPng 与 RIP 最主要的区别在于，RIPng 使用 IPv6 组播地址 FF02::9 作为目的地址来传送路由更新报文，而 RIPv2 使用的是组播地址 224.0.0.9。IPv4 一般采用公网地址或私网地址作为路由条目的下一跳地址，而 IPv6 通常采用链路本地地址作为路由条目的下一跳地址。

（1）配置 RIPng，相关端口与 IP 地址配置如图 6.47 所示，进行网络拓扑连接。路由器 AR1 和路由器 AR2 的 loopback 1 端口使用的是全球单播地址。路由器 AR1 和路由器 AR2 的物理端口在使用 RIPng 传送路由信息时，路由条目的下一跳地址只能是链路本地地址。例如，如果路由器 AR1 收到的路由条目的下一跳地址为 2001::2/64，AR1 就会认为目的地址为 2026::1/64 的网络地址可达。

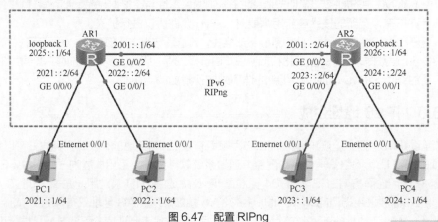

图 6.47　配置 RIPng

（2）配置主机 PC1 和主机 PC3 的 IPv6 地址，如图 6.48 所示。

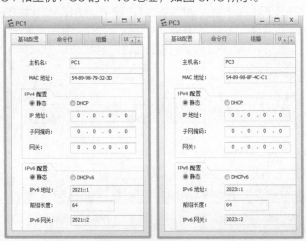

V6-10　配置 RIPng

图 6.48　配置主机 PC1 和主机 PC3 的 IPv6 地址

（3）配置路由器 AR1，相关实例代码如下。

```
<Huawei>system-view
Enter system view, return user view with Ctrl+Z.
[Huawei]sysname AR1
[AR1]ipv6                    //使用 IPv6 功能，默认不开启
[AR1]interface GigabitEthernet 0/0/0
[AR1-GigabitEthernet0/0/0]ipv6 enable
[AR1-GigabitEthernet0/0/0]ipv6 address 2021::2 64      //配置 IPv6 地址
[AR1-GigabitEthernet0/0/0]ripng 1 enable               //配置 RIPng
[AR1-GigabitEthernet0/0/1]quit
[AR1]interface GigabitEthernet 0/0/1
[AR1-GigabitEthernet0/0/1]ipv6   enable
[AR1-GigabitEthernet0/0/1]ipv6 address 2022::2 64      //配置 IPv6 地址
[AR1-GigabitEthernet0/0/1]ripng 1 enable               //配置 RIPng
[AR1-GigabitEthernet0/0/1]quit
[AR1]interface GigabitEthernet 0/0/2
[AR1-GigabitEthernet0/0/2]ipv6   enable
[AR1-GigabitEthernet0/0/2]ipv6 address 2001::1 64      //配置 IPv6 地址
[AR1-GigabitEthernet0/0/2]ripng 1 enable               //配置 RIPng
[AR1-GigabitEthernet0/0/2]quit
[AR1]interface LoopBack1
[AR1-LoopBack1]ipv6 enable
[AR1-LoopBack1]ipv6 address 2025::1 64
[AR1-LoopBack1]ripng 1 enable
[AR1-LoopBack1]quit
[AR1]
```

ipv6 enable 命令用来在路由器端口上使用 IPv6，使得端口能够接收和转发 IPv6 报文。端口的 IPv6 功能默认是未使用的。

ipv6 address auto link-local 命令用来为端口配置自动生成的链路本地地址。

ripng process-id enable 命令用来使用一个端口的 RIPng。进程 ID 可以是 1~65535 的任意值。默认情况下，端口上未使用 RIPng。

（4）配置路由器 AR2，相关实例代码如下。

```
<Huawei>system-view
Enter system view, return user view with Ctrl+Z.
[Huawei]sysname AR2
[AR2]ipv6                    //使用 IPv6 功能，默认不开启
[AR2]interface GigabitEthernet 0/0/0
[AR2-GigabitEthernet0/0/0]ipv6 enable
[AR2-GigabitEthernet0/0/0]ipv6 address 2023::2 64      //配置 IPv6 地址
[AR2-GigabitEthernet0/0/0]ripng 1 enable               //配置 RIPng
[AR2-GigabitEthernet0/0/1]quit
[AR2]interface GigabitEthernet 0/0/1
[AR2-GigabitEthernet0/0/1]ipv6   enable
[AR2-GigabitEthernet0/0/1]ipv6 address 2024::2 64      //配置 IPv6 地址
[AR2-GigabitEthernet0/0/1]ripng 1 enable               //配置 RIPng
[AR2-GigabitEthernet0/0/1]quit
[AR2]interface GigabitEthernet 0/0/2
```

```
[AR2-GigabitEthernet0/0/2]ipv6   enable
[AR2-GigabitEthernet0/0/2]ipv6 address 2001::2 64        //配置 IPv6 地址
[AR2-GigabitEthernet0/0/2]ripng 1 enable                 //配置 RIPng
[AR2-GigabitEthernet0/0/2]quit
[AR2]interface LoopBack1
[AR2-LoopBack1]ipv6 enable
[AR2-LoopBack1]ipv6 address 2026::1 64
[AR2-LoopBack1]ripng 1 enable
[AR2-LoopBack1]quit
[AR2]
```

（5）显示路由器 AR1、AR2 的配置信息，以路由器 AR1 为例，主要相关实例代码如下。

```
<AR1>display current-configuration
#
 sysname AR1
#
ipv6
#
interface GigabitEthernet0/0/0
 ipv6 enable
 ipv6 address 2021::2/64
 ripng 1 enable
#
interface GigabitEthernet0/0/1
 ipv6 enable
 ipv6 address 2022::2/64
 ripng 1 enable
#
interface GigabitEthernet0/0/2
 ipv6 enable
 ipv6 address 2001::1/64
 ripng 1 enable
#
interface LoopBack1
 ipv6 enable
 ipv6 address 2025::1/64
#
ripng 1
#
user-interface con 0
  authentication-mode password
user-interface vty 0 4
user-interface vty 16 20
#
wlan ac
#
return
  <AR1>
```

（6）显示路由器 AR1、AR2 的 RIPng 路由信息，以路由器 AR1 为例，如图 6.49 所示。

执行 display ripng 命令，可以查看 RIPng 进程实例及该实例的相关参数和统计信息。从显示信息中可以看出，RIPng 的优先级是 100，路由信息的更新周期是 30 秒；Number of routes in database 字段显示为 5，表明 RIPng 数据库中路由的条数为 5；Total number of routes in ADVDB is 字段显示为 5，表明 RIPng 正常工作并发送了 5 条路由更新信息。

（7）验证相关测试结果，主机 PC1 访问主机 PC3 和主机 PC4 的结果如图 6.50 所示。

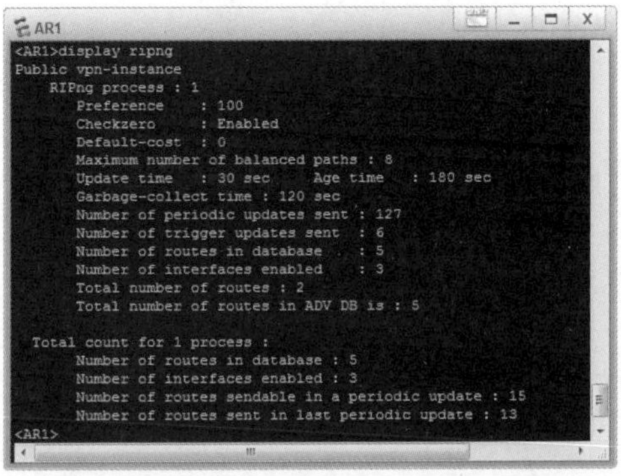

图 6.49　显示路由器 AR1 的 RIPng 路由信息

图 6.50　用主机 PC1 验证相关测试结果

6.3.8　OSPFv3 配置

OSPFv3 是运行在 IPv6 网络中的 OSPF 协议。运行 OSPFv3 的路由器使用物理端口的链路本地单播地址为源地址来发送 OSPF 报文。路由器将学习相同链路上与之相连的其他路由器的链路本地地址，并在报文转发的过程中将这些地址当成下一跳信息使用，IPv6 中使用组播地址 FF02::5 来表示 All Routers，而 OSPFv2 中使用的是组播地址 224.0.0.5。需要注意的是，OSPFv3 和 OSPFv2 互不兼容。

路由器 ID 在 OSPFv3 中也是用于标识路由器的。与 OSPFv2 的路由器 ID 不同，OSPFv3 的路由器 ID 必须手动配置；如果没有手动配置路由器 ID，OSPFv3 将无法正常运行。OSPFv3 在广播型网络和 NBMA 网络中选择 DR 和 BDR 的过程与 OSPFv2 相似。IPv6 中使用组播地址 FF02::6 表示 All Routers，而 OSPFv2 中使用的是组播地址 224.0.0.6。

OSPFv3 是基于链路而不是网段的。在配置 OSPFv3 时，不需要考虑路由器的端口是否配置在同一网段，只要路由器的端口连接在同一链路上，就可以不配置 IPv6 全局地址而直接建立联系。这一变化影响了 OSPFv3 协议报文的接收、Hello 报文的内容及网络 LSA 的内容。

OSPFv3 直接使用 IPv6 的扩展头部（AH 和 ESP）来实现认证及安全处理，不再需要自身来完成认证。

（1）配置 OSPFv3，相关端口与 IP 地址配置如图 6.51 所示，进行网络拓扑连接。

（2）配置主机 PC2 和主机 PC4 的 IPv6 地址，如图 6.52 所示。

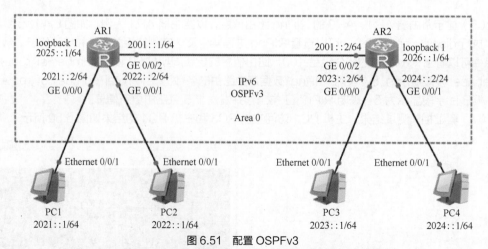

图 6.51　配置 OSPFv3

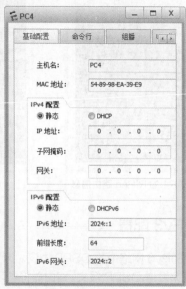

V6-11　配置
OSPFv3

图 6.52　配置主机 PC2 和主机 PC4 的 IPv6 地址

（3）配置路由器 AR1，相关实例代码如下。

```
<Huawei>system-view
Enter system view, return user view with Ctrl+Z.
[Huawei]sysname AR1
[AR1]ipv6
[AR1]ospfv3
[AR1-ospfv3-1]router-id 1.1.1.1                //必须配置路由器 ID，否则无法通信
[AR1-ospfv3-1]quit
[AR1]interface GigabitEthernet 0/0/0
[AR1-GigabitEthernet0/0/0]ipv6 enable
[AR1-GigabitEthernet0/0/0]ipv6 address 2021::2 64
[AR1-GigabitEthernet0/0/0]ospfv3 1 area 0      //配置 OSPFv3 路由协议
[AR1-GigabitEthernet0/0/0]quit
[AR1]interface GigabitEthernet 0/0/1
[AR1-GigabitEthernet0/0/1]ipv6 enable
```

```
[AR1-GigabitEthernet0/0/1]ipv6 address 2022::2 64
[AR1-GigabitEthernet0/0/1]ospfv3 1 area 0
[AR1-GigabitEthernet0/0/1]quit
[AR1]interface GigabitEthernet 0/0/2
[AR1-GigabitEthernet0/0/2]ipv6 enable
[AR1-GigabitEthernet0/0/2]ipv6 address 2001::1 64
[AR1-GigabitEthernet0/0/2]ospfv3 1 area 0
[AR1]interface LoopBack 1
[AR1-LoopBack1]ipv6 enable
[AR1-LoopBack1]ipv6 address 2025::1 64
[AR1-LoopBack1]ospfv3 1 area 0
[AR1-LoopBack1]quit
[AR1]
```

（4）配置路由器 AR2，相关实例代码如下。

```
<Huawei>system-view
Enter system view, return user view with Ctrl+Z.
[Huawei]sysname AR2
[AR2]ipv6
[AR2]ospfv3
[AR2-ospfv3-1]router-id 2.2.2.2              //必须配置路由器 ID，否则无法通信
[AR2-ospfv3-1]quit
[AR2]interface GigabitEthernet 0/0/0
[AR2-GigabitEthernet0/0/0]ipv6 enable
[AR2-GigabitEthernet0/0/0]ipv6 address 2023::2 64
[AR2-GigabitEthernet0/0/0]ospfv3 1 area 0
[AR2-GigabitEthernet0/0/0]quit
[AR2]interface GigabitEthernet 0/0/1
[AR2-GigabitEthernet0/0/1]ipv6 enable
[AR2-GigabitEthernet0/0/1]ipv6 address 2024::2 64
[AR2-GigabitEthernet0/0/1]ospfv3 1 area 0
[AR2-GigabitEthernet0/0/1]quit
[AR2]interface GigabitEthernet 0/0/2
[AR2-GigabitEthernet0/0/2]ipv6 enable
[AR2-GigabitEthernet0/0/2]ipv6 address 2001::2 64
[AR2-GigabitEthernet0/0/2]ospfv3 1 area 0
[AR2]interface LoopBack 1
[AR2-LoopBack1]ipv6 enable
[AR2-LoopBack1]ipv6 address 2026::1 64
[AR2-LoopBack1]ospfv3 1 area 0
[AR2-LoopBack1]quit
[AR2]
```

（5）显示路由器 AR1、AR2 的配置信息，以路由器 AR1 为例，主要相关实例代码如下。

```
<AR1>display current-configuration
#
 sysname AR1
#
ipv6
```

```
#
ospfv3 1
 router-id 1.1.1.1
#
interface GigabitEthernet0/0/0
 ipv6 enable
 ipv6 address 2021::2/64
 ospfv3 1 area 0.0.0.0
#
interface GigabitEthernet0/0/1
 ipv6 enable
 ipv6 address 2022::2/64
 ospfv3 1 area 0.0.0.0
#
interface GigabitEthernet0/0/2
 ipv6 enable
 ipv6 address 2001::1/64
 ospfv3 1 area 0.0.0.0
#
interface NULL0
#
interfaceLoopBack1
 ipv6 enable
 ipv6 address 2025::1/64
 ospfv3 1 area 0.0.0.0
#
return
<AR1>
```

（6）显示路由器 AR1、AR2 的 OSPFv3 路由信息，以路由器 AR1 为例，如图 6.53 所示。

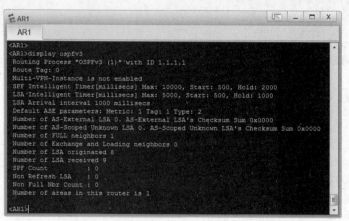

图 6.53　显示路由器 AR1 的 OSPFv3 路由信息

在邻居路由器上完成 OSPFv3 配置后，执行 display ospfv3 命令可以验证 OSPFv3 配置及查看相关参数。从显示信息中可以看到正在运行的 OSPFv3 进程为 1，Router ID 为 1.1.1.1，Number of FULL neighbors 值为 1。

（7）验证相关测试结果，主机 PC2 访问主机 PC3 和主机 PC4 的结果如图 6.54 所示。

图 6.54　用主机 PC2 验证相关测试结果

任务陈述

　　小李是公司的网络工程师，公司业务不断发展，越来越离不开网络，同时公司新设了不同的部门，公司的员工越来越多。为了方便管理与使用网络，公司决定使用 DHCP 服务器来为公司的员工自动分配网络 IP 地址，小李根据公司的要求制定了一份合理的网络实施方案，那么他该如何完成网络设备的相应配置呢？

知识准备

6.4.1　DHCP 概述

　　动态主机配置协议（Dynamic Host Configuration Protocol，DHCP）是一个应用层协议。当我们将用户主机 IP 地址的获取方式设置为动态获取时，DHCP 服务器就会根据 DHCP 给客户端设备分配 IP 地址，使得客户端能够利用这个 IP 地址上网。

1. DHCP 工作原理

　　DHCP 使用 UDP 的 67、68 号端口进行通信，从 DHCP 客户端到达 DHCP 服务器的报文使用的目的端口号为 67，从 DHCP 服务器到达 DHCP 客户端使用的源端口号为 68。其工作过程如下，首先客户端以广播的形式发送一个 DHCP 的 Discover 报文，用来发现 DHCP 服务器；DHCP 服务器接收到客户端发来的 Discover 报文之后，就单播一个 Offer 报文来回复客户端，Offer 报文包含 IP 地址和租约信息；客户端收到服务器发送的 Offer 报文之后，以广播的形式向 DHCP 服务器发送 Request 报文，用来请求服务器将该 IP 地址分配给它。客户端之所以以广播的形式发送报文是为了通知其他 DHCP 服务器，它已经接受这个 DHCP 服务器的信息了，不再接受其他 DHCP 服务器的信息。服务器接收到 Request 报文后，以单播的形式发送 ACK 报文给客户端，如图 6.55 所示。

DHCP 租期更新：当客户端的租约期剩下 50% 时，客户端会向 DHCP 服务器单播一个 Request 报文，请求续约，服务器接收到 Request 报文后，会单播 ACK 报文表示延长续约期。

DHCP 重绑定：如果客户端的剩下租约期超过 50%而且原先的 DHCP 服务器并没有同意客户端续约 IP 地址，那么当客户端的租约期只剩下 12.5%时，客户端会向网络中其他的 DHCP 服务器发送 Request 报文，请求续约，如果其他服务器有关于客户端当前的 IP 地址信息，则单播一个 ACK 报文回复客户端以续约；如果没有，则回复一个 NAK 报文，此时，客户端会申请重新绑定 IP 地址。

DHCP IP 地址的释放：当客户端直到租约期满还没收到服务器的回复时，会停止使用该 IP 地址；当客户端租约期未满却不想使用服务器提供的 IP 地址时，会发送一个 Release 报文，告知服务器清除相关的租约信息，释放该 IP 地址。

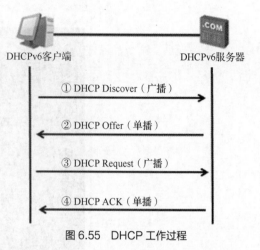

图 6.55　DHCP 工作过程

2，DHCP 报文字段类型

（1）DHCP Discover 报文。DHCP 客户端请求地址时，并不知道 DHCP 服务器的位置，因此 DHCP 客户端会在本地网络内以广播方式发送请求报文，这个报文称为 Discover 报文，目的是发现网络中的 DHCP 服务器，所有收到 Discover 报文的 DHCP 服务器都会发送回应报文，DHCP 客户端据此就可以知道网络中 DHCP 服务器的位置。

（2）DHCP Offer 报文。DHCP 服务器收到 Discover 报文后，就会在所配置的地址池中查找一个合适的 IP 地址，加上相应的租约期限和其他配置信息（如网关、DNS 服务器等），形成一个 Offer 报文，并发送给客户端，告知用户本服务器可以为其提供 IP 地址（只发送给客户端属于预分配，还需要客户端通过 ARP 检测该 IP 地址是否重复）。

（3）DHCP Request 报文。DHCP 客户端会收到很多 Offer 报文，所以必须在这些报文中选择一个。客户端通常选择第一个回应 Offer 报文的服务器作为自己的目标服务器，并回应一个广播 Request 报文给选择的服务器。DHCP 客户端成功获取 IP 地址后，在地址使用租期过去 50%时，会向 DHCP 服务器发送单播 Request 报文续延租期；如果没有收到 ACK 报文，则会在租期过去 75%时，发送广播 Request 报文续延租期。

（4）DHCP ACK 报文。DHCP 服务器收到 Request 报文后，会根据 Request 报文中携带的用户 MAC 地址来查找有没有相应的续约记录，如果有则发送 ACK 报文作为回应，通知用户可以使用分配的 IP 地址。

（5）DHCP NAK 报文。如果 DHCP 服务器收到 Request 报文后，没有发现相应的租约记录或者无法正常分配 IP 地址，则发送 ACK 报文作为回应，通知用户无法分配合适的 IP 地址。

（6）DHCP Release 报文。当用户不再需要使用分配 IP 地址时，就会向 DHCP 服务器发送 Release 报文，告知服务器用户不再需要分配 IP 地址，DHCP 服务器会释放被绑定的租约。

DHCP 报文的含义如表 6.6 所示。

表 6.6　DHCP 报文的含义

报文类型	含义
DHCP Discover	客户端用来寻找 DHCP 服务器的报文
DHCP Offer	DHCP 服务器用来响应 Discover 报文的报文，此报文携带了各种配置信息

续表

报文类型	含义
DHCP Request	客户端请求配置确认，或者续延租期的报文
DHCP ACK	服务器对 Request 报文的确认响应报文
DHCP NAK	服务器对 Request 报文的拒绝响应报文
DHCP Release	客户端要释放地址时用来通知服务器的报文

6.4.2　DHCPv6 概述

主机在运行 IPv6 时，可以使用 SLAAC 或 DHCPv6 来获取 IPv6 地址。主机使用 SLAAC 方案来获取 IPv6 地址时，路由器并不记录主机的 IPv6 地址信息，可管理性较差；另外，IPv6 主机无法获取 DNS 服务器地址等网络配置信息，在可用性上也存在一定的缺陷。DHCPv6 属于一种有状态地址自动配置协议。在有状态地址配置过程中，DHCPv6 服务器将为主机分配一个完整的 IPv6 地址，并提供 DNS 服务器地址等其他配置信息。此外，DHCPv6 服务器还可以对已经分配的 IPv6 地址和客户端进行集中管理。

DHCPv6 服务器与客户端之间使用 UDP 来交互 DHCPv6 报文，客户端使用的 UDP 端口号是 546，服务器使用的 UDP 端口号是 547，如图 6.56 所示。

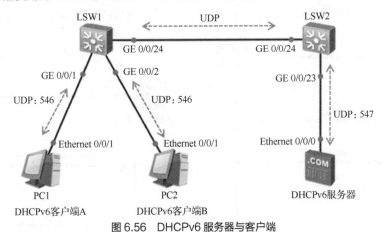

图 6.56　DHCPv6 服务器与客户端

DHCPv6 基本协议架构中，主要包括以下 3 种角色。

（1）DHCPv6 客户端：通过与 DHCPv6 服务器进行交互，获取 IPv6 地址/前缀和网络配置信息，完成自身的地址配置。

（2）DHCPv6 中继：负责转发来自客户端方向或服务器方向的 DHCPv6 报文，协助 DHCPv6 客户端和 DHCPv6 服务器完成地址配置；只有在 DHCPv6 客户端和 DHCPv6 服务器不在同一链路范围内，或者 DHCPv6 客户端和 DHCPv6 服务器无法单播交互的情况下，才需要 DHCPv6 中继的参与。

（3）DHCPv6 服务器：负责处理来自客户端或中继的地址分配、地址续租、地址释放等请求，为客户端分配 IPv6 地址/前缀和其他网络配置信息。

客户端发送 DHCPv6 请求报文来获取 IPv6 地址等网络配置参数，使用的源地址为客户端端口的链路本地地址，目的地址为 FF02::1:2。FF02::1:2 表示的是所有 DHCPv6 服务器和中继，这个地址是链路范围内的。

DHCP 设备唯一标识符（DHCPv6 Unique Identifier，DUID）用于标识 DHCPv6 服务器或

客户端。每个 DHCPv6 服务器或客户端有且只有一个 DUID。

DUID 采用以下两种方式生成。

（1）基于链路层地址：采用链路层地址的方式来生成 DUID。

（2）基于链路层地址与时间组合：采用链路层地址和时间组合的方式来生成 DUID。

DHCPv6 地址分配又分为以下两种情况。

（1）DHCPv6 有状态自动分配：DHCPv6 服务器为客户端分配 IPv6 地址及其他网络配置参数（如 DNS、NIS、SNTP 服务器地址等），如图 6.57 所示。

DHCPv6 4 步交互地址分配过程如下。

① DHCPv6 客户端发送 Solicit 报文，请求 DHCPv6 服务器为其分配 IPv6 地址和网络配置参数。

② DHCPv6 服务器回复 Advertise 报文，该报文中携带了为客户端分配的 IPv6 地址及其他网络配置参数。

③ DHCPv6 客户端如果接收到了多个服务器回复的 Advertise 报文，则会根据 Advertise 报文中的服务器优先级等参数来选择优先级最高的服务器，并向所有的服务器发送 Request 组播报文。

④ 被选定的 DHCPv6 服务器回复 Reply 报文，确认将 IPv6 地址和网络配置参数分配给客户端使用。

（2）DHCPv6 无状态自动分配：主机的 IPv6 地址仍然通过路由通告方式自动生成，DHCPv6 服务器只分配除 IPv6 地址以外的配置参数（如 DNS、NIS、SNTP 服务器地址等），如图 6.58 所示。

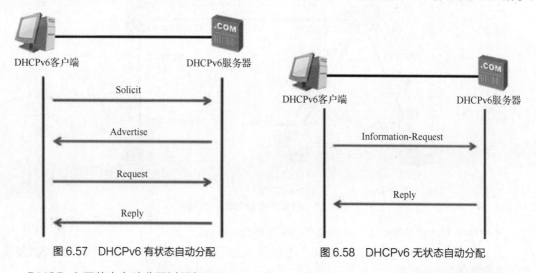

图 6.57　DHCPv6 有状态自动分配　　　　　图 6.58　DHCPv6 无状态自动分配

DHCPv6 无状态自动分配过程如下。

① DHCPv6 客户端以组播方式向 DHCPv6 服务器发送 Information-Request 报文，该报文携带 Option Request 选项，用来指定 DHCPv6 客户端需要从 DHCPv6 服务器获取的配置参数。

② DHCPv6 服务器收到 Information-Request 报文后，为 DHCPv6 客户端分配网络配置参数，并单播发送 Reply 报文将网络配置参数返回给 DHCPv6 客户端。

③ DHCPv6 客户端根据收到的 Reply 报文中提供的参数完成 DHCPv6 客户端无状态配置。

DHCPv6 客户端在向 DHCPv6 服务器发送请求报文之前，会发送 RS 报文，在同一链路范围内的路由器接收到此报文后会回复 RA 报文。RA 报文中包含管理地址配置标记（M）和有状态配置标记（O）。当 M 取值为 1 时，启用 DHCPv6 有状态地址分配方案，即 DHCPv6 客户端需要从 DHCPv6 服务器获取 IPv6 地址；当 M 取值为 0 时，启用 IPv6 无状态地址自动分配方案。当 O 取值为 1 时,定义客户端需要通过有状态的 DHCPv6 来获取其他网络配置参数,如 DNS、NIS、SNTP 服务器地址等;当 O 取值为 0 时,启用 IPv6 无状态地址自动分配方案。

任务实施

6.4.3 DHCP 配置

DHCP 服务器的地址池有两种:一是全局地址池;二是端口地址池。在交换机 LSW1 上配置 DHCP 服务器 A,使之为 VLAN 10 和 VLAN 20 主机分配 IP 地址,使用全局地址池;在交换机 LSW2 上配置 DHCP 服务器 B,使之为 VLAN 30 和 VLAN 40 主机分配 IP 地址,使用端口地址池。相关端口与 IP 地址对应关系如图 6.59 所示。

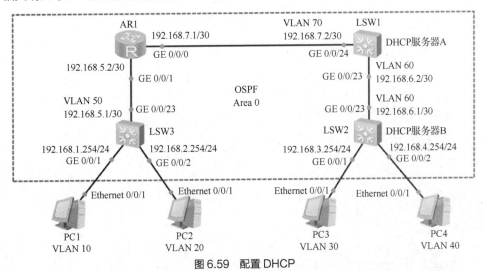

图 6.59　配置 DHCP

(1)配置主机 PC1 和主机 PC3 的 IP 地址,如图 6.60 所示。

图 6.60　配置主机 PC1 和主机 PC3 的 IP 地址

V6-12　配置 DHCP

V6-13　配置 DHCP——结果测试

(2)配置路由器 AR1,相关实例代码如下。

```
<Huawei> system-view
Enter system view, return user view with Ctrl+Z.
```

```
[Huawei]sysname AR1
[AR1]dhcp enable                                              //开启 DHCP 使用模式
[AR1]interface GigabitEthernet 0/0/0
[AR1-GigabitEthernet0/0/0]ip address 192.168.7.1 30
[AR1-GigabitEthernet0/0/0]dhcp select relay                  //DHCP 代理服务器
[AR1-GigabitEthernet0/0/0]dhcp relay server-ip 192.168.7.2   //DHCP 服务器地址
[AR1-GigabitEthernet0/0/0]quit
[AR1]interface GigabitEthernet 0/0/1
[AR1-GigabitEthernet0/0/1]ip address 192.168.5.2 30
[AR1-GigabitEthernet0/0/1]quit
[AR1]router id 1.1.1.1
[AR1]ospf 1
[AR1-ospf-1]area 0
[AR1-ospf-1-area-0.0.0.0]network 192.168.7.0 0.0.0.3         //路由通告
[AR1-ospf-1-area-0.0.0.0]network 192.168.5.0 0.0.0.3         //路由通告
[AR1-ospf-1-area-0.0.0.0]quit
[AR1-ospf-1]quit
[AR1]
```

（3）显示路由器 AR1 的配置信息，主要相关实例代码如下。

```
<AR1>display current-configuration
#
 sysname AR1
#
router id 1.1.1.1
#
dhcp enable
#
interface GigabitEthernet0/0/0
 ip address 192.168.7.1 255.255.255.252
 dhcp select relay
 dhcp relay server-ip 192.168.7.2
#
interface GigabitEthernet0/0/1
 ip address 192.168.5.2 255.255.255.252
#
ospf 1
 area 0.0.0.0
  network 192.168.5.0 0.0.0.3
  network 192.168.7.0 0.0.0.3
#
return
<AR1>
```

（4）配置交换机 LSW1，相关实例代码如下。

```
<Huawei> system-view
[Huawei]sysname LSW1
[LSW1]vlan batch 60 70
[LSW1]dhcp enable
```

```
[LSW1]ip pool vlan10                                               //设置地址池
[LSW1-ip-pool-vlan10]gateway-list 192.168.1.254                   //网关地址
[LSW1-ip-pool-vlan10]network 192.168.1.0 mask 255.255.255.0       //通告分配网段
[LSW1-ip-pool-vlan10]excluded-ip-address 192.168.1.250 192.168.1.253   //不分配的地址
[LSW1-ip-pool-vlan10]dns-list 8.8.8.8                             //设置 DNS 服务器
[LSW1-ip-pool-vlan10]lease day 7                                  //设置租约为 7 天
[LSW1-ip-pool-vlan10]quit
[LSW1]ip pool vlan20                                               //设置地址池
[LSW1-ip-pool-vlan20]gateway-list 192.168.2.254                   //网关地址
[LSW1-ip-pool-vlan20]network 192.168.2.0 mask 255.255.255.0       //通告分配网段
[LSW1-ip-pool-vlan20]excluded-ip-address 192.168.2.250 192.168.2.253   //不分配的地址
[LSW1-ip-pool-vlan20]dns-list 8.8.8.8                             //设置 DNS 服务器
[LSW1-ip-pool-vlan20]lease day 7                                  //设置租约为 7 天
[LSW1-ip-pool-vlan20]quit
[LSW1]interface GigabitEthernet 0/0/23
[LSW1-GigabitEthernet0/0/23]port link-type access
[LSW1-GigabitEthernet0/0/23]port default vlan 60
[LSW1]interface GigabitEthernet 0/0/24
[LSW1-GigabitEthernet0/0/24]port link-type access
[LSW1-GigabitEthernet0/0/24]port default vlan 70
[LSW1]interface Vlanif60
[LSW1-Vlanif60]ip address 192.168.6.2 30
[LSW1-Vlanif60]quit
[LSW1]interface Vlanif 70
[LSW1-Vlanif70]ip address 192.168.7.2 30          //配置 DHCP 服务器，必须为连接端口
[LSW1-Vlanif70]dhcp select global                 //选择 DHCP 全局模式
[LSW1-Vlanif70]quit
[LSW1]router id 2.2.2.2
[LSW1]ospf 1
[LSW1-ospf-1]area 0
[LSW1-ospf-1-area-0.0.0.0]network 192.168.6.0 0.0.0.3      //路由通告
[LSW1-ospf-1-area-0.0.0.0]network 192.168.7.0 0.0.0.3      //路由通告
[LSW1-ospf-1-area-0.0.0.0]quit
[LSW1-ospf-1]quit
[LSW1]
```

（5）显示交换机 LSW1 的配置信息，主要相关实例代码如下。

```
<LSW1>display current-configuration
#
sysname LSW1
#
router id 2.2.2.2
#
vlan batch 60 70
#
dhcp enable
#
ip pool vlan10
 gateway-list 192.168.1.254
```

```
  network 192.168.1.0 mask 255.255.255.0
  excluded-ip-address 192.168.1.250 192.168.1.253
  lease day 7 hour 0 minute 0
  dns-list 8.8.8.8
#
ip pool vlan20
  gateway-list 192.168.2.254
  network 192.168.2.0 mask 255.255.255.0
  excluded-ip-address 192.168.2.250 192.168.2.253
  lease day 7 hour 0 minute 0
  dns-list 8.8.8.8
#
interface Vlanif60
  ip address 192.168.6.2 255.255.255.252
#
interface Vlanif70
  ip address 192.168.7.2 255.255.255.252
  dhcp select global
#
interface GigabitEthernet0/0/23
  port link-type access
  port default vlan 60
#
interface GigabitEthernet0/0/24
  port link-type access
  port default vlan 70
#
interface NULL0
#
interface LoopBack1
  ip address 2.2.2.2 255.255.255.255
#
ospf 1
  area 0.0.0.0
    network 192.168.6.0 0.0.0.3
    network 192.168.7.0 0.0.0.3
#
user-interface con 0
user-interfacevty 0 4
#
return
<LSW1>
```

（6）配置交换机 LSW2，相关实例代码如下。

```
<Huawei>system-view
[Huawei]sysname LSW2
[LSW2]vlan batch 30 40 60
[LSW2]dhcp enable
[LSW2]interface GigabitEthernet 0/0/1
```

```
[LSW2-GigabitEthernet0/0/1]port link-type access
[LSW2-GigabitEthernet0/0/1]port default vlan 30
[LSW2-GigabitEthernet0/0/1]quit
[LSW2]interface GigabitEthernet 0/0/2
[LSW2-GigabitEthernet0/0/2]port link-type access
[LSW2-GigabitEthernet0/0/2]port default vlan 40
[LSW2-GigabitEthernet0/0/2]quit
[LSW2]interface GigabitEthernet 0/0/23
[LSW2-GigabitEthernet0/0/23]port link-type access
[LSW2-GigabitEthernet0/0/23]port default vlan 60
[LSW2-GigabitEthernet0/0/23]quit
[LSW2]interface Vlanif 30
[LSW2-Vlanif30]ip address 192.168.3.254 24
[LSW2-Vlanif30]dhcp select interface                      //配置 DHCP 服务器，端口地址池
[LSW2-Vlanif30]dhcp server excluded-ip-address 192.168.3.250 192.168.3.253
[LSW2-Vlanif30]dhcp server lease day 7                    //设置租约为 7 天
[LSW2-Vlanif30]dhcp server dns-list 8.8.8.8               //配置 DNS 服务器地址
[LSW2-Vlanif30]quit
[LSW2]interface Vlanif 40
[LSW2-Vlanif40]ip address 192.168.4.254 24
[LSW2-Vlanif40]dhcp select interface                      //配置 DHCP 服务器，端口地址池
[LSW2-Vlanif40]dhcp server excluded-ip-address 192.168.4.250 192.168.4.253
[LSW2-Vlanif40]dhcp server lease day 7                    //设置租约为 7 天
[LSW2-Vlanif40]dhcp server dns-list 8.8.8.8               //配置 DNS 服务器地址
[LSW2-Vlanif40]quit
[LSW2]interface Vlanif 60
[LSW2-Vlanif60]ip address 192.168.6.1 30
[LSW2-Vlanif60]quit
[LSW2]router id 3.3.3.3
[LSW2]ospf 1
[LSW2-ospf-1]area 0
[LSW2-ospf-1-area-0.0.0.0]network 192.168.3.0 0.0.0.255   //路由通告
[LSW2-ospf-1-area-0.0.0.0]network 192.168.4.0 0.0.0.255   //路由通告
[LSW2-ospf-1-area-0.0.0.0]network 192.168.6.0 0.0.0.3     //路由通告
[LSW2-ospf-1-area-0.0.0.0]quit
[LSW2-ospf-1]quit
[LSW2]
```

（7）显示交换机 LSW2 的配置信息，主要相关实例代码如下。

```
<LSW2>display current-configuration
#
sysname LSW2
#
router id 3.3.3.3
#
vlan batch 30 40 60
#
dhcp enable
#
```

```
interface Vlanif30
 ip address 192.168.3.254 255.255.255.0
 dhcp select interface
 dhcp server excluded-ip-address 192.168.3.250 192.168.3.253
 dhcp server lease day 7 hour 0 minute 0
 dhcp server dns-list 8.8.8.8
#
interface Vlanif40
 ip address 192.168.4.254 255.255.255.0
 dhcp select interface
 dhcp server excluded-ip-address 192.168.4.250 192.168.4.253
 dhcp server lease day 7 hour 0 minute 0
 dhcp server dns-list 8.8.8.8
#
interface Vlanif60
 ip address 192.168.6.1 255.255.255.252
#
interface MEth0/0/1
#
interface GigabitEthernet0/0/1
 port link-type access
 port default vlan 30
#
interface GigabitEthernet0/0/2
 port link-type access
 port default vlan 40
#
interface GigabitEthernet0/0/23
 port link-type access
 port default vlan 60
#
ospf 1
 area 0.0.0.0
  network 192.168.3.0 0.0.0.255
  network 192.168.4.0 0.0.0.255
  network 192.168.6.0 0.0.0.3
#
user-interface con 0
user-interface vty 0 4
#
return
<LSW2>
```

（8）配置交换机 LSW3，相关实例代码如下。

```
<Huawei>system-view
[Huawei]sysname LSW3
[LSW3]vlan batch 10 20 50
[LSW3]dhcp enable
[LSW3]interface GigabitEthernet 0/0/1
```

```
[LSW3-GigabitEthernet0/0/1]port link-type access
[LSW3-GigabitEthernet0/0/1]port default vlan 10
[LSW3]interface GigabitEthernet 0/0/2
[LSW3-GigabitEthernet0/0/2]port link-type access
[LSW3-GigabitEthernet0/0/2]port default vlan 20
[LSW3-GigabitEthernet0/0/2]quit
[LSW3]interface GigabitEthernet 0/0/23
[LSW3-GigabitEthernet0/0/23]port link-type access
[LSW3-GigabitEthernet0/0/23]port default vlan 50
[LSW3]interface Vlanif 10
[LSW3-Vlanif10]ip address 192.168.1.254 24
[LSW3-Vlanif10]dhcp select relay
[LSW3-Vlanif10]dhcp relay server-ip 192.168.7.2
[LSW3-Vlanif10]quit
[LSW3]interface Vlanif 20
[LSW3-Vlanif20]ip address 192.168.2.254 24
[LSW3-Vlanif20]dhcp select relay
[LSW3-Vlanif20]dhcp relay server-ip 192.168.7.2
[LSW3-Vlanif20]quit
[LSW3]interface Vlanif 50
[LSW3-Vlanif50]ip address 192.168.5.1 30
[LSW3-Vlanif50]quit
[LSW3]router id 4.4.4.4
[LSW3]ospf 1
[LSW3-ospf-1]area 0
[LSW3-ospf-1-area-0.0.0.0]network 192.168.1.0 0.0.0.255      //路由通告
[LSW3-ospf-1-area-0.0.0.0]network 192.168.2.0 0.0.0.255      //路由通告
[LSW3-ospf-1-area-0.0.0.0]network 192.168.5.0 0.0.0.3        //路由通告
[LSW3-ospf-1-area-0.0.0.0]quit
[LSW3-ospf-1]quit
[LSW3]
```

（9）显示交换机 LSW3 的配置信息，主要相关实例代码如下。

```
<LSW3>display current-configuration
#
sysname LSW3
#
router id 4.4.4.4
#
vlan batch 10 20 50
#
dhcp enable
#
interface Vlanif10
 ip address 192.168.1.254 255.255.255.0
 dhcp select relay
 dhcp relay server-ip 192.168.7.2
#
interface Vlanif20
 ip address 192.168.2.254 255.255.255.0
 dhcp select relay
```

```
  dhcp relay server-ip 192.168.7.2
#
interface Vlanif50
 ip address 192.168.5.1 255.255.255.252
#
interface MEth0/0/1
#
interface GigabitEthernet0/0/1
 port link-type access
 port default vlan 10
#
interface GigabitEthernet0/0/2
 port link-type access
 port default vlan 20
#
interface GigabitEthernet0/0/23
 port link-type access
 port default vlan 50
#
interface LoopBack1
 ip address 4.4.4.4 255.255.255.255
#
ospf 1
 area 0.0.0.0
  network 192.168.1.0 0.0.0.255
  network 192.168.2.0 0.0.0.255
  network 192.168.5.0 0.0.0.3
#
user-interface con 0
user-interface vty 0 4
#
return
<LSW3>
```

（10）显示交换机 LSW1 地址池的配置信息，如图 6.61 所示。

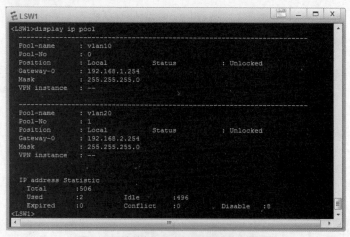

图 6.61　交换机 LSW1 地址池的配置信息

（11）显示交换机 LSW2 地址池的配置信息，如图 6.62 所示。

（12）显示主机 PC1 的 IP 地址配置信息，执行 ipconfig 命令，如图 6.63 所示。

图 6.62 交换机 LSW2 地址池的配置信息

图 6.63 主机 PC1 的 IP 地址配置信息

（13）显示主机 PC3 的 IP 地址配置信息，执行 ipconfig 命令，如图 6.64 所示。

（14）查看主机 PC1 访问主机 PC3 的结果，如图 6.65 所示。

图 6.64 主机 PC3 的 IP 地址配置信息

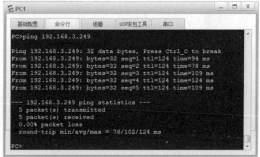

图 6.65 主机 PC1 访问主机 PC3 的结果

6.4.4 DHCPv6 配置

（1）配置 DHCPv6，相关端口与 IP 地址配置如图 6.66 所示，进行网络拓扑连接。

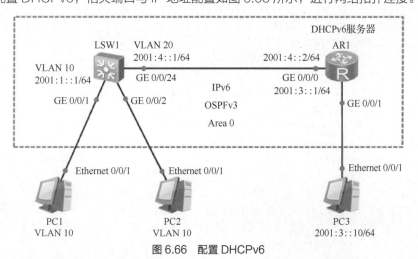

图 6.66 配置 DHCPv6

（2）配置主机 PC1 和主机 PC3 的 IP 地址，如图 6.67 所示。

V6-14 配置
DHCPv6

V6-15 配置
DHCPv6——
结果测试

图 6.67 配置主机 PC1 和主机 PC3 的 IP 地址

（3）配置交换机 LSW1，相关实例代码如下。

```
<Huawei> system-view
[Huawei]sysname LSW1
[LSW1]vlan batch 10 20
[LSW1]ipv6
[LSW1]dhcp enable
[LSW1]ospfv3 1
[LSW1-ospfv3-1]router-id 1.1.1.1          //必须配置路由器 ID，否则无法通信
[LSW1-ospfv3-1]quit
[LSW1]interface GigabitEthernet 0/0/1
[LSW1-GigabitEthernet0/0/1]port link-type access
[LSW1-GigabitEthernet0/0/1]port default vlan 10
[LSW1-GigabitEthernet0/0/1]quit
[LSW1]interface GigabitEthernet 0/0/2
[LSW1-GigabitEthernet0/0/2]port link-type access
[LSW1-GigabitEthernet0/0/2]port default vlan 10
[LSW1-GigabitEthernet0/0/2]quit
[LSW1]interface GigabitEthernet 0/0/24
[LSW1-GigabitEthernet0/0/24]port link-type access
[LSW1-GigabitEthernet0/0/24]port default vlan 20
[LSW1-GigabitEthernet0/0/24]quit
[LSW1]interface Vlanif 10
[LSW1-Vlanif10]ipv6 enable
[LSW1-Vlanif10]ipv6 address 2001:1::164
[LSW1-Vlanif10]undo ipv6 nd ra halt                    //使用设备发布 RA 报文功能
[LSW1-Vlanif10]ipv6 nd autoconfig managed-address-flag
                        //配置 RA 报文中的有状态自动配置地址的标志位
[LSW1-Vlanif10]ipv6 nd autoconfig other-flag
                        //配置 RA 报文中的有状态自动配置其他信息的标志位
[LSW1-Vlanif10]ospfv3 1 area 0.0.0.0
[LSW1-Vlanif10]dhcpv6 relay destination 2001:4::2      //配置代理 DHCPv6 服务器地址
```

```
[LSW1-Vlanif10]quit
[LSW1]interface Vlanif 20
[LSW1-Vlanif20]ipv6 enable
[LSW1-Vlanif20]ipv6 address 2001:4::164
[LSW1-Vlanif20]ospfv3 1 area 0
[LSW1-Vlanif20]quit
[LSW1]
```

（4）显示交换机 LSW1 的配置信息，主要相关实例代码如下。

```
<LSW1>display current-configuration
#
sysname LSW1
#
ipv6
#
vlan batch 10 20
#
dhcp enable
#
ospfv3 1
 router-id 1.1.1.1
#
interface Vlanif10
 ipv6 enable
 ipv6 address 2001:1::1/64
 undo ipv6 nd ra halt
 ipv6 nd autoconfig managed-address-flag
 ipv6 nd autoconfig other-flag
 ospfv3 1 area 0.0.0.0
 dhcpv6 relay destination 2001:4::2
#
interface Vlanif20
 ipv6 enable
 ipv6 address 2001:4::1/64
 ospfv3 1 area 0.0.0.0
#
interface MEth0/0/1
#
interface GigabitEthernet0/0/1
 port link-type access
 port default vlan 10
#
interface GigabitEthernet0/0/2
 port link-type access
 port default vlan 10
#
interface GigabitEthernet0/0/24
 port link-type access
 port default vlan 20
```

```
#
return
<LSW1>
```

（5）配置路由器 AR1，相关实例代码如下。

```
<Huawei>system-view
[Huawei]sysname AR1
[AR1]dhcpv6 duid ll
[AR1]ipv6
[AR1]dhcp enable                //开启 DHCP 服务器
[AR1]ospfv3 1
[AR1-ospfv3-1]router-id 2.2.2.2          //必须配置路由器 ID，否则无法通信
[AR1-ospfv3-1]quit
[AR1]dhcpv6 pool pool_vlan10
[AR1-dhcpv6-pool-pool_vlan10]address prefix 2001:1::64       //配置分发 IPv6 地址段
[AR1-dhcpv6-pool-pool_vlan10]excluded-address 2001:1::1     //排除不分发的 IPv6 地址
[AR1-dhcpv6-pool-pool_vlan10]quit
[AR1]interface GigabitEthernet 0/0/0
[AR1-GigabitEthernet0/0/0]ipv6 enable
[AR1-GigabitEthernet0/0/0]ipv6 address 2001:4::264
[AR1-GigabitEthernet0/0/0]ospfv3 1 area 0
[AR1-GigabitEthernet0/0/0]dhcpv6 server pool_vlan10          //配置 DHCPv6 服务器
[AR1-GigabitEthernet0/0/0]quit
[AR1]interface GigabitEthernet 0/0/1
[AR1-GigabitEthernet0/0/1]ipv6 enable
[AR1-GigabitEthernet0/0/1]ipv6 address 2001:3::164
[AR1-GigabitEthernet0/0/1]ospfv3 1 area 0
[AR1-GigabitEthernet0/0/1]quit
[AR1]
```

dhcpv6 duid { ll | llt }命令用来指定 DUID 格式为 DUID-LL 或为 DUID-LLT。默认情况下，华为 ARG3 系列路由器采用的 DUID 格式是 DUID-LL。当使用 DUID-LLT 格式时，时间戳值引用的是从执行 dhcpv6 duidllt 命令开始计算的时间。

display dhcpv6 duid 命令用来验证当前使用的 DUID 格式及 DUID 值。

（6）显示路由器 AR1 的配置信息，主要相关实例代码如下。

```
<AR1>display current-configuration
#
sysname AR1
#
ipv6
#
dhcp enable
#
dhcpv6 pool pool_vlan10
 address prefix 2001:1::/64
 excluded-address 2001:1::1
#
ospfv3 1
 router-id 2.2.2.2
```

```
#
interface GigabitEthernet0/0/0
 ipv6 enable
 ipv6 address 2001:4::2/64
 ospfv3 1 area 0.0.0.0
 dhcpv6 server pool_vlan10
#
interface GigabitEthernet0/0/1
 ipv6 enable
 ipv6 address 2001:3::1/64
 ospfv3 1 area 0.0.0.0
#
return
<AR1>
```

（7）显示路由器 AR1 的 DHCPv6 相关信息，如图 6.68 所示。

（8）查看主机 PC1 的 DHCPv6 服务器自动分配的 IPv6 地址，如图 6.69 所示。

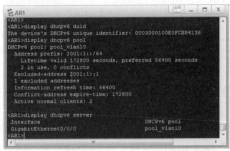

图 6.68　路由器 AR1 的 DHCPv6 相关信息

图 6.69　主机 PC1 的 IPv6 地址

（9）查看主机 PC2 的 DHCPv6 服务器自动分配的 IPv6 地址，如图 6.70 所示。

（10）查看主机 PC1 访问主机 PC3 的结果，如图 6.71 所示。

图 6.70　主机 PC2 的 IPv6 地址

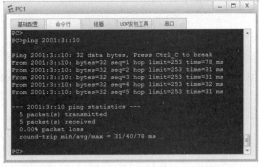

图 6.71　主机 PC1 访问主机 PC3 的结果

任务 6.5　配置无线局域网络

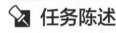 任务陈述

小李是公司的网络工程师，公司业务不断发展，越来越离不开网络，公司部门之间人员流动比

较频繁，工作会议也比较多，因此需要网络支持。为了工作需要和员工使用网络方便，公司领导决定启用无线网络服务，小李根据公司的要求制定了一份合理的网络实施方案，那么他该如何完成网络设备的相应配置呢？

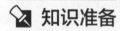

知识准备

6.5.1　WLAN 技术概述

无线局域网（Wireless Local Area Network，WLAN）是指应用无线通信技术将计算机设备互联起来，构成可以互相通信和实现资源共享的网络体系。WLAN 的本质特点是不再使用通信电缆来连接计算机与网络，而是通过无线的方式连接，使网络的构建和终端的移动更加灵活。它是相当便利的数据传输系统，它采用射频（Radio Frequency，RF）技术，使用电磁波取代旧式碍手碍脚的双绞线构成的局域网络，在空中进行通信连接，利用简单的存取架构。用户透过它可实现"信息随身化、便利走天下"。

在 WLAN 发明之前，人们要想通过网络进行联络和通信，必须先用物理线缆——双绞线组建一个电子运行的通路，为了提高效率和速度，后来又发明了光纤。当网络发展到一定规模后，人们又发现，这种有线网络无论组建、拆装还是在原有基础上进行重新布局和改建，都非常困难，且成本非常高，于是 WLAN 的组网方式应运而生。

WLAN 的发展起步于 1997 年。当年的 6 月，第一个 WLAN 标准 IEEE 802. 11 正式颁布并实施，为 WLAN 技术提供了统一标准，但当时的传输速率只有 1 Mbit/s～2 Mbit/s。随后，IEEE 又开始制定新的 WLAN 标准，分别取名为 IEEE 802.11a 和 IEEE 802.11b。IEEE 802.11b 标准于 1999 年 9 月正式颁布，其传输速率为 11 Mbit/s。经过改进的 IEEE 802.11a 标准，在 2001年年底才正式颁布，它的传输速率可达到 54 Mbit/s，几乎是 IEEE 802.11b 标准的 5 倍。尽管如此，WLAN 的应用并未真正开始，因为 WLAN 的应用环境并不成熟。

WLAN 的真正发展是从 2003 年 3 月 Intel 公司第一次推出带有无线网卡芯片模块的迅驰处理器开始的。尽管当时 WLAN 的应用环境还非常不成熟，但是由于 Intel 公司的捆绑销售，加上迅驰芯片的高性能、低功耗等非常明显的优点，使得许多 WLAN 服务商看到了商机，同时 11 Mbit/s 的传输速率在一般的小型局域网内也可进行一些日常应用。于是各国的 WLAN 服务商开始在公共场所（如机场、宾馆、咖啡厅等）提供热点，实际上就是布置一些无线访问点（Access Point，AP），方便移动商务人士无线上网。经过两年多的发展，基于 IEEE 802. 11b 标准的 WLAN 产品和应用已相当成熟，但 11 Mbit/s 的传输速率还远远不能满足实际的网络应用需求。

经过两年多的开发和多次改进，在 2003 年 6 月，一种兼容原来的 IEEE 802. 11b 标准，同时也可提供 54 Mbit/s 传输速率的新标准——IEEE 802. 11g 在 IEEE 的努力下正式发布了。

目前使用最多的是 IEEE 802.11n（第四代）和 IEEE 802.11ac（第五代）标准，它们既可以工作在 2.4GHz 频段，也可以工作在 5GHz 频段。但严格来说，只有支持 IEEE 802.11ac 标准的才是真正的"5G 网络"，目前支持 2.4GHz 和 5GHz 双频的路由器其实很多都只支持第四代无线标准，即 IEEE 802.11n 标准的双频。

4G 网络的下行极限速率为 150Mbit/s，理论传输速率可达 600Mbit/s；5G 网络的下行极限速率为 1Gbit/s，理论传输速率可达 10Gbit/s。

1. WLAN 技术的优势

（1）具有灵活性和移动性。在有线网络中，网络设备的安放位置受网络位置的限制，而 WLAN 在无线信号覆盖区域内的任何一个位置都可以接入网络。WLAN 另一个优点在于其移动性好，连接到 WLAN 的用户可以移动且能同时与网络保持连接。

（2）安装便捷。WLAN 可以免去或最大限度地减少网络布线的工作量，一般只要安装一个或多个接入点设备，就可建立覆盖整个区域的局域网络。

（3）易于进行网络规划和调整。对有线网络来说，办公地点或网络拓扑的改变通常意味着重新建网。重新布线是一个昂贵、费时、费力的过程，WLAN 可以避免或减少以上情况的发生。

（4）故障定位容易。有线网络一旦出现物理故障，尤其是由线路连接不良造成的网络中断，往往很难查明，而且检修线路需要付出很大的代价。WLAN 则很容易定位故障，只需更换故障设备即可恢复网络连接。

（5）易于扩展。WLAN 有多种配置方式，可以很快从只有几个用户的小型局域网扩展到有上千个用户的大型网络，并且能够提供节点间"漫游"等有线网络无法实现的特性。

由于 WLAN 有以上诸多优点，因此其发展得十分迅速。最近几年，WLAN 已经在企业、医院、商店、工厂和学校等场合得到了广泛应用。

2．WLAN 技术的不足

WLAN 在给网络用户带来便捷和实用的同时，也存在着一些缺陷，其不足之处体现在以下几个方面。

（1）性能易受影响。WLAN 是依靠无线电磁波进行传输的，这些电磁波通过无线发射装置进行发射，而建筑物、车辆、树木和其他障碍物都可能阻碍电磁波的传输，所以会影响网络的性能。

（2）速率较低。无线信道的传输速率与有线信道相比要低得多。WLAN 的最大传输速率为 1Gbit/s，只适用于个人终端和小规模网络。

（3）安全性差。无线电磁波本质上不要求建立物理连接通道，无线信号是发散的。从理论上讲，无线电磁波广播范围内的任何信号很容易被监听，从而易造成通信信息泄漏。

6.5.2　WLAN 配置基本思路

无线 AP 是一个包含很广的名称，它不仅是无线接入点，还是无线路由器（含无线网关、无线网桥）等设备的统称。它主要提供无线工作站对有线局域网和从有线局域网对无线工作站的访问，在访问接入点覆盖范围内的无线工作站可以通过它进行相互通信。它是用于 WLAN 的无线交换机，也是 WLAN 的核心。无线 AP 是移动计算机用户进入有线网络的接入点，主要用于家庭宽带、大楼内部及园区内部，覆盖范围为几十米至上百米，目前采用的主要标准为 IEEE 802.11 系列。

AC（Access Controller）：WLAN 接入控制设备，负责把来自不同 AP 的数据进行汇聚并接入 Internet；管理 AP 接入点，同时负责 AP 设备的配置管理、无线用户的认证与管理、宽带访问、安全控制等，以及对无线用户权限的控制。

PoE（Power Over Ethernet）交换机：AP 接入点的上联网络设备，为 AP 接入点提供数据交换和电源；如果 AC 设备自带 PoE 端口，在只需单台 AC 设备情况下，则 PoE 交换机可以省略。

RADIUS 服务器：RADIUS 即远程用户拨入认证系统（Remote Authentication Dial In User Service），此设备用于负责无线用户身份的验证和权限分配，其将作为插件安装在 SPES 服务器中。

集中管理平台：管理无线网络设备 AP 和 AC，主要用途为实时监控、告警和数据分析。

由于影响 WLAN 部署的因素较多，包括技术影响，如环境信号干扰、有线网络质量状况等；还有非技术影响，如当地法律、物业政策等。只有在满足以下所有前提条件的情况下，才可部署 WLAN，当地法律未限制 2.4GHz 和 5GHz 频段的使用，无须申请，网络覆盖地点的物业允许进行 WLAN 建设。WLAN 配置思路，如图 6.72 所示。

配置前要先查看 AC 和 AP 的软件版本是否一致。AP 既可以进行独立配置，也可以使用 AC 进行配置下发。终端 IP 地址的分配通常使用 AC 进行 DHCP 分配，也可以使用三层交换机来进行分配。配置 AC 时，需要进行创建域管理模板、创建 SSID 模板、创建安全策略、创建 VAP 模板、创建 AP 组、添加 AP 等相关操作。

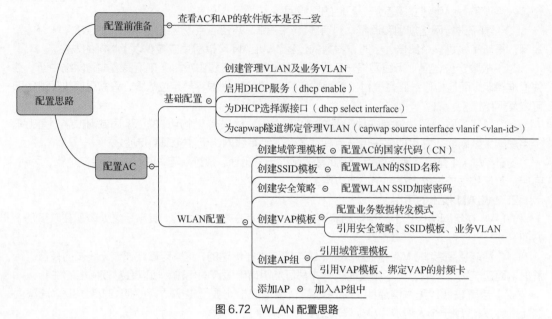

图 6.72　WLAN 配置思路

任务实施

（1）配置 WLAN，配置相关端口与 IP 地址，管理主机 PC1 及 WLAN 终端设备 STA，需要由 AC 进行 DHCP 地址分配，如图 6.73 所示，进行网络拓扑连接。

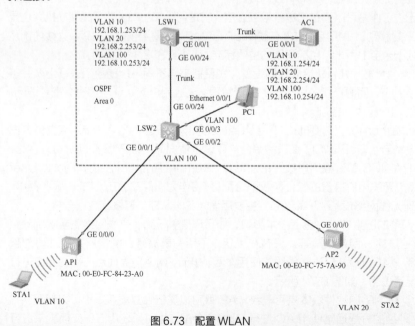

图 6.73　配置 WLAN

V6-16　配置
WLAN——
LSW1-2

V6-17　配置
WLAN——AC1

V6-18　配置
WLAN——
结果测试

（2）业务数据规划表如表 6.7 所示。

表 6.7　业务数据规划表

项目类型	数据描述
AC 的源端口 IP 地址	192.168.10.254/24
AP 组	名称：ap-group1。引用模板：VAP 模板 wlan-vap1、域管理模板 domain
域管理模板	名称：domain1。国家代码：CN
安全模板	名称：lncc-security。安全与认证策略：OPEN
SSID 模板	名称：lncc-ssid。SSID 名称：lncc-A401
流量模板	名称：traffic1
VAP 模板	名称：lncc-vap-vlan10。名称：lncc-vap-vlan20。SSID。lncc-A401。业务数据转发模式：直接转发。业务 VLAN：VLAN 10、VLAN 20。 引用模板：安全模板 lncc-security、SSID 模板 lncc-ssid、流量模板 traffic1
DHCP 服务器	AC1 作为 DHCP 服务器，为 AP、STA、Cellphone 和 PC 分配地址
AP 的网关及 IP 地址池范围	VLANIF100：192.168.10.254/24 192.168.10.1～192.168.10.249/24
WLAN 用户的网关及 IP 地址池范围	VLANIF10：192.168.1.254/24　　192.168.1.1～192.168.1.249/24。 VLANIF20：192.168.2.254/24　　192.168.2.1～192.168.2.249/24
AP1	射频 0：信道 1、功率等级 10 射频 1：信道 153、功率等级 10
AP2	射频 0：信道 6、功率等级 10 射频 1：信道 157、功率等级 10

（3）查看无线 AP1 与无线 AP2 的 MAC 地址，如图 6.74 所示。

图 6.74　无线 AP1 与无线 AP2 的 MAC 地址

（4）配置交换机 LSW1，相关实例代码如下。

```
<Huawei>system-view
Enter system view, return user view with Ctrl+Z.
[Huawei]sysname LSW1
[LSW1]vlan batch 10 20 100
[LSW1]dhcp enable
[LSW1]interface GigabitEthernet 0/0/1
[LSW1-GigabitEthernet0/0/1]port link-type trunk
[LSW1-GigabitEthernet0/0/1]port trunk pvid vlan 100
[LSW1-GigabitEthernet0/0/1]port trunk allow-pass vlan all
[LSW1-GigabitEthernet0/0/1]quit
[LSW1]interface GigabitEthernet 0/0/24
```

```
[LSW1-GigabitEthernet0/0/24]port link-type trunk
[LSW1-GigabitEthernet0/0/24]port trunk allow-pass vlan all
[LSW1-GigabitEthernet0/0/24]quit
[LSW1]interface Vlanif 10
[LSW1-Vlanif10]ip address 192.168.1.253 24
[LSW1-Vlanif10]dhcp select relay
[LSW1-Vlanif10]dhcp relay server-ip 192.168.10.254
[LSW1-Vlanif10]quit
[LSW1]interface Vlanif 20
[LSW1-Vlanif20]ip address 192.168.2.253 24
[LSW1-Vlanif20]dhcp select relay
[LSW1-Vlanif20]dhcp relay server-ip 192.168.10.254
[LSW1-Vlanif20]quit
[LSW1]interface Vlanif 100
[LSW1-Vlanif100]ip address 192.168.10.253 24
[LSW1-Vlanif100]dhcp select relay
[LSW1-Vlanif100]dhcp relay server-ip 192.168.10.254
[LSW1-Vlanif100]quit
[LSW1]router id 1.1.1.1
[LSW1]ospf 1
[LSW1-ospf-1]area 0
[LSW1-ospf-1-area-0.0.0.0]network 192.168.1.0 0.0.0.255       //路由通告
[LSW1-ospf-1-area-0.0.0.0]network 192.168.2.0 0.0.0.255       //路由通告
[LSW1-ospf-1-area-0.0.0.0]network 192.168.10.0 0.0.0.255      //路由通告
[LSW1-ospf-1-area-0.0.0.0]quit
[LSW1-ospf-1]quit
[LSW1]
```

（5）显示交换机 LSW1 的配置信息，主要相关实例代码如下。

```
<LSW1>display current-configuration
#
sysname LSW1
#
router id 1.1.1.1
#
vlan batch 10 20 100
#
dhcp enable
#
interface Vlanif10
 ip address 192.168.1.253 255.255.255.0
 dhcp select relay
 dhcp relay server-ip 192.168.10.254
#
interface Vlanif20
 ip address 192.168.2.253 255.255.255.0
 dhcp select relay
 dhcp relay server-ip 192.168.10.254
#
```

```
interface Vlanif100
  ip address 192.168.10.253 255.255.255.0
  dhcp select relay
  dhcp relay server-ip 192.168.10.254
#
interface GigabitEthernet0/0/1
  port link-type trunk
  port trunk pvid vlan 100
  port trunk allow-pass vlan 2 to 4094
#
interface GigabitEthernet0/0/24
  port link-type trunk
  port trunk allow-pass vlan 2 to 4094
#
ospf 1
  area 0.0.0.0
    network 192.168.1.0 0.0.0.255
    network 192.168.2.0 0.0.0.255
    network 192.168.10.0 0.0.0.255
#
return
<LSW1>
```

（6）配置交换机 LSW2，相关实例代码如下。

```
<Huawei>system-view
[Huawei]sysname LSW2
[LSW2]vlan batch 10 20 100
[LSW2]interface Ethernet 0/0/1
[LSW2-Ethernet0/0/1]port link-type trunk
[LSW2-Ethernet0/0/1]port trunk pvid vlan 100
[LSW2-Ethernet0/0/1]port trunk allow-pass vlan 10 100
[LSW2-Ethernet0/0/1]quit
[LSW2]interface Ethernet 0/0/2
[LSW2-Ethernet0/0/2]port link-type trunk
[LSW2-Ethernet0/0/2]port trunk pvid vlan 100
[LSW2-Ethernet0/0/2]port trunk allow-pass vlan 20 100
[LSW2-Ethernet0/0/2]quit
[LSW2]interface Ethernet 0/0/3
[LSW2-Ethernet0/0/3]port link-type access
[LSW2-Ethernet0/0/3]port default vlan 100
[LSW2-Ethernet0/0/3]quit
[LSW2]interface Ethernet 0/0/24
[LSW2-Ethernet0/0/24]port link-type trunk
[LSW2-Ethernet0/0/24]port trunk allow-pass vlan all
[LSW2-Ethernet0/0/24]quit
[LSW2]
```

（7）显示交换机 LSW2 的配置信息，主要相关实例代码如下。

```
<LSW2>display current-configuration
#
```

```
sysname LSW2
#
vlan batch 10 20 100
#
interface GigabitEthernet0/0/1
 port link-type trunk
 port trunk pvid vlan 100
 port trunk allow-pass vlan 10 100
#
interface GigabitEthernet0/0/2
 port link-type trunk
 port trunk pvid vlan 100
 port trunk allow-pass vlan 20 100
#
interface GigabitEthernet0/0/3
 port link-type access
 port default vlan 100
#
interface GigabitEthernet0/0/24
 port link-type trunk
 port trunk allow-pass vlan 2 to 4094
#
return
<LSW2>
```

（8）配置控制器 AC1，相关实例代码如下。

```
<AC6605>system-view
[AC6605]sysname AC1
[AC1]vlan batch 10 20 100
[AC1]dhcp enable
[AC1]interface GigabitEthernet 0/0/1
[AC1-GigabitEthernet0/0/1]port link-type trunk
[AC1-GigabitEthernet0/0/1]port trunk pvid vlan 100
[AC1-GigabitEthernet0/0/1]port trunk allow-pass vlan all
[AC1-GigabitEthernet0/0/1]quit
[AC1]interface Vlanif 10
[AC1-Vlanif10]ip address 192.168.1.254 24
[AC1-Vlanif10]dhcp select interface
[AC1-Vlanif10]dhcp server excluded-ip-address 192.168.1.250 192.168.1.253
[AC1-Vlanif10]quit
[AC1]interface Vlanif 20
[AC1-Vlanif20]ip address 192.168.2.254 24
[AC1-Vlanif20]dhcp select interface
[AC1-Vlanif20]dhcp server excluded-ip-address 192.168.2.250 192.168.2.253
[AC1-Vlanif20]quit
[AC1]interface Vlanif 100
[AC1-Vlanif100]ip address 192.168.10.254 24
[AC1-Vlanif100]dhcp select interface
[AC1-Vlanif100]dhcp server excluded-ip-address 192.168.10.250 192.168.10.253
```

```
[AC1-Vlanif100]quit
[AC1]router id 2.2.2.2
[AC1]ospf 1
[AC1-ospf-1]area 0
[AC1-ospf-1-area-0.0.0.0]network 192.168.1.0 0.0.0.255          //路由通告
[AC1-ospf-1-area-0.0.0.0]network 192.168.2.0 0.0.0.255          //路由通告
[AC1-ospf-1-area-0.0.0.0]network 192.168.10.0 0.0.0.255         //路由通告
[AC1-ospf-1-area-0.0.0.0]quit
[AC1-ospf-1]quit
[AC1]
[AC1]capwap source interfaceVlanif 100            //为 capwap 隧道绑定管理 VLAN
[AC1]wlan                                        //进入 WLAN 配置视图
[AC1-wlan-view]regulatory-domain-profile name domain1
                                   //创建域管理模板，名称为 domain1
[AC1-wlan-regulate-domain-domain1]country-code CN     //配置国家代码：CN
[AC1-wlan-regulate-domain-domain1]quit
[AC1-wlan-view]ap-group name ap-group1       //创建 AP 组，名称为 ap-group1
[AC1-wlan-ap-group-ap-group1]regulatory-domain-profile domain1 //绑定域模板
Warning: Modifying the country code will clear channel, power and antenna gain c
onfigurations of the radio and reset the AP. Continue?[Y/N]:y
[AC1-wlan-ap-group-ap-group1]quit
[AC1-wlan-view]ap-group name ap-group2       //创建 AP 组，名称为 ap-group2
[AC1-wlan-ap-group-ap-group2]regulatory-domain-profile domain1 //绑定域模板
Warning: Modifying the country code will clear channel, power and antenna gain c
onfigurations of the radio and reset the AP. Continue?[Y/N]:y
[AC1-wlan-ap-group-ap-group2]quit
[AC1-wlan-view]quit
[AC1]wlan
[AC1-wlan-view]ap-id 1 ap-mac 00E0-FC84-23A0      //添加 AP1，查看 AP1 的 MAC 地址
[AC1-wlan-ap-1]ap-name AP1
[AC1-wlan-ap-1]ap-group ap-group1                 //添加到 ap-group1 组中
[AC1-wlan-ap-1]quit
[AC1-wlan-view]ap-id 2 ap-mac 00E0-FC75-7A90      //添加 AP2，查看 AP2 的 MAC 地址
[AC1-wlan-ap-2]ap-name AP2
[AC1-wlan-ap-2]ap-group ap-group2                 //添加到 ap-group2 组中
[AC1-wlan-ap-2]quit
[AC1-wlan-view]ssid-profile name lncc-ssid        //创建 SSID 模板，名称为 lncc-ssid
[AC1-wlan-ssid-prof-lncc-ssid]ssid lncc-A401      //配置 SSID，名称为 lncc-A401
[AC1-wlan-ssid-prof-lncc-ssid]quit
[AC1-wlan-view]security-profile name lncc-security   //创建安全策略，名称为 lncc-security
[AC1-wlan-sec-prof-lncc-security]securitywpa-wpa2 psk pass-phrase lncc123456aes
                                   //SSID 密码为 lncc123456
[AC1-wlan-sec-prof-lncc-security]quit
[AC1-wlan-view]traffic-profile name traffic1      //创建流量模板
[AC1-wlan-traffic-prof-traffic1]user-isolate l2   //二层用户隔离
[AC1-wlan-traffic-prof-traffic1]quit
[AC1-wlan-view]vap-profile name lncc-vap-vlan10           //创建 VAP 模板
[AC1-wlan-vap-prof-lncc-vap-vlan10]forward-mode direct-forward   //配置业务数据转发模式
```

```
[AC1-wlan-vap-prof-lncc-vap-vlan10]ssid-profile lncc-ssid          //绑定 SSID 模板
[AC1-wlan-vap-prof-lncc-vap-vlan10]service-vlan vlan-id 10         //绑定业务 VLAN
[AC1-wlan-vap-prof-lncc-vap-vlan10]traffic-profile traffic1        //绑定流量模板
[AC1-wlan-vap-prof-lncc-vap-vlan10]quit
[AC1-wlan-view]vap-profile name lncc-vap-vlan20                    //创建 VAP 模板
[AC1-wlan-vap-prof-lncc-vap-vlan20]forward-mode direct-forward //配置业务数据转发模式
[AC1-wlan-vap-prof-lncc-vap-vlan20]ssid-profile lncc-ssid          //绑定 SSID 模板
[AC1-wlan-vap-prof-lncc-vap-vlan20]service-vlan vlan-id 20         //绑定业务 VLAN
[AC1-wlan-vap-prof-lncc-vap-vlan20]traffic-profile traffic1        //绑定流量模板
[AC1-wlan-vap-prof-lncc-vap-vlan20]quit
[AC1-wlan-view]ap-group name ap-group1
[AC1-wlan-ap-group-ap-group1]regulatory-domain-profile domain1     //绑定域管理模板
[AC1-wlan-ap-group-ap-group1]vap-profile lncc-vap-vlan10   wlan 1   radio 0
                                                    //绑定 VAP 模板到射频卡 0 上
[AC1-wlan-ap-group-ap-group1]vap-profile lncc-vap-vlan10   wlan 1   radio 1
                                                    //绑定 VAP 模板到射频卡 1 上
[AC1-wlan-ap-group-ap-group1]vap-profile lncc-vap-vlan20   wlan 2   radio 0
                                                    //绑定 VAP 模板到射频卡 0 上
[AC1-wlan-ap-group-ap-group1]vap-profile lncc-vap-vlan20   wlan 2   radio 1
                                                    //绑定 VAP 模板到射频卡 1 上
[AC1-wlan-ap-group-ap-group1]quit
[AC1-wlan-view]ap-group name ap-group2
[AC1-wlan-ap-group-ap-group2]regulatory-domain-profile domain1     //绑定域管理模板
[AC1-wlan-ap-group-ap-group2]vap-profile lncc-vap-vlan10   wlan 1   radio 0
                                                    //绑定 VAP 模板到射频卡 0 上
[AC1-wlan-ap-group-ap-group2]vap-profile lncc-vap-vlan10   wlan 1   radio 1
                                                    //绑定 VAP 模板到射频卡 1 上
[AC1-wlan-ap-group-ap-group2]vap-profile lncc-vap-vlan20   wlan 2   radio 0
                                                    //绑定 VAP 模板到射频卡 0 上
[AC1-wlan-ap-group-ap-group2]vap-profile lncc-vap-vlan20   wlan 2   radio 1
                                                    //绑定 VAP 模板到射频卡 1 上
[AC1-wlan-ap-group-ap-group2]quit
[AC1-wlan-view]quit
[AC1]wlan
[AC1-wlan-view]ap-id 1                             //配置 AP
[AC1-wlan-ap-1]radio 0                             //配置 AP1，射频 0：信道 1、功率等级 10
[AC1-wlan-radio-1/0]channel 20mhz 1
Warning: This action may cause service interruption. Continue?[Y/N]y
[AC1-wlan-radio-1/0]eirp 10
[AC1-wlan-radio-1/0]quit
[AC1-wlan-ap-1]radio 1                             //配置 AP1，射频 1：信道 153、功率等级 10
[AC1-wlan-radio-1/1]channel 20mhz 153
Warning: This action may cause service interruption. Continue?[Y/N]y
[AC1-wlan-radio-1/1]eirp 10
[AC1-wlan-radio-1/1]quit
[AC1-wlan-ap-1]quit
[AC1-wlan-view]ap-id 2                             //配置 AP2
[AC1-wlan-ap-2]radio 0                             //配置 AP2，射频 0：信道 6、功率等级 10
```

```
[AC1-wlan-radio-2/0]channel 20mhz 6
Warning: This action may cause service interruption. Continue?[Y/N]y
[AC1-wlan-radio-2/0]eirp 10
[AC1-wlan-radio-2/0]quit
[AC1-wlan-ap-2]radio 1                    //配置 AP2，射频 1：信道 157、功率等级 10
[AC1-wlan-radio-2/1]channel 20mhz 157
Warning: This action may cause service interruption. Continue?[Y/N]y
[AC1-wlan-radio-2/1]eirp 10
[AC1-wlan-radio-2/1]quit
[AC1-wlan-ap-2]quit
[AC1-wlan-view]quit
[AC1]
```

（9）显示控制器 AC1 的配置信息，主要相关实例代码如下。

```
<AC1>display current-configuration
#
 sysname AC1
#
router id 2.2.2.2
#
vlan batch 10 20 100
#
interface Vlanif10
 ip address 192.168.1.254 255.255.255.0
dhcp select interface
dhcp server excluded-ip-address 192.168.1.250 192.168.1.253
#
interface Vlanif20
 ip address 192.168.2.254 255.255.255.0
 dhcp select interface
 dhcp server excluded-ip-address 192.168.2.250 192.168.2.253
#
interface Vlanif100
 ip address 192.168.10.254 255.255.255.0
 dhcp select interface
 dhcp server excluded-ip-address 192.168.10.250 192.168.10.253
#
interface GigabitEthernet0/0/1
 port link-type trunk
 port trunk pvid vlan 100
 port trunk allow-pass vlan 2 to 4094
#
ospf 1
 area 0.0.0.0
  network 192.168.1.0 0.0.0.255
  network 192.168.2.0 0.0.0.255
  network 192.168.10.0 0.0.0.255
#
capwap source interfacevlanif100
```

```
#
wlan
 traffic-profile name default
 traffic-profile name traffic1
  user-isolate l2
 security-profile name default
 security-profile name default-wds
 security-profile name default-mesh
 security-profile name lncc-security
  securitywpa-wpa2 psk pass-phrase %^%#KkHXOTi^BD-kk&/\#aNR4Wt!PvbXq!q6$%Q@p|<K
%^%# aes
 ssid-profile name default
 ssid-profile name lncc-ssid
  ssidlncc-A401
 vap-profile name default
 vap-profile name lncc-vap-vlan10
  service-vlan vlan-id 10
  ssid-profile lncc-ssid
  traffic-profile traffic1
 vap-profile name lncc-vap-vlan20
  service-vlan vlan-id 20
  ssid-profile lncc-ssid
  traffic-profile traffic1
 ap-group name ap-group1
  regulatory-domain-profile domain1
  radio 0
   vap-profile lncc-vap-vlan10 wlan 1
   vap-profile lncc-vap-vlan20 wlan 2
  radio 1
   vap-profile lncc-vap-vlan10 wlan 1
   vap-profile lncc-vap-vlan20 wlan 2
 ap-group name ap-group2
  regulatory-domain-profile domain1
  radio 0
   vap-profile lncc-vap-vlan10 wlan 1
   vap-profile lncc-vap-vlan20 wlan 2
  radio 1
   vap-profile lncc-vap-vlan10 wlan 1
   vap-profile lncc-vap-vlan20 wlan 2
 ap-id 1 type-id 45 ap-mac 00e0-fc84-23a0 ap-sn 21023544831073700056
  ap-name AP1
  ap-group ap-group1
  radio 0
   channel 20mhz 1
    eirp 10
  radio 1
   channel 20mhz 153
 ap-id 2 type-id 45 ap-mac 00e0-fc75-7a90 ap-sn 21023544831089153338
```

```
    ap-name AP2
    ap-group ap-group2
    radio 0
     channel 20mhz 6
     eirp 10
    radio 1
     channel 20mhz 157
     eirp 10
   provision-ap
 #
 return
 <AC1>
```

（10）显示 WLAN 安全配置完成效果图，如图 6.75 所示。

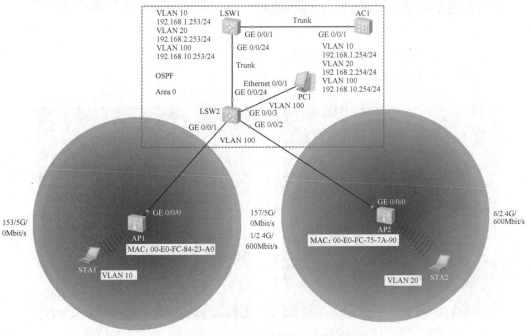

图 6.75　WLAN 安全配置完成效果图

（11）显示控制器 AC1 的站点信息，执行 display station all 命令，如图 6.76 所示。

```
<AC1>
<AC1>display station all
Rf/WLAN: Radio ID/WLAN ID
Rx/Tx: link receive rate/link transmit rate(Mbps)
------------------------------------------------------------------------------
--------------------
STA MAC          AP ID Ap name  Rf/WLAN  Band  Type  Rx/Tx      RSSI  VLAN  IP a
ddress     SSID
------------------------------------------------------------------------------
--------------------
5489-983c-7e61   2     AP2      0/2      2.4G  -     -/-        -     20    192.
168.2.125 lncc-A401
5489-988b-791b   1     AP1      0/1      2.4G  -     -/-        -     10    192.
168.1.204 lncc-A401
------------------------------------------------------------------------------
--------------------
Total: 2 2.4G: 2 5G: 0
<AC1>
```

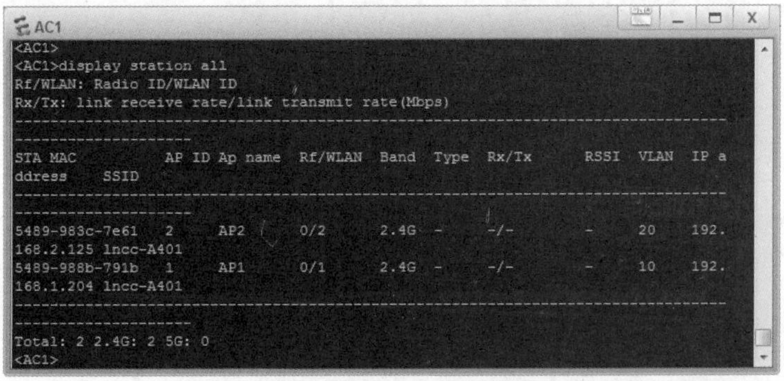

图 6.76　控制器 AC1 的站点信息

（12）显示控制器 AC1 的 AP 信息，执行 display ap all 命令，如图 6.77 所示。

（13）显示主机 PC1 的配置信息及联通性，执行 ipconfig 命令，查看 DHCP 服务器分配的地址，并测试网关地址，如图 6.78 所示。

图 6.77　控制器 AC1 的 AP 信息

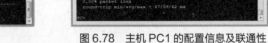

图 6.78　主机 PC1 的配置信息及联通性

（14）显示 AP1 的配置信息，如图 6.79 所示。

（15）显示 AP2 的配置信息，如图 6.80 所示。

图 6.79　AP1 的配置信息

图 6.80　AP2 的配置信息

（16）显示 STA1 的连接状态，如图 6.81 所示。

图 6.81　STA1 的连接状态

（17）显示 STA1 的配置信息及联通性，执行 ipconfig 命令，如图 6.82 所示。

（18）显示 STA2 的连接状态，如图 6.83 所示。

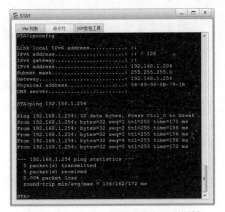

图 6.82　STA1 的配置信息及联通性

图 6.83　STA2 的连接状态

（19）显示 STA2 的配置信息及联通性，执行 ipconfig 命令，如图 6.84 所示。

（20）查看主机 PC1 访问 STA1、STA2 的结果，如图 6.85 所示。

图 6.84　STA2 的配置信息及联通性

图 6.85　主机 PC1 访问 STA1、STA2 的结果

任务 6.6　防火墙技术

任务陈述

小李是公司的网络工程师，公司业务不断发展，越来越离不开网络。由于网络病毒日益增多，公司网络数据的安全性与可靠性也越来越重要，公司领导决定启用硬件防火墙来增强公司内网的安全性，小李根据公司的要求制定了一份合理的网络实施方案，那么他该如何完成网络设备的相应配置呢？

知识准备

6.6.1 防火墙概述

古时候，人们常在寓所之间砌起一道砖墙，一旦发生火灾，它能够防止火势蔓延到别处。如果一个网络连接到了 Internet 上面，那么它的用户就可以访问外部网络并与之通信。但同时，外部网络也同样可以访问该网络并与之交互。为了安全起见，可以在该网络和 Internet 之间插入一个中介系统，建立一道安全屏障。这道屏障用于阻断外部网络对本网络的威胁和入侵，将作为扼守本网络安全的关卡，它的作用与古时候的防火砖墙有类似之处，因此我们把这个屏障叫作"防火墙"。

1. 防火墙的定义

防火墙是一个由计算机硬件和软件组成的系统，部署于网络边界，是内部网络和外部网络之间的桥梁，同时会对进出网络的数据进行保护，以防止恶意入侵、恶意代码的传播等，保障内部网络数据的安全。防火墙技术是建立在网络技术和信息安全技术基础上的应用性安全技术，几乎所有企业都会在内部网络与外部网络（如 Internet）相连接的边界放置防火墙。防火墙能够起到安全过滤和安全隔离外网攻击、入侵等有害的网络安全信息和行为的作用，它是不同网络或网络安全域之间信息的唯一出入口，如图 6.86 所示。

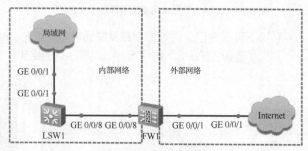

图 6.86　防火墙部署

防火墙遵循的基本准则有两条。第一，它会拒绝所有未经允许的命令。防火墙的审查是基础的逐项审阅，任何一个服务请求和应用操作都将被逐一审查，只有符合允许条件的命令后才可能被执行，这为保证内部计算机安全提供了切实可行的办法。反言之，用户可以申请的服务和服务数量是有限的，防火墙在提高了安全性的同时也减弱了可用性。第二，它会允许所有未拒绝的命令。防火墙在传递所有信息的时候都是按照约定的命令执行的，也就是在逐项审查后会拒绝存在潜在危害的命令，因为可用性优于安全性，从而导致安全性难以把控。

2. 防火墙的功能

防火墙是"木桶"理论在网络安全中的应用。网络安全概念中有一个"木桶"理论：一个桶能装的水量不取决于桶有多高，而取决于组成该桶的最短的那块木板的高度。在一个没有防火墙的环境里，网络的安全性只能体现为每一个主机的功能，所有主机必须通力合作，才能使网络具有较高程度的安全性。而防火墙能够简化安全管理，使得网络的安全性可在防火墙系统上得到提高，而不是分布在内部网络的所有主机上。

在逻辑上，防火墙是分离器，也是限制器，更是一个分析器，有效地监控了内部网络和外部网络之间的任何活动，保证了内部网络的安全。典型的防火墙具有以下 3 个方面的基本特性。

（1）内部网络和外部网络之间的所有数据流都必须经过防火墙。

防火墙安装在信任网络（内部网络）和非信任网络（外部网络）之间，它可以隔离非信任网络（一般指的是 Internet）与信任网络（一般指的是内部局域网络）的连接，同时不会妨碍用户对非信任网络的访问。内部网络和外部网络之间的所有数据流都必须经过防火墙，因为只有防火墙是内部、外部网络之间的唯一通信通道，才可以全面、有效地保护企业内部网络不受侵害。

（2）只有符合安全策略的数据流才能通过防火墙。

部署防火墙的目的就是在网络连接之间建立一个安全控制屏障，通过允许、拒绝或重新定向经过防火墙的数据流，实现对进、出内部网络的服务和访问的审计和控制。防火墙最基本的功能是根据企业的安全规则控制（允许、拒绝、监测）出入网络的信息流，确保网络流量的合法性，并在此前提下将网络流量快速地从一条链路转发到另外的链路上。

（3）防火墙自身具有非常强的抗攻击能力。

防火墙自身具有非常强的抗攻击能力，它承担了企业内部网络安全防护重任。防火墙处于网络边界，就像一个边界卫士一样，每时每刻都要抵御黑客的入侵，因此要求防火墙自身具有非常强的抗攻击入侵的能力。

防火墙除了具备上述 3 个方面的基本特性外，一般来说，还具有以下几个方面的功能。

（1）支持 NAT。

防火墙可以作为部署 NAT 的逻辑地址，因此防火墙可以用来解决地址空间不足的问题，并避免机构在变换 ISP 时带来的需要重新编址的麻烦。

（2）支持虚拟专用网（Virtual Private Network，VPN）。

防火墙还支持具有 Internet 服务特性的企业内部网络技术体系 VPN。通过 VPN 可将企事业单位在地域上分布在全世界各地的局域网或专用子网有机地互联成一个整体。不仅省去了专用通信线路，而且为信息共享提供了技术保障。

（3）支持用户制定的各种访问控制策略。

（4）支持网络存取和访问进行的监控审计。

（5）支持身份认证等功能。

3. 防火墙的优缺点

（1）防火墙的优点。

① 增强了网络安全性。防火墙可防止非法用户进入内部网络，减少其中主机的风险。

② 提供集中的安全管理。防火墙对内部网络实行集中的安全管理，通过制定安全策略，其安全防护措施可运行于整个内部网络系统中而无须在每个主机中分别设立。同时还可将内部网络中需改动的程序都存于防火墙中而不是分散到每个主机中，便于集中保护。

③ 增强了保密性。防火墙可阻止攻击者获取攻击网络系统的有用信息。

④ 提供对系统的访问控制。防火墙可提供对系统的访问控制，例如，允许外部用户访问某些主机，同时禁止访问另外的主机；允许内部用户使用某些资源而不能使用其他资源等。

⑤ 能有效地记录网络访问情况。因为所有进出信息都必须通过防火墙，所以非常便于收集关于系统和网络使用或误用的信息。

（2）防火墙的缺点。

① 防火墙不能防范来自内部的攻击。防火墙对内部用户偷窃数据、破坏硬件和软件等行为无能为力。

② 防火墙不能防范未经过防火墙的攻击。没有经过防火墙的数据，防火墙无法检查，如个别内部网络用户绕过防火墙进行拨号访问等。

③ 防火墙不能防范策略配置不当或错误配置带来的安全威胁。防火墙是一个被动的安全策略执行设备，就像门卫一样，要根据相关规定来执行安全防护操作，而不能自作主张。

④ 防火墙不能防范未知的威胁。防火墙能较好地防范已知的威胁，但不能自动防范所有新的威胁。

4. 防火墙技术分类

（1）包过滤防火墙。

第一代防火墙技术几乎与路由器同时出现，采用了包过滤技术，如图 6.87 所示。由于多数路由器中本身就支持分组过滤功能，因此网络访问控制可通过路由控制来实现，从而具有分组过滤功能的路由器成为第一代防火墙。

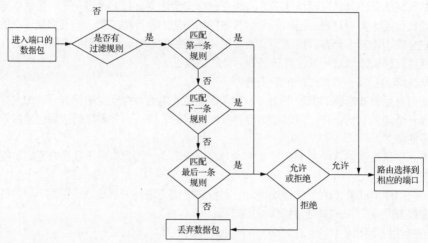

图 6.87　包过滤防火墙的工作流程

（2）代理防火墙。

　　它也称为应用网关防火墙，第二代防火墙工作在应用层上，能够根据具体的应用对数据进行过滤或者转发，也就是人们常说的代理服务器、应用网关。这样的防火墙彻底隔断了内部网络与外部网络的直接通信，内部网络用户对外部网络的访问变成防火墙对外部网络的访问，然后由防火墙把访问的结果转发给内部网络用户。

（3）状态检测防火墙。

　　它是基于动态包过滤技术的防火墙，也就是目前所说的状态检测防火墙技术。对于 TCP 连接，每个可靠连接的建立都需要经过 3 次握手，这时的数据包并不是独立的，它们前后之间有着密切的状态联系。状态检测防火墙将基于这种连接过程，根据数据包状态变化来决定访问控制的策略，如图 6.88 所示。

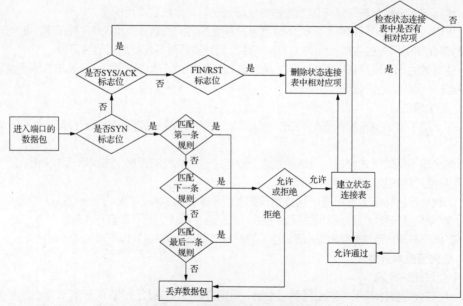

图 6.88　状态检测防火墙的工作流程

（4）复合型防火墙。复合型防火墙结合了代理防火墙的安全性和包过滤防火墙的高速等优点，实现了第三层至第七层自适应的数据转发。

（5）下一代防火墙。随着网络应用的高速增多和移动应用的爆发式出现，发生在应用网络中的安全事件越来越多，过去简单的网络攻击也完全转变为以混合攻击为主，单一的安全防护措施已经无法有效地解决企业面临的网络安全问题。随着网络带宽的增加，网络流量也变得越来越大，要对大流量进行应用层的精确识别，防火墙的性能必须更高，下一代防火墙就是在这种背景下出现的。为应对当前与未来的网络安全威胁，防火墙必须具备一些新的功能，如具有基于用户的高性能并行处理引擎，一些企业把具有多种功能的防火墙称为下一代防火墙。

6.6.2 认识防火墙设备

1. 防火墙设备外形

不同厂商、不同型号的防火墙设备的外形结构不同，但它们的功能、端口类型几乎都差不多，具体可参考相应厂商的产品说明书。这里主要介绍华为 USG6500 系列防火墙设备，其前、后面板如图 6.89 所示。

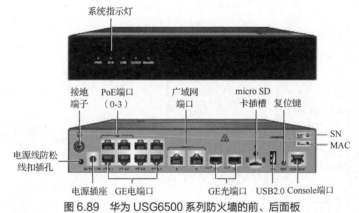

图 6.89　华为 USG6500 系列防火墙的前、后面板

2. 防火墙设备连接

按图 6.90 所示连接线缆，然后连接好电源适配器，给设备通电。设备没有电源开关，通电后会立即启动。若前面板上的 SYS 指示灯每两秒闪一次，表明设备已进入正常运行状态，可以登录设备进行配置。PoE 供电设备与防火墙之间必须通过网线直连。

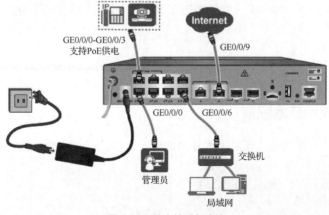

图 6.90　防火墙设备连接

6.6.3 防火墙端口区域及控制策略

1. 防火墙端口区域

（1）Trust（内部，局域网），连接内部网络。

（2）Untrust（外部，Internet），连接外部网络，一般指的是 Internet。

（3）隔离区（Demilitarized Zone，DMZ），也称非军事化区域，DMZ 中的系统通常为提供对外服务的系统，如 Web 服务器、FTP 服务器、E-mail 服务器等；可增强 Trust 区域中设备的安全性；有特殊的访问策略；Trust 区域中的设备也会对 DMZ 中的系统进行访问，如图 6.91 所示。

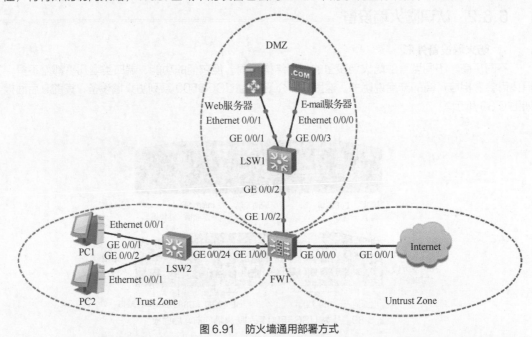

图 6.91　防火墙通用部署方式

2. DMZ 常规访问控制策略

（1）内部网络可以访问 DMZ，方便用户使用和管理 DMZ 中的服务器。

（2）外部网络可以访问 DMZ 中的服务器，同时需要由防火墙完成外地址到服务器实际地址的转换。

（3）DMZ 不能访问外部网络。此条策略也有例外，例如，如果 DMZ 中放置 E-mail 服务器，就需要访问外部网络，否则它将不能正常工作。

任务实施

6.6.4 防火墙基本配置

（1）配置防火墙，相关端口与 IP 地址配置如图 6.92 所示，进行网络拓扑连接。

（2）配置防火墙 FW1，相关实例代码如下。

V6-19　配置防火墙

```
<SRG>system-view
[SRG]sysname FW1
```

```
[FW1]interface GigabitEthernet 0/0/1
[FW1-GigabitEthernet0/0/1]ip address 192.168.1.254 24
[FW1-GigabitEthernet0/0/1]quit
[FW1]interface GigabitEthernet 0/0/2
[FW1-GigabitEthernet0/0/2]ip address 192.168.2.254 24
[FW1-GigabitEthernet0/0/2]quit
[FW1]interface GigabitEthernet 0/0/8
[FW1-GigabitEthernet0/0/8]ip address 192.168.10.1 30
[FW1-GigabitEthernet0/0/8]quit
[FW1]firewall zone trust
[FW1-zone-trust]add interface GigabitEthernet 0/0/1
[FW1-zone-trust]add interface GigabitEthernet 0/0/2
[FW1-zone-trust]add interface GigabitEthernet 0/0/8
[FW1-zone-trust]quit
[FW1]router id 1.1.1.1
[FW1]ospf 1
[FW1-ospf-1]area 0
[FW1-ospf-1-area-0.0.0.0]network 192.168.1.0 0.0.0.255
[FW1-ospf-1-area-0.0.0.0]network 192.168.2.0 0.0.0.255
[FW1-ospf-1-area-0.0.0.0]network 192.168.10.0 0.0.0.3
[FW1-ospf-1-area-0.0.0.0]quit
[FW1-ospf-1]quit
[FW1]
```

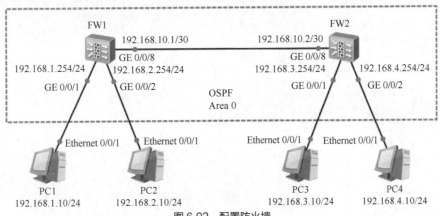

图 6.92　配置防火墙

（3）配置防火墙 FW2，相关实例代码如下。

```
< SRG >system-view
[SRG]sysname FW2
[FW2]interface GigabitEthernet 0/0/1
[FW2-GigabitEthernet0/0/1]ip address 192.168.3.254 24
[FW2-GigabitEthernet0/0/1]quit
[FW2]interface GigabitEthernet 0/0/2
[FW2-GigabitEthernet0/0/2]ip address 192.168.4.254 24
[FW2-GigabitEthernet0/0/2]quit
[FW2]interface GigabitEthernet 0/0/8
[FW2-GigabitEthernet0/0/8]ip address 192.168.10.2 30
```

```
[FW2-GigabitEthernet0/0/8]quit
[FW2]firewall zone trust
[FW2-zone-trust]add interface GigabitEthernet 0/0/1
[FW2-zone-trust]add interface GigabitEthernet 0/0/2
[FW2-zone-trust]add interface GigabitEthernet 0/0/8
[FW2-zone-trust]quit
[FW2]router id 2.2.2.2
[FW2]ospf 1
[FW2-ospf-1]area 0
[FW2-ospf-1-area-0.0.0.0]network 192.168.3.0 0.0.0.255
[FW2-ospf-1-area-0.0.0.0]network 192.168.4.0 0.0.0.255
[FW2-ospf-1-area-0.0.0.0]network 192.168.10.0 0.0.0.3
[FW2-ospf-1-area-0.0.0.0]quit
[FW2-ospf-1]quit
[FW2]
```

（4）显示防火墙 FW1、FW2 的配置信息，以防火墙 FW1 为例，主要相关实例代码如下。

```
<FW1>display current-configuration
#
stp region-configuration
  region-name b05fe31530c0
  active region-configuration
#
interface GigabitEthernet0/0/1
  ip address 192.168.1.254 255.255.255.0
#
interface GigabitEthernet0/0/2
  ip address 192.168.2.254 255.255.255.0
#
interface GigabitEthernet0/0/8
  ip address 192.168.10.1 255.255.255.252
#
firewall zone local
  set priority 100
#
firewall zone trust
  set priority 85
  add interface GigabitEthernet0/0/0
  add interface GigabitEthernet0/0/1
  add interface GigabitEthernet0/0/2
  add interface GigabitEthernet0/0/8
#
firewall zone untrust
  set priority 5
#
firewall zone dmz
  set priority 50
#
ospf 1
```

```
    area 0.0.0.0
      network 192.168.1.0 0.0.0.255
      network 192.168.2.0 0.0.0.255
      network 192.168.10.0 0.0.0.3
#
sysname FW1
#
firewall packet-filter default permit interzone local trust direction inbound
 firewall packet-filter default permit interzone local trust direction outbound
 firewall packet-filter default permit interzone local untrust direction outbound
 firewall packet-filter default permit interzone local dmz direction outbound
#
 router id 1.1.1.1
#
return
<FW1>
```

（5）查看主机 PC2 访问主机 PC4 的结果，如图 6.93 所示。

图 6.93　主机 PC2 访问主机 PC4 的结果

6.6.5　防火墙接入 Internet 配置

（1）配置防火墙接入 Internet，相关端口与 IP 地址配置如图 6.94 所示，进行网络拓扑连接。

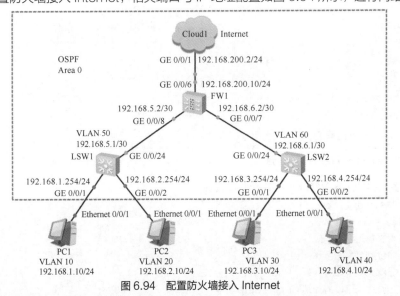

图 6.94　配置防火墙接入 Internet

（2）配置本地虚拟机 VMware 的网络地址，如图 6.95 所示。

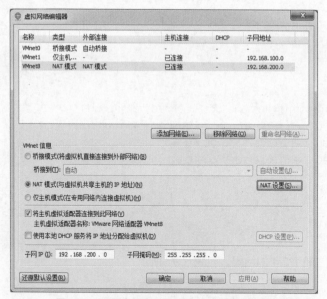

V6-20　配置防火墙
接入 Internet——
LSW1-2

V6-21　配置防火墙
接入 Internet——
FW1

V6-22　配置防火墙
接入 Internet——
结果测试

图 6.95　配置本地虚拟机 VMware 的网络地址

（3）配置本机 vmnet8 网络，进行 NAT 设置，网关 IP 地址为
192.168.200.2，此地址为 Cloud1 的入口地址，如图 6.96 所示。

（4）配置 Cloud1 端口的相关信息，如图 6.97 所示。

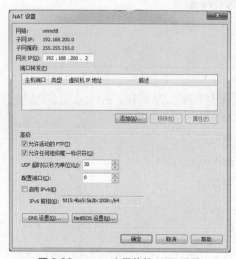

图 6.96　vmnet8 网络的 NAT 设置

图 6.97　配置 Cloud1 端口

（5）配置交换机 LSW1，相关实例代码如下。

```
<Huawei>system-view
[Huawei]sysname LSW1
[LSW1]vlan batch 10 20 50
[LSW1]interface GigabitEthernet 0/0/1
[LSW1-GigabitEthernet0/0/1]port link-type access
[LSW1-GigabitEthernet0/0/1]port default vlan 10
```

```
[LSW1-GigabitEthernet0/0/1]quit
[LSW1]interface GigabitEthernet 0/0/2
[LSW1-GigabitEthernet0/0/2]port link-type access
[LSW1-GigabitEthernet0/0/2]port default vlan 20
[LSW1-GigabitEthernet0/0/2]quit
[LSW1]interface GigabitEthernet 0/0/24
[LSW1-GigabitEthernet0/0/24]port link-type access
[LSW1-GigabitEthernet0/0/24]port default vlan 30
[LSW1-GigabitEthernet0/0/24]quit
[LSW1]interface Vlanif 10
[LSW1-Vlanif10]ip address 192.168.1.254 24
[LSW1-Vlanif10]quit
[LSW1]interface Vlanif 20
[LSW1-Vlanif20]ip address 192.168.2.254 24
[LSW1-Vlanif20]quit
[LSW1]interface Vlanif 50
[LSW1-Vlanif50]ip address 192.168.5.1 30
[LSW1-Vlanif50]quit
[LSW1]router id 1.1.1.1
[LSW1]ospf 1
[LSW1-ospf-1]area 0
[LSW1-ospf-1-area-0.0.0.0]network 192.168.5.0 0.0.0.3       //路由通告
[LSW1-ospf-1-area-0.0.0.0]network 192.168.1.0 0.0.0.255     //路由通告
[LSW1-ospf-1-area-0.0.0.0]network 192.168.2.0 0.0.0.255     //路由通告
[LSW1-ospf-1-area-0.0.0.0]quit
[LSW1-ospf-1]quit
[LSW1]
```

（6）配置交换机 LSW2，相关实例代码如下。

```
<Huawei>system-view
[Huawei]sysname LSW2
[LSW2]vlan batch 30 40 60
[LSW2]interface GigabitEthernet 0/0/1
[LSW2-GigabitEthernet0/0/1]port link-type access
[LSW2-GigabitEthernet0/0/1]port default vlan 30
[LSW2-GigabitEthernet0/0/1]quit
[LSW2]interface GigabitEthernet 0/0/2
[LSW2-GigabitEthernet0/0/2]port link-type access
[LSW2-GigabitEthernet0/0/2]port default vlan 40
[LSW2-GigabitEthernet0/0/2]quit
[LSW2]interface GigabitEthernet 0/0/24
[LSW2-GigabitEthernet0/0/24]port link-type access
[LSW2-GigabitEthernet0/0/24]port default vlan 60
[LSW2-GigabitEthernet0/0/24]quit
[LSW2]interface Vlanif 30
[LSW2-Vlanif30]ip address 192.168.3.254 24
[LSW2-Vlanif30]quit
[LSW2]interface Vlanif 40
[LSW2-Vlanif40]ip address 192.168.4.254 24
```

```
[LSW2-Vlanif40]quit
[LSW2]interface Vlanif 60
[LSW2-Vlanif60]ip address 192.168.6.1 30
[LSW2-Vlanif60]quit
[LSW2]router id 2.2.2.2
[LSW2]ospf 1
[LSW2-ospf-1]area 0
[LSW2-ospf-1-area-0.0.0.0]network 192.168.6.0 0.0.0.3          //路由通告
[LSW2-ospf-1-area-0.0.0.0]network 192.168.3.0 0.0.0.255        //路由通告
[LSW2-ospf-1-area-0.0.0.0]network 192.168.4.0 0.0.0.255        //路由通告
[LSW2-ospf-1-area-0.0.0.0]quit
[LSW2-ospf-1]quit
[LSW2]
```

（7）显示交换机 LSW1、LSW2 的配置信息，以交换机 LSW1 为例，主要相关实例代码如下。

```
<LSW1>display current-configuration
#
sysname LSW1
#
router id 1.1.1.1
#
vlan batch 10 20 50
#
interface Vlanif10
 ip address 192.168.1.254 255.255.255.0
#
interface Vlanif20
 ip address 192.168.2.254 255.255.255.0
#
interface Vlanif50
 ip address 192.168.5.1 255.255.255.252
#
interface GigabitEthernet0/0/1
 port link-type access
 port default vlan 10
#
interface GigabitEthernet0/0/2
 port link-type access
 port default vlan 20
#
interface GigabitEthernet0/0/24
 port link-type access
 port default vlan 50
#
ospf 1
 area 0.0.0.0
  network 192.168.1.0 0.0.0.255
  network 192.168.2.0 0.0.0.255
  network 192.168.5.0 0.0.0.3
```

```
#
return
<LSW1>
```

（8）配置防火墙 FW1，相关实例代码如下。

```
<SRG>system-view
[SRG]sysname FW1
[FW1]interface GigabitEthernet 0/0/6
[FW1-GigabitEthernet0/0/6]ip address 192.168.200.10 24
[FW1-GigabitEthernet0/0/6]quit
[FW1]interface GigabitEthernet 0/0/7
[FW1-GigabitEthernet0/0/7]ip address 192.168.6.2 30
[FW1-GigabitEthernet0/0/7]quit
[FW1]interface GigabitEthernet 0/0/8
[FW1-GigabitEthernet0/0/8]ip address 192.168.5.2 30
[FW1-GigabitEthernet0/0/8]quit
[FW1]firewall zone untrust
[FW1-zone-untrust]add interface GigabitEthernet 0/0/6
[FW1-zone-untrust]quit
[FW1]firewall zone trust
[FW1-zone-trust]add interface GigabitEthernet 0/0/7
[FW1-zone-trust]add interface GigabitEthernet 0/0/8
[FW1-zone-trust]quit
[FW1]policy interzone trust untrust outbound
[FW1-policy-interzone-trust-untrust-outbound]policy 0
[FW1-policy-interzone-trust-untrust-outbound-0]action permit
[FW1-policy-interzone-trust-untrust-outbound-0]policy source 192.168.0.0 0.0.255.255
[FW1-policy-interzone-trust-untrust-outbound-0]quit
[FW1-policy-interzone-trust-untrust-outbound]quit
[FW1]nat-policy interzone trust untrust outbound
[FW1-nat-policy-interzone-trust-untrust-outbound]policy 1
[FW1-nat-policy-interzone-trust-untrust-outbound-1]action source-nat
[FW1-nat-policy-interzone-trust-untrust-outbound-1]policy source 192.168.0.0 0.0.255.255
[FW1-nat-policy-interzone-trust-untrust-outbound-1]quit
[FW1-nat-policy-interzone-trust-untrust-outbound]quit
[FW1]router id 3.3.3.3
[FW1]ospf 1
[FW1-ospf-1]default-route-advertise always cost 200 type 1
[FW1-ospf-1]area 0
[FW1-ospf-1-area-0.0.0.0]network 192.168.5.0 0.0.0.3
[FW1-ospf-1-area-0.0.0.0]network 192.168.6.0 0.0.0.3
[FW1-ospf-1-area-0.0.0.0]network 192.168.200.0 0.0.0.255
[FW1-ospf-1-area-0.0.0.0]quit
[FW1-ospf-1]quit
[FW1]ip route-static 0.0.0.0 0.0.0.0 192.168.200.2
```

（9）显示防火墙 FW1 的配置信息，主要相关实例代码如下。

```
<FW1>display current-configuration
#
```

```
stp region-configuration
  region-name e81582044529
  active region-configuration
#
interface GigabitEthernet0/0/0
  alias GE0/MGMT
  ip address 192.168.0.1 255.255.255.0
  dhcp select interface
  dhcp server gateway-list 192.168.0.1
#
interface GigabitEthernet0/0/6
  ip address 192.168.200.10 255.255.255.0
#
interface GigabitEthernet0/0/7
  ip address 192.168.6.2 255.255.255.252
#
interface GigabitEthernet0/0/8
  ip address 192.168.5.2 255.255.255.252
#
firewall zone trust
  set priority 85
  add interface GigabitEthernet0/0/0
  add interface GigabitEthernet0/0/7
  add interface GigabitEthernet0/0/8
#
firewall zone untrust
  set priority 5
  add interface GigabitEthernet0/0/6
#
firewall zone dmz
  set priority 50
#
ospf 1
  default-route-advertise always cost 200 type 1
  area 0.0.0.0
    network 192.168.5.0 0.0.0.3
    network 192.168.6.0 0.0.0.3
    network 192.168.200.0 0.0.0.255
#
  ip route-static 0.0.0.0 0.0.0.0 192.168.200.2
#
  sysname FW1
#
  router id 3.3.3.3
#
policy interzone trust untrust outbound
  policy 0
    action permit
```

```
    policy source 192.168.0.0 0.0.255.255
#
nat-policy interzone trust untrust outbound
  policy 1
    action source-nat
    policy source 192.168.0.0 0.0.255.255
    easy-ip GigabitEthernet0/0/6
#
return
<FW1>
```

（10）查看主机 PC1 访问主机 PC3 的结果，如图 6.98 所示。

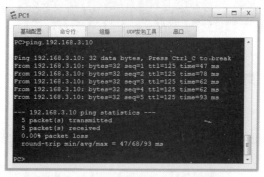

图 6.98 主机 PC1 访问主机 PC3 的结果

（11）查看本地主机访问 Internet（网易地址为 www.163.com）的结果，可以看出网易地址为 111.32.151.14，如图 6.99 所示。

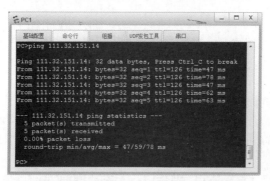

图 6.99 本地主机访问 Internet 的结果

（12）查看主机 PC1 访问网易地址 111.32.151.14 的结果，如图 6.100 所示。

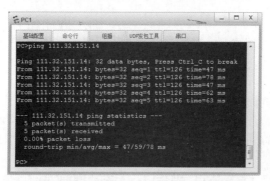

图 6.100 主机 PC1 访问网易地址的结果

（13）查看主机 PC3 访问网易地址 111.32.151.14 的结果，如图 6.101 所示。

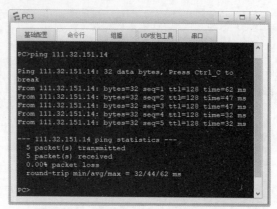

图 6.101　主机 PC3 访问网易地址的结果

项目练习题

1. 选择题

（1）某公司要维护自己公共的 Web 服务器，需要隐藏 Web 服务器的地址信息，应该为该 Web 服务器配置（　　）类型的 NAT。

A. 静态　　　　　　B. 动态　　　　　　C. PAT　　　　　　D. 无须配置 NAT

（2）将内部地址的多台主机映射成一个 IP 地址的是（　　）类型的 NAT 。

A. 静态　　　　　　B. 动态　　　　　　C. PAT　　　　　　D. 无须配置 NAT

（3）PAP 模式需要交互（　　）次报文。

A. 1　　　　　　　B. 2　　　　　　　C. 3　　　　　　　D. 4

（4）CHAP 模式需要交互（　　）次报文。

A. 1　　　　　　　B. 2　　　　　　　C. 3　　　　　　　D. 4

（5）下列（　　）不是 HDLC 类型的帧。

A. 信息帧（I 帧）　　　　　　　　B. 监控帧（S 帧）

C. 无编号帧（U 帧）　　　　　　　D. 管理帧（M 帧）

（6）IPv6 地址空间大小为（　　）位。

A. 32　　　　　　　B. 64　　　　　　　C. 128　　　　　　　D. 256

（7）对于 IPv6 地址 2001:0000:0000:0001:0000:0000:0010:0010，将其用 0 位压缩方式表示正确的是（　　）。

A. 2001::1::1:1　　　　　　　　B. 2001::1:0:0:1:1

C. 2001::1: 0: 0:10:10　　　　　D. 2001::1: 0: 0:1:1

（8）下列不是 IPv6 地址类型的是（　　）。

A. 单播地址　　　　B. 组播地址　　　　C. 任播地址　　　　D. 广播地址

（9）下列是 IPv6 组播地址的是（　　）。

A. ::/128　　　　　B. FF02::1　　　　　C. 2001::/64　　　　　D. 3000::/64

（10）RIPRIPng 使用（　　）端口发送和接收路由信息。

A. UDP:521　　　　B. TCP:521　　　　C. UDP:512　　　　D. TCP:512

（11）DHCPv6 服务器与客户端之间使用 UDP 来交互 DHCPv6 报文，客户端使用的 UDP 端口号是（　　　）。

　　A. 545　　　　　　　B. 546　　　　　　　C. 547　　　　　　　D. 548

　　（12）DHCPv6 服务器与客户端之间使用 UDP 来交互 DHCPv6 报文，服务器使用的 UDP 端口号是（　　　）。

　　A. 545　　　　　　　B. 546　　　　　　　C. 547　　　　　　　D. 548

　　（13）DHCP 使用 UDP 的端口进行通信，从 DHCP 客户端到达 DHCP 服务器的报文使用的目的端口号为（　　　）。

　　A. 66　　　　　　　　B. 67　　　　　　　　C. 68　　　　　　　　D. 69

　　（14）DHCP 使用 UDP 端口进行通信，从 DHCP 服务器到达 DHCP 客户端使用的源端口号为（　　　）。

　　A. 66　　　　　　　　B. 67　　　　　　　　C. 68　　　　　　　　D. 69

　　（15）DHCP 客户端请求地址时，并不知道 DHCP 服务器的位置，因此 DHCP 客户端会在本地网络内以（　　　）方式发送请求报文。

　　A. 单播　　　　　　　B. 组播　　　　　　　C. 任播　　　　　　　D. 广播

　　（16）DHCP 服务器收到 Discover 报文后，就会在所配置的地址池中查找一个合适的 IP 地址，加上相应的租约期限和其他配置信息（如网关、DNS 服务器地址等），形成一个 Offer 报文，以（　　　）方式发送报文给客户端，告知用户本服务器可以为其提供 IP 地址。

　　A. 单播　　　　　　　B. 组播　　　　　　　C. 任播　　　　　　　D. 广播

　　（17）WLAN 标准是（　　　）。

　　A. IEEE 802.11　　　B. IEEE 802.1q　　　C. IEEE 802.1w　　　D. IEEE 802.1d

　　（18）华为防火墙 DMZ 的默认优先级为（　　　）。

　　A. 5　　　　　　　　B. 50　　　　　　　　C. 85　　　　　　　　D. 100

　　（19）华为防火墙 Trust 区域的默认优先级为（　　　）。

　　A. 5　　　　　　　　B. 50　　　　　　　　C. 85　　　　　　　　D. 100

　　（20）华为防火墙 Untrust 区域的默认优先级为（　　　）。

　　A. 5　　　　　　　　B. 50　　　　　　　　C. 85　　　　　　　　D. 100

2．简答题

（1）简述常见的广域网接入技术。

（2）简述 PAP 与 CHAP 模式工作方式。

（3）简述静态 NAT 和动态 NAT 的工作原理及应用环境。

（4）简述 PAT 的工作原理及配置过程。

（5）简述 IPv6 地址类型。

（6）简述 DHCP 工作原理。

（7）DHCP 服务器的地址池有几种配置方法？如何进行配置？

（8）DHCPv6 基本协议架构中主要包括几种角色？

（9）简述 WLAN 技术的优势与不足。

（10）简述 WLAN 配置思路。

（11）简述防火墙端口区域分为几类及控制策略。

（12）简述配置防火墙的基本思路。

附录

题库管理、试卷生成及
考试阅卷

1. 题库管理和试卷生成

　　每到期中小考、期末考试时，教师都要忙于出试卷，其中，期末考试时至少要出 3 套试卷，即费时又费力。也因为这些原因，现在很多的教师，会使用题库系统，既方便题库管理，又可以生成试卷，方便组织考试。

题库管理、试卷
生成及考试阅卷

　　本门课程使用 eNSP 模拟器工具软件就可以轻松实现题库管理和试卷生成操作管理。

　　（1）打开 eNSP 模拟器工具软件，单击【新建试卷工程】按钮，如图 7.1 所示。

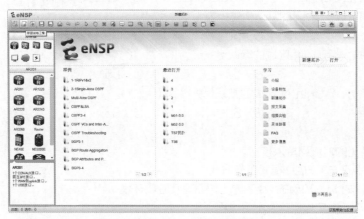

图 7.1　打开 eNSP 模拟器工具软件

　　（2）弹出【新建试卷工程】对话框，输入"工程名称"，选择"工程位置"，如图 7.2 所示。

图 7.2　新建试卷工程

（3）单击【确定】按钮，弹出试卷编辑生成窗口，如图 7.3 所示。

图 7.3　试卷编辑生成窗口

（4）选择【1.设计考题拓扑】界面，可以进行考题拓扑并做配置，完成后务必在设备命令行输入"save"命令来保存配置。也可以选择已经配置好的拓扑进行导入，在窗口中单击【导入拓扑】按钮，选择已经配置完成的拓扑，如图 7.4 所示。

图 7.4　导入拓扑配置

（5）选择【2.编写考试说明】界面，可以进行考试题目要求编写，如图 7.5 所示。

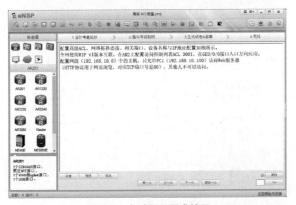

图 7.5　考试题目要求编写

（6）选择【3.生成试卷&答案】界面，可以进行考试答案赋分设计，如图 7.6 所示。

图 7.6　考试答案赋分设计

（7）在【3.生成试卷&答案】界面，还可以完成相关考试设置工作，如设置计时方式、计时时间、标准答案路径等。单击【导出答案】按钮，可以设置试卷保存路径，答案导出后会出现图 7.7 所示的提示；单击【生成试卷】按钮，生成试卷后会出现图 7.8 所示的提示。

图 7.7　导出答案

图 7.8　生成试卷

（8）选择【4.完成】界面，弹出保存当前工程对话框，如图 7.9 所示。

图 7.9　保存当前工程

2. 考试阅卷

完成题库管理和试卷生成后，就可以进行考试及阅卷，其操作方法简单、实用、方便、快捷。试卷生成后，就可以把生成的试卷发放给考生，进行相应的考试。

（1）选择要考试的试卷，如高级 ACL 配置.paper，如图 7.10 所示，

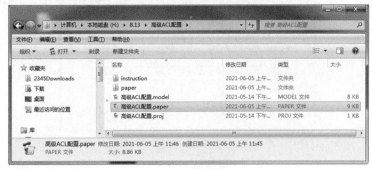

图 7.10　选择试卷

（2）考生收到试卷后，就可以进行上机考试，考试界面右下角有【交卷】、【显示考试说明】、【当前考试剩余时间】按钮，如图 7.11 所示。

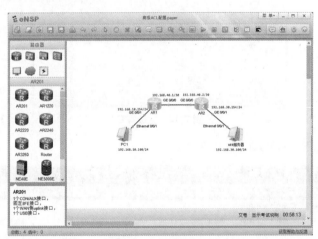

图 7.11　考生考试界面

（3）当考生考试时，可以单击界面右下角的【显示考试说明】按钮，查看当前试题要求，如图 7.12 所示。

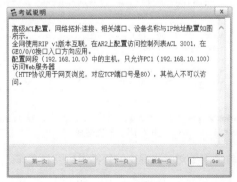

图 7.12　考试说明

（4）当考试结束时，考生可以单击界面右下角的【交卷】按钮，弹出【交卷】对话框，考生需要输入相关信息及保存路径。窗口中会有提醒，即"在生成答案前，请确保你已经在设备的命令行输入了'save'命令！"，如图7.13所示。

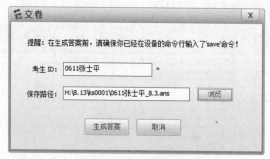

图7.13　交卷

（5）在【交卷】对话框中，单击【生成答案】按钮，生成考生答案（注：考生答案文件的拓展名为.ans），如图7.14所示。

图7.14　生成答案

（6）考生提交的考生答案如图7.15所示。

图7.15　考生答案

（7）考试结束后，上课教师需要对考生提交的答案进行阅卷工作。打开试题的拓扑，如图7.16所示。

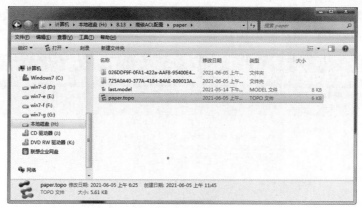

图 7.16　试题的拓扑

（8）在试题拓扑窗口的右上角菜单中，依次选择【考试】→【阅卷】选项，如图 7.17 所示。

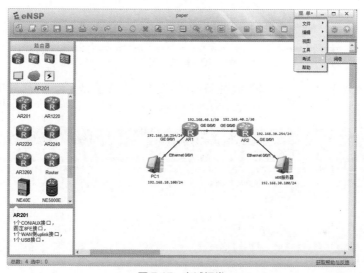

图 7.17　考试阅卷

（9）弹出【阅卷】对话框，如图 7.18 所示

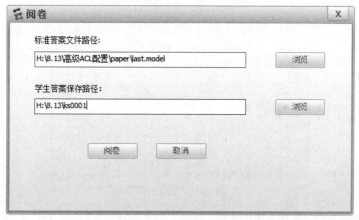

图 7.18　【阅卷】对话框

（10）在【阅卷】对话框中，选择标准答案文件路径，即找到图 7.7 所示的文件（注：paper
目录下的 last.model 文件），如图 7.19 所示。

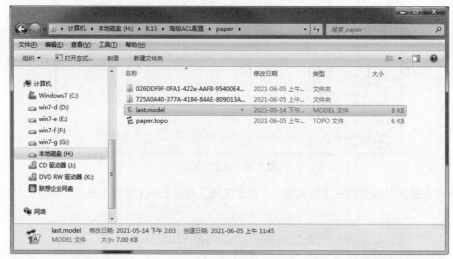

图 7.19　标准答案文件

（11）在【阅卷】对话框中，选择考生答案保存路径，即找到放置考生提交答案的目录，如图
7.20 所示。

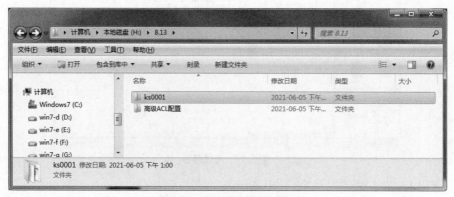

图 7.20　考生提交答案的目录

（12）在【阅卷】对话框中，单击【阅卷】按钮，弹出阅卷结束对话框，如图 7.21 所示。

图 7.21　阅卷结束

（13）在阅卷结束对话框中，单击【是】按钮，弹出阅卷结果界面，如图 7.22 所示。

图 7.22　阅卷结果

（14）在【阅卷结果】界面中，可以进一步查看考生的答卷情况，单击【详情】列下的【查看】按钮，可以查看考生的答案与得分情况，如图 7.23 所示。

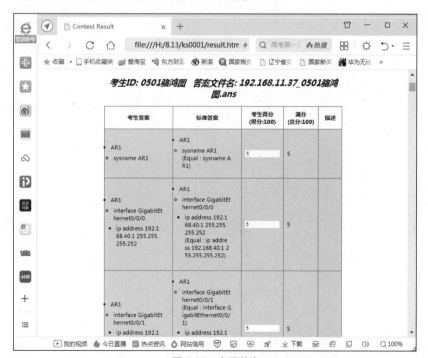

图 7.23　查看详情

参考文献

[1] 崔升广. 高级网络互联技术项目教程：微课版[M]. 北京：人民邮电出版社，2020.

[2] 汪双顶，武春岭，王津. 网络互联技术：理论篇[M]. 北京：人民邮电出版社，2017.

[3] 张国清. 网络设备配置与调试项目实训：第 4 版[M]. 北京：电子工业出版社，2019.

[4] 岳经伟，赵海洋. 高级路由交换技术[M]. 大连：东软电子出版社，2013.

[5] 张国清. 高级交换与路由技术[M]. 北京：电子工业出版社，2016.

[6] 崔升广，杨宇. 网络设备配置与管理项目教程[M]. 北京：电子工业出版社，2020.